JAHRBUCH DES DEUTSCHEN ARCHÄOLOGISCHEN INSTITUTS

NEUNZEHNTES ERGÄNZUNGSHEFT

WALTER DE GRUYTER & CO. BERLIN
1958

EIN RÖMISCHES MEISTERWERK

DER JAHRESZEITENSARKOPHAG BADMINTON - NEW YORK

VON

FRIEDRICH MATZ

MIT 38 TAFELN

WALTER DE GRUYTER & CO. BERLIN
1958

Archiv-Nr. 38 04 58

Satz: Walter de Gruyter & Co., Berlin W 35
Druck: Otto von Holten, Berlin W 35

Vorwort

Indem der Verfasser die Arbeit aus der Hand gibt, empfindet er für die Hilfe, deren er sich erfreuen durfte, eine Dankesschuld von solcher Größe und Vielfalt, daß ihn die Sammlung und Ordnung ihres Ausdrucks in Verlegenheit setzt. Die Untersuchung ist hervorgegangen aus den Vorbereitungen für den vierten Band des Sarkophagwerkes, der die dionysischen Sarkophage zusammenfassen soll. 1936 wurde der Verfasser damit von G. Rodenwaldt betraut. Nachdem diese Arbeit unter dem Zwang der Zeitläufte von 1939 an zum Stillstand verurteilt war, konnte sie 1950 wieder aufgenommen werden. Was im Laufe dieser Jahre Freunde und Fachgenossen an Mitteilungen, Hinweisen und Aufnahmen beisteuerten, läßt sich nun von dem, was ausdrücklich für die hier vorgelegte Arbeit erbeten wurde, kaum noch trennen. So ist zu befürchten, daß mancher nicht genannt wird, dessen Beitrag an Gewicht nicht zurücksteht hinter den Beiträgen der namentlich Aufgeführten.

Ohne die tatkräftige Förderung durch das Deutsche Archäologische Institut und seinen Präsidenten E. Boehringer wäre diese Untersuchung nicht möglich gewesen. Der Verfasser hofft, daß namentlich die jahrelange Unterstützung seiner Reisen zum Studium der Sarkophage durch das Institut in dieser Arbeit einige Früchte getragen hat. E. Boehringer sei auch an dieser Stelle besonders gedankt dafür, daß diese Reisen bis in den äußersten Westen der Vereinigten Staaten ausgedehnt werden konnten.

Die Deutsche Forschungsgemeinschaft hat seit 1950 durch mehrere großzügige Zuwendungen dem Verfasser namentlich die Beschaffung der Fotografien für die Sarkophagarbeit möglich gemacht. Ihr verdankt er es auch, daß er in New York den hier behandelten Sarkophag in aller Muße studieren konnte.

Über seine Entdeckung wird im ersten Kapitel berichtet. Dort werden auch alle genannt, die dabei geholfen haben. Aber auch an dieser Stelle nicht fehlen dürfen die Namen C. Vermeules, des eigentlichen Entdeckers, und Chr. Alexanders, die diese Veröffentlichung des in ihrer Obhut stehenden Werkes nicht nur durch ihre Erlaubnis ermöglichte, sondern auch durch jede erdenkliche Hilfe bei seinem Studium förderte.

Die Fotografienabteilungen der deutschen archäologischen Institute in Rom und Athen unter der Leitung von G. v. Kaschnitz, R. Herbig und E. Kunze, haben unermüdlich die vielen Wünsche des Verfassers erfüllt. In dieser Beziehung muß besonders der Hilfe B. Andreaes, E. M. Czakós, U. Hausmanns, H. Schumachers und H. Sichtermanns gedacht werden. Von der Direktion der Päpstlichen Museen und Galerien gilt, dank der freundlichen Vermittlung H. Speiers, das gleiche. Von großem

Wert war es dem Verfasser, daß ihm das Studium der unter der Peterskirche in Rom gefundenen Sarkophage durch den Leiter der S. Fabbrica di S. Pietro, Mons. P. Principi ermöglicht wurde und daß ihm die Aufnahmen dieser Stücke zur Verfügung gestellt wurden. Durch Beschaffung fotografischer Aufnahmen haben ferner in wiederholten Fällen das Warburg Institut in London (G. Bing, E. Frankfort), das Britische Museum (B. Ashmole), die Staatlichen Museen in Berlin (C. Blümel, E. Rohde) und die Antikensammlungen in München (H. Diepolder, R. Lullies) geholfen. Unschätzbar war die ständige nachbarliche Hilfsbereitschaft des Bildarchivs Foto Marburg.

Die Fachgenossen, denen der Verfasser für ihre Hilfe im einzelnen zu danken hat, sind die folgenden: C. Andresen, H. Biesantz, K. Bittel, V. Blavatskij, D. v. Bothmer, F. Brommer, M. Cagiano de Azevedo, R. Calza, P. Clement, B. M. Felletti Maj, F. Fremersdorf, W. Fuchs, A. Greifenhagen, R. Hamann, R. Hampe, G. M. A. Hanfmann, H. v. Heintze, D. K. Hill, R. Horn, H. Jedin, H. B. Jessen, J. Inan, H. Kähler, B. Kallipolitis, S. Karusu-Papaspyridi, G. Kleiner, H. Küthmann, K. Lehmann, G. Lippold (†), H. Luschey, H. Möbius, A. Müfid Mansel, B. Neutsch, C. Pietrangeli, A. L. Pietrogrande, V. H. Poulsen, P. Romanelli, B. Segall, H. Seyrig, M. Floriani-Squarciapino, H. Stern, V. Tusa, K. Züchner.

Schließlich sei auch den Helfern bei der Drucklegung herzlich gedankt: N. Himmelmann-Wildschütz für seine Hilfe beim Lesen der Korrekturen, M. Mandera-Ziemssen für die Herstellung des Registers und H. Weber für die redaktionellen Arbeiten.

Der Verfasser ist sich dankbar des Vertrauens bewußt, das ihm für seine Arbeiten über die Sarkophage überhaupt und für diese Untersuchung im besonderen vor allem vom Deutschen Archäologischen Institut und von der Deutschen Forschungsgemeinschaft, und darüber hinaus von zahlreichen Fachgenossen im In- und Ausland geschenkt worden ist. Er ist sich aber auch im klaren darüber, daß er mit dem hier vorgelegten Ergebnis noch weit entfernt geblieben ist nicht nur von dem Ziel, das der Erforschung der Sarkophage jetzt gesteckt ist, sondern auch von dem, das er selber, als er diesen Weg antrat, als das ihm aufgegebene angesehen hat. Namentlich im letzten Kapitel wird der aufmerksame Leser die noch offene Stelle nicht übersehen können. Es muß dem Verfasser genügen, das, was vom Standort der heutigen Forschung über die Werkstätten der Sarkophage nach seinem Dafürhalten sich sagen läßt, wenigstens umrissen und die Vorläufigkeit des Gesagten gekennzeichnet zu haben. Er würde sich freuen, wenn dabei deutlich wird, daß die Urheber des Sarkophagwerkes wohl wußten, weshalb sie diese Forschung auf eine so breite Basis stellten.

Marburg / Lahn, Mai 1958 Friedrich Matz

Inhalt

Abkürzungen

Außer den in den Veröffentlichungen des Deutschen Archäologischen Instituts üblichen werden die folgenden Abkürzungen verwandt:

Altmann, Arch.	W. Altmann, Architektur und Ornamentik der antiken Sarkophage, 1902.
Altmann, Grabaltäre	W. Altmann, Die römischen Grabaltäre der Kaiserzeit, 1905.
Andreae	B. Andreae, Motivgeschichtliche Untersuchungen zu den römischen Schlachtsarkophagen, 1956.
ASR.	Die antiken Sarkophagreliefs, Bd. 2 und 3 bearb. von C. Robert, Bd. 5, 1 bearb. von A. Rumpf, 1890 bis 1939.
Courby, VGR.	F. Courby, Les Vases Grecques à Reliefs, 1922.
Cumont, Symb.	F. Cumont, Recherches sur le Symbolisme Funéraire des Romains, 1942.
Dragendorff-Watzinger	H. Dragendorff und C. Watzinger, Arretinische Reliefkeramik, 1948.
W. Fuchs	W. Fuchs, Die Vorbilder der neuattischen Reliefs, Dissertation, Tübingen 1953 (Maschinenschrift).
Gerke	F. Gerke, Die christlichen Sarkophage der vorkonstantinischen Zeit, 1941.
Guetschow, Praetextat	M. Guetschow, Das Museum der Praetextat Katakombe, 1936.
Gusman	P. Gusman, L'Art Décoratif des Romains, o. J.
Hanfmann	G. M. A. Hanfmann, The Season Sarcophagus in Dumbarton Oaks, 1951.
Hdb.	Handbuch der Archäologie, herausg. von W. Otto, fortgesetzt von R. Herbig. 1939ff.
Hauser	F. Hauser, Die Neuattischen Reliefs, 1889.
KiB.	F. Winter, Kunstgeschichte in Bildern.
Lehmann-Olsen	C. Lehmann und E. Olsen, Dionysiac Sarcophagi in Baltimore, 1942.
L'Orange	H. P. L'Orange, Studien zur Geschichte des spätantiken Porträts, 1933.
Mendel	G. Mendel, Musée Impérial Ottoman, Catalogue des Sculptures Grecques, Romaines et Byzantines, 1912ff.
Merlin-Poinssot	A. Merlin und L. Poinssot, Cratères et Candélabres de Marbre, trouvées en Mer près de Mahdia, 1930.
Pagenstecher	R. Pagenstecher, Die Calenische Reliefkeramik, 1909.
Rodenwaldt, KdA.	G. Rodenwaldt, Die Kunst der Antike, Propyläenkunstgeschichte, 4. Aufl. 1944.
v. Rohden-Winnefeld	H. v. Rohden und H. Winnefeld, Die architektonischen Tonreliefs der Kaiserzeit, 1911.
Reinach, R.P	S. Reinach, Répertoire des Peintures, 1922.
Reinach, RR.	S. Reinach, Répertoire des Reliefs, 1909—1912.
Reinach, RS.	S. Reinach, Répertoire de la Statuaire, 1899ff.
SBNY.	Sarkophag Badminton — New York.
Technau	W. Technau, Die Kunst der Römer, 1940.
Toynbee	J. M. C. Toynbee, The Hadrianic School, 1934.
Wuilleumier, TdT.	P. Wuilleumier, Le Trésor de Tarente, 1930.
Züchner, Klappspiegel	W. Züchner, Die griechischen Klappspiegel, 1942.

I. ENTDECKUNG. BESCHREIBUNG

Das Verdienst, die Schätze antiker Skulpturen in den englischen Privatsammlungen der Forschung erschlossen zu haben, gebührt Adolf Michaelis (gestorben 1910). Der Verfasser der 1882 erschienenen »Ancient Marbles in Great Britain« war sich aber im klaren darüber, daß noch viel zu tun übrig blieb. Zwei Supplemente ließ er selber schon 1884 und 1885 folgen[1]. »I cannot help thinking that there must be in Great Britain a good deal of hidden treasures of the kind«, steht in dem einen von ihnen. Diese Ahnung war richtig. Zunächst freilich fand sie ihre Bestätigung in etwas anderem Sinne, als Michaelis gemeint hatte. Weil er nur Beschreibungen hatte geben können, ließen es sich die Jüngeren in einer Reihe wertvoller Arbeiten angelegen sein, mit Hilfe von Bildern das Wichtigste und Vordringlichste vollends zugänglich zu machen. Ich nenne nur einige, die heute unentbehrliche Instrumente der Forschung sind: C. Roberts Zusammenstellung der Sarkophage in Clieveden[2], E. Strongs Katalog der ehem. Slg. Cook in Richmond[3], F. Poulsens Sammlung von Bildnisköpfen[4] und B. Ashmoles Katalog der Skulpturen in Ince Blundell Hall[5].

An Überraschungen fehlte es bis auf die jüngste Vergangenheit. Denn daß einmal ein verschollenes Stück wieder zum Vorschein kam wie der jetzt im Metropolitan Museum stehende Endymionsarkophag aus Ostia, der nach Roberts erster Angabe im ASR. III (Nr. 83) in Warwick Castle verbrannt sein sollte[6], ist bei der großen Zahl von Werken nichts Erstaunliches. Unter besonderen Voraussetzungen stand auch der Fund des Fragmentes der Cottenhamstele. Es gehörte zu keiner Sammlung, sondern war schon längst durch Unachtsamkeit wieder in den Boden geraten[7]. Einen einzelnen unbekannt gebliebenen Sarkophag veröffentlichte Rodenwaldt[8] 1938. Voll bewahrheitet hat sich Michaelis' Voraussage eigentlich erst einige Jahre nach dem zweiten Weltkrieg durch das ungefähr gleichzeitige Auftauchen von zwei, unter sich freilich völlig verschiedenen Werken erster Ordnung. Das eine ist der Torso einer attischen Kore strengen Stils im Peplos aus dem Besitz Lord Elgins, den Michaelis irrtümlich als Teil eines Reliefs beschrieben hatte[9]. Er steht jetzt im John Paul Getty

[1] JHS. 5, 1884, 143ff.; 6, 1885, 30ff.
[2] JHS. 20, 1900, 81ff.
[3] JHS. 28, 1908, 1ff.
[4] Greek and Roman Portraits in English Country Houses, 1923.
[5] A Catalogue of the Ancient Marbles in IBH., 1929.
[6] Verfasser, BMetrMus. 15, 1957, 123ff.
[7] JHS. 37, 1917, 110.
[8] The Three Graces on a Fluted Sarcophagus, JRS. 28, 1938, 60ff.
[9] JHS. 5, 1884, 145, 2.

Museum zu Malibu bei Los Angeles und wird hoffentlich bald richtig veröffentlicht[10]. Das andere ist das römische Meisterwerk des 3. Jahrhunderts n. Chr., dessen Erläuterung diese Seiten dienen wollen.

Zu den mannigfachen Unterstützungen, die meine vorbereitenden Arbeiten für die Herausgabe von Band IV der »Antiken Sarkophagreliefs« den Fachgenossen in England verdanken, gehörte es, daß mir im Frühjahr 1953 B. Ashmole und D. E. L. Haynes die Aufnahme eines dionysischen Jahreszeitensarkophags von offenbar prachtvoller Erhaltung und von erstaunlicher Übereinstimmung im Typus mit dem Stück in Kassel zeigten. Bekannt war nur, daß der Sarkophag sich in Badminton House (Gloucestershire), einem Landsitz des Herzogs von Beaufort, befunden habe. Man nahm aber an, daß er kürzlich an einen amerikanischen Kunsthändler verkauft und wohl schon nach New York überführt sei. Gertrud Bing hat dann freundlicherweise durch eine Anfrage bei J. C. Waterhouse ermittelt, daß der Sarkophag während des letzten Weltkrieges bereits einmal in der Literatur erwähnt und abgebildet worden war. Sir Osbert Sitwell hatte im April- und im Maiheft des Burlington Magazine[11] von 1942 unter dem Titel »The Red Folder« die teilweise recht dramatische Geschichte der Erwerbungen der Kunstsammlungen in Badminton House aus den Akten höchst anschaulich erzählt. Danach war der Sarkophag schon seit 1728 in England. Die Unruhe der Zeitläufte hat offenbar verhindert, daß die Archäologen von dieser wichtigen Mitteilung die gebührende Notiz nahmen. So verschwand unglücklicherweise das eben aufgetauchte Stück gleich wieder im Ungewissen. Die Aufnahme, die mir freundlicherweise zur Verfügung gestellt war, reichte zu einem wirklichen Urteil über Stil und Erhaltungszustand bei weitem nicht aus. Cornelius Vermeule, der damals in England mit den Sammlungen für neue Supplemente zu dem Buche von Michaelis beschäftigt war[12], versprach, nach der Rückkehr in die Vereinigten Staaten dem Verbleib des Sarkophags nachzuforschen. Um festzustellen, ob in Badminton House, das Michaelis nicht besucht hatte, vielleicht noch andere Antiken seien, fuhr er im Juli dorthin. Eine Postkarte von ihm, mit dem Datum des 16. Juli 1953, brachte die überraschende und erfreuliche Mitteilung: »The Season Sarcophagus from the Duke of Beaufort's house Badminton was not sold. It is still in the marble entrance hall of Badminton«. Das war die eigentliche Wiederentdeckung des Sarkophags. Sie wird dem jungen amerikanischen Forscher verdankt. Zwei Jahre später wurde der Sarkophag vom Metropolitan Museum in New York erworben. Wenn ich hier mit der freundlichen Zustimmung von Christine Alexander, der Leiterin der Antikenabteilung des Museums, eine ausführliche Veröffentlichung des außerordentlichen Stückes vorlegen kann, so entspreche ich damit dem ausdrücklichen Wunsch

[10] Vorläufig W. R. Valentiner, The J. P. Getty Museum, Guidebook, Los Angeles o. J. 22ff. Nr. 14 m. Abb. E. LeVan and J. P. Getty, Collector's Choice, the Chronicle of an Artistic Odyssey through Europe, London 1955, deutsch unter dem Titel: Streifzüge eines Kunstsammlers, München 1957, 174 Abb. 26.

[11] 80, 1942, 85ff. 115ff.

[12] Sie sind inzwischen erschienen: AJA. 59, 1955, 129ff.; 60, 1956, 321ff.

des Entdeckers selber. Cornelius Vermeule, dem von der Leitung der Sammlung diese Aufgabe füglich zuerst angetragen war, hat sie an mich weitergegeben. Herzlich sei ihm dafür auch an dieser Stelle gedankt.

Henry Sumerset, dritter Herzog von Beaufort (1707 bis 1745), besuchte, 19 jährig, auf der üblichen Grand Tour des jungen englischen Edelmannes Rom. Er benutzte den Aufenthalt, um zur Ausschmückung seines Landsitzes in ziemlich großem Stil Kunstwerke zu erwerben. Außer Kunstgewerbe waren es namentlich Gemälde. Besonders am Herzen lag dem jungen Herzog ein 'Gabineto di Pietra Dura'. Aber auch antike Marmorwerke kaufte er. Von Gori erfahren wir, daß einige Sarkophage, die 1726 bei der Ausgrabung des Columbariums der Freigelassenen und Sklaven der Livia vor Porta S. Sebastiano gefunden wurden, zuerst dem Herzog von Beaufort gehörten und aus seinem Besitz in den von Lord Pembroke übergingen, der die Sammlung in Wilton House anlegte[13].

Indessen auch weniger harmlosen Dingen als dem Erwerb von Kunstschätzen ging der Herzog in Rom nach. Enge Beziehungen zu Kardinal Giulio Alberoni (1664 bis 1752) werden durch ein Porträt des Kardinals in Badminton House und durch seine öftere Erwähnung in den Dokumenten bestätigt. Dieser Mann war kein Kunstsammler, wohl aber eine der merkwürdigsten politischen Figuren des damaligen Rom. Während des Spanischen Erbfolgekrieges war er als Minister Philipps V. von Spanien maßgebend für die Politik des Königs gewesen. Dann fiel er in Ungnade, auch beim Papst, mit dessen Einverständnis in Rom ein politischer Prozeß gegen ihn anhängig gemacht wurde. Erst Benedikt XIII. (1724 bis 1730) rehabilitierte ihn. Als der Herzog von Beaufort 1726 Rom besuchte, lebte der Kardinal dort in einer vorläufigen Zurückgezogenheit. Politische Funktionen hat er erst später im Auftrag der Kurie wieder ausgeübt. Der Ausgang des Spanischen Erbfolgekrieges mit dem Frieden von Utrecht war für ihn eine Enttäuschung. Er war immer ein leidenschaftlicher Feind der aufsteigenden englischen Macht gewesen. Seine Verbindung mit dem Prätendenten Jakob Eduard, der damals in Rom lebte, findet schon darin ihren Ausdruck, daß er vom Papst mit der Sorge für die Finanzen der Stuarts beauftragt war.

Von keinem der Kunstwerke wird soviel Aufhebens in den Dokumenten gemacht wie von »Cardinal Alberoni's Urn«. Ende Juni 1728 schreibt der italienische Agent des Herzogs, der für die Verschiffung sorgen sollte, Francesco Guarnieri, aus Rom, daß zusammen mit einigen anderen Gegenständen die »Urne« unter seiner persönlichen Aufsicht in Fiumicino auf ein Küstenfahrzeug zum Transport nach Livorno gebracht sei. Er reiste dann selber auf dem Landwege nach Livorno, wo die Verladung in ein englisches Schiff und die Verzollung stattfand. Die Anweisungen, die Guarnieri für die Maßnahmen beim Transport in England nach der Landung gibt — er empfiehlt die Anwendung eines Schlittens — und seine Angaben über die hohen, von ihm freilich dann auf ein Drittel herunter gehandelten Forderungen der päpstlichen Zollbehörde,

[13] A. F. Gori, Monumentum sive Columbarium Libertorum et Servorum Liviae Augustae etc. 1727 S. XX, in dem Neudruck: Poleni Thesaurus 3, 1737 S. XII. Michaelis, Ancient Marbles 61 § 35. 669. Vermeule, AJA. 60, 1956, 347f.

beleuchten weiter die hohe Schätzung des Stückes. In einem früheren Brief hatte Guarnieri schon berichtet, daß Kardinal Alessandro Albani, der spätere Mäzen Winckelmanns, sich anfangs entschieden weigerte, wegen des hohen künstlerischen Wertes seine Einwilligung zur Ausfuhr dieses Stückes zu erteilen.

Entsprechend gehalten ist die Erwähnung von »Cardinal Alberoni's Urn« in einem Briefe vom 14. September 1728, den ein Mr. W. Philips an den Herzog schrieb. Mr. Philips hatte den Herzog als eine Art von Hofmeister auf seiner Reise begleitet. Er erwies sich dann freilich als ein recht dunkler Ehrenmann. Denn einen schönen Teil der im Auftrag und mit dem Gelde seines Herrn gekauften Gemälde brachte er beiseite, um sie auf eigene Rechnung versteigern zu lassen. Zum Glück wurde die Sache gerade noch rechtzeitig ruchbar, und der Herzog konnte Arrest auf seinen Besitz legen. In dem Briefe, der den fadenscheinigen Versuch einer Rechtfertigung enthält, wird die »Urne« als einziges von den vielen erworbenen Kunstwerken besonders herausgehoben.

Der Herausgeber der Urkunden meint freilich, die Urne sei im späteren 18. Jahrhundert verkauft worden. Sie könne vielleicht einmal wieder zum Vorschein kommen. Er denkt offenbar an ein marmornes Prunkgefäß. Es ist ihm aber entgangen, daß in dem Brief des Mr. Philips der Ausdruck »Augustus's Bath« nichts anderes ist als ein Synonym für den kurz vorher gebrauchten Ausdruck »Cardinal Alberoni's Urn«. Daß aber mit der 'Badewanne des Augustus' der hier behandelte Sarkophag gemeint ist, bezweifelt auch er nicht. Man muß nämlich berücksichtigen, daß erst im Laufe des 18. Jahrhunderts das Wort Sarkophag sich in seiner heutigen Bedeutung durchsetzt. Winckelmann gebraucht noch durchaus das Wort Urne im Sinne von Sarkophag. Urna sepulcralis, italienisch Urna sepolcrale, auch nur Urna, ohne ausdrückliche attributive Bestimmung, war bis in seine Zeit völlig geläufig in dieser Bedeutung. Konsequent ist die Unterscheidung von Aschenurne und Sarkophag erst im 19. Jahrhundert durchgeführt, wohl als eine Folge der archäologischen Terminologie, die klare Begriffe brauchte. Der sepulkrale Sinn des Wortes, den schon das klassische Latein kennt, bezieht sich von Haus aus nur auf das Aschengefäß. Die Erweiterung seiner Bedeutung in der Barockzeit dürfte ihre Gründe darin haben, daß es sich in beiden Fällen um einen Behälter mit einem Deckel handelt und daß auch wohl die Vorstellungen über die Form der Beisetzung innerhalb der Sarkophage unklar waren[14].

Mit Kardinal Alberoni's Urne ist also unser Sarkophag gemeint. Klar ist nun auch, was den Kardinal veranlaßte, dem Herzog ein so kostbares »Geschenk« zu machen. Es bedürfte nicht erst der Anspielung, die Mr. Philips in dem erwähnten Briefe auf seine guten Dienste bei diesem Geschäft und auf dessen Vertraulichkeit macht. Dem Kardinal muß viel daran gelegen gewesen sein, sich einen hervorragenden Vertreter des englischen Hochadels zu verpflichten, der sich auch weiterhin zu den Stuarts

[14] Der fragliche Satz in dem Brief des Mr. Philips vom 14. September 1728 lautet: »Some books I have belonging to Your Grace, which with Augustus's Bath shall be delivered to Mr. Jones.« Er besagt: Ein paar Bücher aus dem Besitz des Herzogs liegen noch bei mir. Ich will sie seinem Londoner Agenten aushändigen, damit er sie, wenn der eben erwähnte Sarkophag wohlbehalten in London eintrifft, dem Transport nach Badminton-House mitgeben kann.

hielt. Daß der Herzog mit Mitteln zum Erwerb von Kunstwerken reichlich ausgestattet war, hat diesen Verbindungen gewiß nicht geschadet. Mit dieser Hilfe konnte der Kardinal seinem königlichen Schutzbefohlenen finanziell umso besser unter die Arme greifen. Jedenfalls konnte keiner von den drei Beteiligten das Gefühl haben, bei dieser Transaktion nicht auf seine Kosten gekommen zu sein.

Vielleicht liegt in diesem Sachverhalt auch der Schlüssel zum Verständnis für das späte Auftauchen des Sarkophags am wissenschaftlichen Horizont. Er war allerdings ein sehr sichtbares Denkmal einer entschieden frondierenden Haltung seines ersten Besitzers. Daß später, als die Zeitläufte sich geändert hatten und die Aussöhnung mit dem Hause Hannover zustande gekommen war, der herzoglichen Familie nicht viel an der Verewigung dieser Episode in ihrer Geschichte gelegen war, wäre allerdings verständlich.

Auf die wichtigste Frage geben die veröffentlichten Dokumente dem Archäologen leider keine Antwort. Man erfährt nicht, wodurch der Kardinal zur Verfügungsberechtigung über den Sarkophag gekommen ist. Fundort und Fundumstände liegen daher völlig im Dunkeln. Sicher ist nur, daß der Sarkophag noch nicht lange wieder über der Erde war, als er in den Besitz des Herzogs von Beaufort überging. Vielleicht kommt aus dem handschriftlichen Nachlaß des Kardinals Alberoni, den das vatikanische Archiv verwahrt[15], einmal eine Angabe zutage, die in dieser Beziehung weiterführt.

Eine Zusammenstellung der Literatur über den Sarkophag, soweit sie schon vorliegt, sei der Beschreibung vorangeschickt:

O. Sitwell, BurlMag. 80, 1942, 85ff. 115ff. Abb. zu 118.

H. Kurz, Nouvelles Recherches Archéologiques à Begram, 1954, 113, 2.

ILN. 1955, 14. Nov., 855.

Chr. Alexander, BMetrMus. 14, 1955, 39ff.

C. Vermeule, AJA. 59, 1955, 130 Taf. 41, 1; 60, 1956, 323f.

Ch. Picard, RA. 47, 1956, 104f.

Accessions Nr. des Museums: 55. 11. 5.

Maße: Länge am oberen Rahmen 2,205 m, unten 2,09 m. Höhe 0,90 m. Tiefe am oberen Rahmen 0,93 m, unten 0,79 m. Reliefhöhe bis 0,127 m.

Großkristallinischer, glimmerreicher griechischer Marmor mit ungefähr horizontaler, blaugrauer Aderung. Ein schräg nach l. oben verlaufender feiner Sprung in der Mitte der Vorderseite (vom Bug des Tigers zur r. Achsel des Dionysos). Ihm entspricht auf der l. Hälfte der Rückseite ein derberer Riß. Wurzelfasern, namentlich oben und unten am r. Rande der r. Nebenseite und auf der Rückseite. Aus der geringen Versinterung der Rückseite und in den Bohrkanälen des Reliefs ist zu schließen, daß die Politur der Vorderseite und der Nebenseiten im wesentlichen antik ist. Das Fehlen von Farbresten läßt vermuten, daß der Sarkophag nach seiner Auffindung systematisch gereinigt wurde. Möglich, daß man dabei stellenweise die Politur auffrischte.

[15] Freundliche Mitteilung Hubert Jedins, Bonn.

Ungewöhnlich ist die Behandlung der unverzierten Rückseite (Taf. 1b). Die kleinere untere Hälfte ist geglättet. Sie macht die Verjüngung des Sarkophags nach unten mit. Facettenartig ist von ihr unten ein etwas mehr abgeschrägter Teil abgesetzt, der ebenso breit ist wie der Rahmenstreifen unter den Reliefs. Neben dem l. Rand des geglätteten Teils sind konzentrische Kreise und Kreisbögen mit dem Zirkel eingeritzt. Offenbar haben hier die antiken Werkleute ihre Meßinstrumente probiert. Die Inschrift: 1733 HIC POS(itu)M, gibt das Jahr der Aufstellung in Badminton.

Die größere obere Hälfte der Rückseite schließt mit einem etwa handbreiten, gepickten Streifen an die untere an. Seine Oberfläche tritt gegenüber dem unteren Teil etwas zurück. Er verläuft in leichter Neigung nach unten rechts. Der Teil darüber ist als Bosse behandelt und grob gepickt. Seine Unterseite ist nach hinten abgeschrägt. Zwei etwa quadratische Klammerlöcher mit senkrechtem Kanal darüber in der Nähe der Enden dienten der Befestigung des Deckels. Ein grobes Loch oben in der ungefähren Mitte wurde wohl erst in Badminton hinzugefügt. Im übrigen ist die dreiteilige Gliederung der Rückseite antik. Die Bosse zeigt, daß bei der Herstellung der Gesamtform des Sarkophags auch an Reliefschmuck auf der Rückseite gedacht wurde. Die Abarbeitung ihres unteren Teils scheint darauf hinzudeuten, daß er bei seiner Aufstellung in einer Grabkammer an einen vorspringenden Sockel geschoben werden sollte und daß der verfügbare Raum eine Reduzierung der Tiefe des Sarkophags wünschenswert erscheinen ließ. Der nicht horizontale Verlauf der Begrenzungen zwischen den drei Streifen dürfte nur auf Nachlässigkeit der Arbeit zurückzuführen sein. Offen bleibt die Frage nach dem Sinn der drei Streifen unter der Bosse.

Das Thema des Reliefschmucks ist die Erscheinung des von einem Tiger getragenen Dionysos unter den vier Jahreszeiten. Der in der Mitte der Vorderseite erscheinende Gott wird begleitet von Pan, einem Satyr und einer Mainade. Je ein Paar von Jahreszeiten steht beiderseits dieser Mittelgruppe. Die Enden bilden auf den Nebenseiten l. die gelagerte Gaia, r. der gelagerte Okeanos. Über Gaia zwei Satyrn, über Okeanos zwei geflügelte männliche Gestalten. In diesen beiden Paaren ist ein zweiter Zyklus von Jahreszeiten zu erblicken[16]. Kinder, Satyrisken und kleinere Tiere füllen die Zwischenräume (Taf. 1a).

L. Nebenseite (Taf. B)

Gaia liegt mit aufgerichtetem Oberkörper nach l. und blickt nach r. Sie trägt nur einen Mantel, dessen eines Ende vor der r. Schulter hängt und der um den Unterkörper geschlungen ist. Von einem Füllhorn, aus dem um einen Konus Früchte hervorquellen, hält sie den oberen Teil mit der R., den unteren mit der L. Ihr gescheiteltes, über den Ohren eingerolltes Haar hat einen Nackenknoten, zwei Schulterlocken und eine kleine Strähne vor dem Ohr. Sie trägt einen Kranz aus Ähren und Blumen. Ein kleiner Junge, der einen gedrehten, mit Blumen besetzten Reif im Haar

[16] S. 138ff.

trägt (Nasenspitze fehlt), beugt sich über ihre r. Schulter nach vorn und blickt zu ihr herab, indem er mit der L. nach den Früchten in dem Füllhorn greift und mit der erhobenen R. auf einen von l. kommenden Satyr weist. Dieser bewegt sich am l. Rande des Reliefs mit vorgesetztem r. Bein nach r. Einen Korb (in seinem oberen Teil ein Stück aus Gips ergänzt) mit Trauben hält er mit der erhobenen L. (die beiden vorderen Glieder des kleinen Fingers sind wieder angesetzt) auf der l. Schulter. Mit der gesenkten R. faßt er ein Lagobolon. Am Halse hat er eine Warze. Es ist die einzige Figur mit Angabe der Pubes. Ein Knabe, der auch einen gedrehten, mit Blumen besetzten Reif im Haar trägt, scheint an seiner L. zu schweben. Er wendet sich zu ihm empor mit redender Gebärde seiner erhobenen L., während der r. Arm hinter dem Satyr unsichtbar bleibt. L. vom Satyr sitzt am Boden ein Panther nach l., der die r. Vorderpranke auf einen mit Trauben gefüllten Korb legt und den Kopf nach r. zum Satyr emporwendet.

Über dem Oberkörper von Gaia erscheinen Oberkörper und Kopf eines Satyrs in Vorderansicht. Die R. hält vor der Brust den mit Früchten gefüllten Bausch eines auf der l. Schulter geknoteten Bocksfells. Die erhobene L. schlägt ein Schnippchen (die vorderen Glieder der Finger fehlen, im Ansatz des kleinen Fingers geglättete Fläche mit einem Stiftloch). Der Blick geht nach l. (Nasenspitze fehlt). Der Kranz im Haar scheint trotz der Unterschiede von dem des Sommers auf der Vs. ein Ährenkranz zu sein. Daß diese beiden Satyrn in einem Zyklus zweiter Ordnung den Herbst und den Sommer meinen, wird weiter unten zu zeigen sein[17].

Vorderseite (Taf. A)

Die eigentliche und in sich geschlossene Reihe der Jahreszeiten beginnt am l. Ende der Vorderseite neben der l. Schulter von Gaia mit dem Winter. Wie seine drei Gefährten ist er dargestellt als stehender, geflügelter Knabe an der Schwelle des Jünglingsalters mit vorn gescheitelten, bis zur Schulter hängenden Locken, in denen ein Kranz liegt. Er hält in beiden Händen seine Attribute und trägt eine Chlamys, die auf der linken Schulter durch eine scheibenförmige Agraffe zusammengehalten wird und hinten bis zu den Waden herabfällt. Die R. des Winters hält einen Schilfstengel. Aus Schilf besteht auch sein Kranz. Die L. faßt zwei hängende Enten an den Beinen (der Mund ist bestoßen, das Glied fehlt, die über den Rahmen herausragenden Zehen des r. Fußes werden noch von der Ergänzung in Gips des 18. Jahrhunderts gebildet). L. neben dem r. Fuß, hinter dem l. Ellenbogen der Gaia ein nach r. liegender kleiner Stier, der seine attributive Zugehörigkeit zu Gaia durch die Wendung seines Kopfes nach l. erweist. Zwischen den Füßen des Winters, zu ihm emporblickend, ein nach l. liegender kleiner Eber. Unter den Enten zwei kleine Jungen. Der vordere, in kniender Haltung nach r., trägt einen Blätterkranz und faßt mit beiden Händen einen mit Knospen besetzten Stengel. Er gehört bereits zum benachbarten Frühling. Der Knabe hinter ihm bewegt sich mit vorgeneigtem Oberkörper nach l. Er bläst ein gebogenes Flötenpaar und hat im Haar einen gedrehten Reif.

17 S. 139f.

Der Frühling (Nasenspitze bestoßen) trägt auf der erhobenen R., ungefähr in Schulterhöhe, einen leichten Korb, der mit Blumen gefüllt ist und über dessen Rand Blumenschnüre herabhängen (der r. Unterarm mit dem Korb ist wieder angesetzt; eine Stütze zwischen dem r. Handrücken des Frühlings und der l. Hand des Winters fehlt jetzt nach Ausweis der Bruchflächen). In der gesenkten L. hält er einen Zweig mit Knospen. Ein mit Blumen besetzter gedrehter Reif liegt in seinem Haar. Vom r. Flügel des Frühlings umrahmt sind Oberkörper und Kopf eines schwebenden Knaben, der sich in Ausfallstellung nach r. bewegt und das Haupt zum Blumenkorb zurückwendet. Mit der zur Schulter erhobenen L. und der vor der Leibesmitte sichtbaren R. faßt er eine Blumenschnur mit flatternden Binden an den Enden. In seinem Haar liegt ein wulstartiger Reif (Nase bestoßen). Vom r. Unterschenkel des Frühlings überschnitten sitzt am Boden ein kleiner Hirsch nach r., das Haupt rückwärts und empor zum Frühling wendend.

Der Tiger schreitet, die l. Vorderpranke erhebend und das Haupt rückwärts zum Gott emporwendend, nach r. Weil seine r. Hinterpranke von dem kleinen Hirsch und von der Cista Mystica daneben überschnitten ist, weil sie in flacherem Relief gebildet ist als die r. Vorderpranke und weil die l. Hinterpranke unsichtbar bleibt, hat er eine leichte Schrägstellung nach r. vorne. Mit Rücksicht auf die dionysische Typik, die seit dem Hellenismus den Panther in zunehmendem Grade durch den Tiger ersetzt, den Löwen und die Löwin aber nur selten und nicht ohne erkennbare Absicht verwendet, empfiehlt es sich trotz des in eine Quaste endenden Schweifes hier den Namen Tiger beizubehalten. Der Gott sitzt seitlich auf dem Rücken des Tieres. Seine nach l. weisenden Beine, von denen das l. ausgestreckt und das r. angezogen ist, hängen an der rechten Flanke. Er trägt schärpenartig ein Bocksfell, das auf der l. Schulter geknotet ist. Um den Unterkörper hat er einen Mantel gelegt, dessen Enden über die l. Schulter und über den l. Unterarm herabfallen. Mit der erhobenen R. gießt er Wein aus einem merkwürdig verzerrt dargestellten, geriefelten Kantharos in das von Pan emporgehaltene Rhyton, in der gesenkten L. hält er zwischen Zeige- und Mittelfinger einen Thyrsos. Das mit einem Kranz von Wein- und Efeublättern geschmückte Haupt ist nach r. gewandt. Vor den Ohren hängt je eine von einem Weinblatt bedeckte Traube an dem Kranz. Vor der r. Schulter ringelt sich eine Locke, die dahinter hervorkommt. Das lange Haar ist vorn gescheitelt; auf der Wange eine kleine Strähne. Der nur am l. Fuß sichtbare, kunstvoll verschnürte, weiche Kothurn läßt die Zehen frei.

Pan in kleiner Gestalt (Nase bestoßen) hüpft über der Kruppe des Tigers mit erhobenem r. Bocksfuß nach l. Der l. Fuß bleibt unsichtbar. Den Boden kann er ebensowenig berühren wie das benachbarte Paar von Satyr und Mainade. Diese Übereinstimmung zeigt, daß er nicht als auf dem Hinterteil des Tigers reitend verstanden werden darf. Daß eine räumliche Folgerichtigkeit für diese Komposition nicht angestrebt ist, haben bereits die scheinbar schwebenden Knaben weiter l. gezeigt. In der erhobenen R. hält Pan ein Rhyton, mit der L. schultert er einen vollen Weinschlauch, dessen Ausguß er zusammenhält.

In der Armbeuge des Dionysos wird im Hintergrund der nach r. gewandte Profilkopf eines Satyrs mit Schnurrbart sichtbar. Seine L. erscheint in flachem Relief oben r. neben dem Kopf des Gottes. Sie hält ein mit bogenförmigen Schleifen am Rande versehenes Tympanon, wahrscheinlich an einer Schnur. Seine R., die ein Lagobolon schultert, erscheint unter der r. Achsel des Dionysos.

Den Raum über dem Kopf des Tigers füllt der Oberkörper einer Kymbalistria. Sie bewegt sich nach r., schlägt die Kymbala in der Höhe ihres Halses zusammen und wendet das Haupt rückwärts zum Gotte. Bekleidet ist sie mit einem langen ärmellosen Chiton und einem Schleier, der über dem Oberarm liegt und hinter dem Kopf bogenförmig sich bläht. Das Haar ist ebenso frisiert wie das des Gottes. In ihm liegt ein Kranz aus Weinlaub und Efeu.

Zwischen dem Oberkörper Pans und dem Frühling, im Hintergrund, vor dem l. Flügel des Frühlings schwebend, ein kleiner Knabe nach r. in der Bewegung eines Laufenden mit vorgesetztem l. Bein. Er hält in der erhobenen L. eine Traube mit einem Weinblatt darüber, in der gesenkten R. die beiden Enden einer Blumenschnur mit Binden. Im Haar eine gedrehte Schnur, die mit Blüten besetzt ist.

L. unter dem l. Fuß des Dionysos steht am Boden ein Korb, dessen flach gewölbter Deckel r. von einer Schlange gehoben wird, die aus ihm hervorkommt. R. davon die Gruppe eines kleinen Satyrs, der mit einem Böckchen spielt. Das Tier liegt nach r. Der Satyr kniet nach l. und greift mit der L. nach dem Kopf des Böckchens, wie wenn er es aufforderte, die mit der R. gehaltene Traube zu verspeisen. L. von seinem l. Knie zwei von dem Böckchen verschmähte Weinbeeren. Hinter diesen ein Liknon. Der Phallos darin hat sich erhoben, so daß er unter dem Tuch, das ihn verhüllte, zu sehen ist. Hinter dem Satyrisk liegt ein Lagobolon am Boden.

R. vor dem Tiger ein Satyrisk in Ausfallstellung nach r. mit vorgebeugtem Rumpf, den Kopf nach l. emporwendend, mit der L. ein Lagobolon schulternd und die R. in einer Gebärde des Schreckens erhebend (Nase bestoßen). Über seinem l. Arm und seiner l. Schulter hängt ein Bocksfell, das hinter ihm nach l. weht (l. Hand und unterer Teil des Lagobolon fehlen; über dem Handgelenk Schnittfläche mit Bohrloch darin für die jetzt abgenommene Ergänzung des 18. Jahrhunderts; dasselbe beim Daumen der r. Hand).

Von den Figuren in der r. Hälfte der Vorderseite steht der Sommer (Nasenspitze wieder angesetzt) dem Gott am nächsten. Er hält eine große Sichel (der größte Teil der Schneide ist abgebrochen, ein Ansatz auf der r. Schulter der Figur stammt von einer Stütze ihres oberen Endes) in der gesenkten R. und auf der erhobenen L. in Schulterhöhe einen mit Ähren (Gerste oder Spelt) gefüllten Korb. Im Haar ein Ährenkranz (die L. mit dem Korb ist Bruch auf Bruch wieder angesetzt). Hinter dem r. Fuß dieser Gestalt liegt nach r. ein kleiner Bock, mit glattem Fell, der den Kopf rückwärts nach oben wendet. Über ihrer Schulter, innerhalb des l. Flügels, Kopf und Oberkörper eines nach l. gewandten schwebenden Satyrisken, der die R. staunend erhebt und mit der L. ein Lagobolon schultert.

Den Beschluß dieses Jahreszeitenzyklus bildet r. der Herbst (Nasenspitze bestoßen; das Glied war angesetzt) mit einem an den Vorderläufen gehaltenen Hasen in der schräg vorgestreckten R. (die Fingerspitzen und der l. Löffel des Hasen sind abgebrochen) und einem Füllhorn im l. Arm. Die Früchte, die aus dem Füllhorn quellen und einen Konus größtenteils verbergen, sind reicher differenziert als bei Gaia. Auch eine Ähre und ein Pinienzapfen sind darunter.

Zwischen dem Sommer und dem Herbst schreitet ein Satyrisk schräg nach vorn l. (Nasenspitze und r. Zeigefinger bestoßen). In der Bewegung entspricht er ungefähr spiegelbildlich dem Satyrisken l. neben dem Sommer. Im r. Arm hält er einen mit Trauben gefüllten Korb, in der erhobenen L. eine Traube mit einem Weinblatt. Von seinem r. Bein überschnitten liegt am Boden in derselben Richtung ein Hund (der Kopf ist bei der Aufstellung in New York mit Hilfe eines Zwischenstücks aus Gips wieder angesetzt). Hinter dem l. Fuß des Herbstes liegt am Boden nach l. mit zurückgewandtem Kopf ein kleines Rind. Es entspricht in flachem Relief dem in umgekehrter Richtung liegenden Rind neben Gaia.

R. Nebenseite (Taf. C)

Okeanos ist nach r. gelagert mit angezogenem l. Bein und aufgerichtetem Oberkörper. Er wendet das Haupt nach l. und stützt sich mit dem r. Unterarm auf einen Felsen, vor dem ein Gefäß liegt, dem Wasser entströmt. Mit der R. faßt Okeanos einen Schilfstengel, mit der erhobenen L. stützt er den oberen Teil eines Füllhorns, dessen unteres Ende neben seiner l. Hüfte steht. Ein Mantel hängt mit einem Ende vor der l. Schulter, zieht sich hinter dem Rücken schräg zur r. Hüfte und verhüllt die Beine. Das bärtige Haupt hat volles Haar, aus dem über der Stirn beiderseits neben den Hörnern eine Krebsschere[18] hervorkommt (die Nasenspitze ist wieder angesetzt; von der Schere über der l. Schläfe ist das obere Stück abgebrochen; ein Stiftloch in der Bruchfläche weist darauf hin, daß einige dieser kleinen Anstückungen schon antik waren). Das Füllhorn hat gegenüber dem Gaias mit dem des Herbstes die reichere Ausgestaltung gemeinsam. Über dem l. Knie des Okeanos schwebt ein kleiner Knabe ohne Kopfschmuck nach r. Er greift mit beiden Händen nach dem Füllhorn und wendet das Haupt zurück (Nasenspitze fehlt). Über dem Füllhorn ist der von vorn gesehene Oberkörper und der nach l. gewandte Kopf eines anderen kleinen Jungen sichtbar (Nasenspitze fehlt). Er legt die R. auf die Spitze des Konus, der aus dem Füllhorn hervorragt, und greift mit der L. nach den Früchten.

Über den Hüften des Okeanos wendet sich ein geflügelter, fast schon jünglingshafter Knabe im Schreiten oder Tanzen mit dem Haupte rückwärts nach l. (Nasenspitze wieder angesetzt; Glied abgebrochen). Sein Gesicht ist kindlich und pausbäckig; er hat eine Stumpfnase. Der Darstellung seiner Bewegung fehlt die Folgerichtigkeit. Das unter dem Füllhorn in flachem Relief sichtbare Stück des l. Beines sieht so aus, als ob es das Spielbein sei, während doch die l. Hüfte gehoben ist. Der Knabe hat schärpenartig ein über der r. Schulter verlaufendes Tierfell umgelegt. Er hat kurzes, hinten bis zum Ansatz des Nackens reichendes Haar, in dem ein mit Blüten besetzter gedrehter Reif (bei der Aufstellung in New York teilweise ergänzt)

[18] s. Rumpf ASR. 5, 1, 101. 125 und Index 148 s. v. Krebsschere.

liegt. Mit der R. hält er eine flache, kalottenartige Schale vor der Brust. Mit der L. faßt er die Vorderbeine eines kleinen nach l. blickenden Bockes, den er auf der l. Schulter trägt. Über seinem r. Flügel wird eine bis in die Hohlkehle des oberen Rahmens hinein reichende Urne mit volutenförmigen Griffen sichtbar, die auf einem pfeilerartigen Postament steht. Dieser Knabe wird sich als der Frühling des zweiten Zyklus erweisen[19].

An ihrem r. Ende schließt die Darstellung mit einem auch nach r. schreitenden und sich umblickenden geflügelten, knabenhaften Jüngling, der mit der R. einen Zweig schultert und in der gesenkten L. an einer Schnur oder einem Riemen einen mit Früchten gefüllten Korb trägt. Gemeint sind offenbar Oliven. Seine hinten nur bis zu den Kniekehlen reichende Chlamys wird unter der Halsgrube durch eine knopfartige Agraffe zusammengehalten. Der l. Fuß steht auf dem Boden, der r. wird im Schreiten nachgezogen. Die Zartheit seines Körpers wird durch zwei Horizontalfalten an der Innenseite des l. Oberschenkels ausgedrückt. Sein Haar ist nicht so kurz wie das der zuletzt beschriebenen Figur, aber auch nicht so lang wie das der Jahreszeiten der Vorderseite und anders frisiert. Es hängt nicht, sondern ringelt sich in Locken. Über der Stirnmitte züngeln drei an ihrem Ansatz zusammengebundene kleine Locken empor (die Nase ist wieder angesetzt). Neben dem r. Fuß des Okeanos setzt sich streifenartig der Fels fort, der l. neben der Urne erschien. Auf ihm stehen die beiden Geflügelten der r. Nebenseite, die also etwas kleiner sind als die Jahreszeiten. Die zuletzt beschriebene Figur ist der Winter des zweiten Zyklus[20].

Ein Deckel als Träger einer Inschrift[21] müßte eine ähnliche Form gehabt haben wie der auf dem Endymionsarkophag des Metropolitan Museums aus Ostia[22]. Aber es ist wohl kein Zufall, daß diese hybride Form für die monumentalen wannenförmigen Sarkophage sich nicht nachweisen läßt. Der Deckel, dessen Vorhandensein die zwei Klammerlöcher auf der Rückseite bezeugen, dürfte die einfache Gestalt einer Platte gehabt haben wie der des Nereidensarkophags aus der Praetextatkatakombe[23] und vor allem deswegen heute fehlen, weil er den Entdeckern uninteressant vorkommen mußte.

Unter den auf uns gekommenen Sarkophagen der Kaiserzeit ist dieser einer der am besten erhaltenen. Er ist auch besonders qualitätsvoll und in hohem Grade charakteristisch für seine Zeit und für seine Gattung. Die Beherrschung der technischen Mittel ist ebenso souverän wie raffiniert. Es gibt wenige antike Hochreliefs aus Marmor, die mit derselben Kühnheit die Formen vom Grunde lösen und unterschneiden. Um auch die künstlerische Leistung beurteilen zu können, muß man sich über die technische Routine im klaren sein, die eine der Voraussetzungen dieser üppigen Formenfülle ist.

[19] S. 138. [20] S. 140. [21] Chr. Alexander, BMetrMus. 14, 1955, 47.

[22] Robert ASR. 3 Nr. 83 Taf. 26. BMetrMus. 15, 1957, 123ff.

[23] M. Gütschow 58/30 Taf. 4. Rumpf ASR. 5, 1 Nr. 81 Taf. 29f. Vgl. den Sarkophag in P. Farnese MD. 2672, Gusman 40.

Daß für Bohrlöcher und Bohrkanäle immer wieder die gleichen Werkzeuge verwandt wurden, geht auch aus den Abbildungen hervor. Was die Skala der Werkzeuge angeht, war also die Technik einfach. Dies ist so handgreiflich, daß es keiner ausführlichen Darlegungen bedarf. Wohl aber verdienen einige Wiederholungen von Formkomplexen hervorgehoben zu werden.

In der Wiedergabe der Augen sind zwei Verfahren angewandt. Gravierte Augensterne haben Dionysos, die Jahreszeiten der Vorderseite, Gaia, Okeanos, die Mainade und die beiden Geflügelten der r. Nebenseite. Alle anderen Figuren, also die beiden Satyrn der l. Nebenseite, der Satyr hinter Dionysos, Pan, die Kinder, die Satyrisken und die Tiere, haben gebohrte Pupillen. Die Bohrung soll offenbar den Blick mit einer Note des Naturhaften, Wilden ausstatten. Noch deutlicher wird die routinemäßige Behandlung der Formen, wenn man die regelmäßig wiederkehrende Verteilung von gleichgroßen Bohrlöchern in den Gesichtern feststellt. Normalerweise sind es acht, zwei in den inneren Augenwinkeln, zwei für die Nasenlöcher, zwei für die Mundwinkel und je eines im Philtron und unter der Mitte der Unterlippe. Der Nabel besteht aus zwei Bohrungen nebeneinander, die so verbunden werden, daß eine bohnenförmige Gestalt mit nach unten offenem Bogen entsteht. Eine Ausnahme macht der derb gebohrte Nabel des Geflügelten mit dem Bock auf der Schulter auf der r. Nebenseite. Eine Pubes ist nur bei dem Satyr mit dem Korb auf der l. Nebenseite angegeben, und zwar, in derselben Weise wie die Behaarung in Pans r. Achselhöhle, durch einige nebeneinandergesetzte flache Bohrungen. Bei den Jahreszeiten und den beiden Geflügelten der r. Nebenseite wiederholt sich die gleiche weiche Bildung des Bauches mit einer Falte zur unteren Begrenzung. Von ähnlicher Art sind die an der Innenseite eines Oberschenkels paarweise erscheinenden Falten bei dem Knaben neben dem Satyr mit Korb auf der l. Nebenseite und bei dem einen Korb haltenden Geflügelten der r. Nebenseite. Formelhaft wiederholt sich auch das Halten eines Stabes oder Stengels zwischen Zeigefinger und Mittelfinger. Außer bei den vier Jahreszeiten ist es zu beobachten bei Dionysos, Okeanos und dem Geflügelten mit dem Korb auf der r. Nebenseite.

Die Schilfstengel sind unten gekerbt (Winter, Okeanos) und unterscheiden sich auch damit von den Zweigen (Frühling, Geflügelter der r. Nebenseite, Knieender unter den Enten). Die drei Füllhörner (Gaia, Okeanos, Herbst) haben eine Längsrippe und viele Querstreifen. Die Hörner Pans und des Okeanos sind ebenso ausgestaltet. Kleine zweiteilige Quasten kommen am Gewand des Dionysos, des Frühlings, der Mainade und des Geflügelten mit dem Korb auf der r. Nebenseite vor. Die Wamme der beiden kleinen Stiere hat dieselbe flache, gefaltete Gestalt. In diesem Zusammenhang sei auch erinnert an die Übereinstimmung in Kopf und Körpertypus der acht kleinen Jungen — zwei auf jeder Nebenseite, vier auf der l. Hälfte der Vorderseite — gegenüber den vier Satyrisken auf der r. Hälfte der Vorderseite. Von diesen haben zwei Tierohren und einer ein Schwänzchen. Alle haben struppiges Haar, vulgäre Züge und straffe Muskulatur. Einer trägt einen Fichtenkranz. Die Knaben haben alle bis auf den einen der r. Nebenseite denselben Kopfschmuck wie der Frühling, der Herbst und der Geflügelte der r. Nebenseite mit dem Bock auf der Schulter.

Komposition

Die beiden Paare von Jahreszeiten auf der Vorderseite sind unter sich zu je einer Gruppe zusammengefaßt durch die Wendung ihrer Köpfe zueinander und durch die Senkung der äußeren Arme bei Hebung der inneren. Mit der Mittelgruppe sind sie dadurch verbunden, daß sie durch die Stellung ihrer Beine dahin sich öffnen. Das l. Paar hat r. Standbein, das r. l. Standbein. Die Knüpfung der Chlamys freilich liegt bei allen vier auf der r. Schulter und mildert so die dekorative Symmetrie. In der Mittelgruppe kommt der Zusammenschluß namentlich dadurch zustande, daß Dionysos und Pan nach r., die Mainade und der Tigerkopf nach l. gewandt sind. Ein leichtes Übergewicht freilich erhält die Richtung nach r. durch den Leib des Tigers und durch die Verstärkung, die ihr der Kopf des Satyrs im Hintergrund verleiht. Auch durch Tiefenbezüge wird das Gewicht der Mittelgruppe und ihr Zusammenschluß verstärkt. Pan, der Satyr und die Mainade drängen den Gott mit dem Tiger nach vorn. Dazu kommen die Überschneidungen des Frühlings durch Pan und des Sommers durch den Tigerkopf. Nach r. und l. setzt sich dies fort. Die inneren Flügel der beiden der Mittelgruppe am nächsten stehenden Jahreszeiten überschneiden die benachbarten Flügel ihrer weiter außen stehenden Gefährten, und diese haben zurückgenommene äußere Schultern. Der symmetrischen Ordnung fügen sich im ganzen auch die beiden Nebenseiten mit je einer gelagerten Figur, zwei aufrechten und zwei Kindern. Nur hat die den äußersten Rand bildende Gestalt l. bereits rechtsläufige Bewegung, während ihr Gegenstück am r. Ende eine frontale Haltung einnimmt, so daß sie der Bewegung Halt gebietet.

Mit dieser unter der zentral sich gebenden Oberfläche strömenden Rechtsläufigkeit zusammenzusehen ist die leichte Verschiebung der Komposition nach l. Weil der Gott auf dem Tiger nicht die genaue Mitte der Vorderseite einnimmt, greift von den Gestalten der r. Nebenseite etwas mehr auf die Vorderseite über als von denen der l. Nebenseite. Dazu kommt, daß zwar beide Nebenseiten summarischer behandelt sind als die Vorderseite, daß aber die plastische Erhebung der r. größer ist als die der l. Anlaß hierfür und für die Rechtsläufigkeit kann nur das Bestreben gewesen sein, die Funktion des ganzen Gebildes als eines Sarkophags durch die Betonung der Kopfseite spürbar zu erhalten.

In der Verbindung von dekorativem Schema mit bildhafter, bewegter Erscheinung auf der Fläche, stellt sich nur die eine Seite der Komposition dar, die andere ist der körperlich räumliche Zusammenschluß der Figuren untereinander und ihre auch in diesem Sinne geordnete Fülle. Sie ist ebenfalls auf der Grundlage elementarer und routinemäßig behandelter Mittel durchgeführt. Der weitgehenden Lösung der Figuren vom Grund, auf die es abgesehen ist, entspricht eine Menge wohlberechneter gegenseitiger Verbindungen der freien und unterschnittenen Teile, die diesen statisch ihre Existenz ermöglichen. In dieser Beziehung verdient es Beachtung, daß von den vier Jahreszeiten der Vorderseite nur der Winter ein nicht vom Grund gelöstes Spielbein hat. Ergänzend, aber erst in zweiter Linie, kommen einige verborgene Stützen für besonders exponierte Teile der Figuren hinzu, die meist vom Reliefgrund ausgehen.

Solche Stützen finden sich: 1. Hinter der Linken des Satyrs mit den Früchten im Bausch des umgehängten Felles auf der l. Ns.; 2. Hinter dem Blumenkorb des Frühlings (jetzt ergänzt); 3. Zwischen der r. Schulter des Sommers und dem Ende der Sichel (jetzt fehlend); 4. Hinter dem Konus im Füllhorn des Herbstes (tordiert); 5. Hinter dem Kopf des Bockes auf der Schulter des einen der beiden Geflügelten auf der r. Ns.; 6. Hinter dem Zweig, den der Geflügelte daneben hält; 7. Hinter der Rechten dieser Gestalt; 8. Hinter dem l. Fuß des schwebenden Knaben r. vom Füllhorn des Okeanos (zwei Stützen). — Seltener sind kleine sichtbare Zwischenstützen: 1. Zwischen dem r. Oberschenkel des Winters und dem Schilfstengel; 2. Zwischen der L. des Winters und der R. des Frühlings (fehlt jetzt); 3. Zwischen dem Bug des Tigers und dem r. Unterarm des Satyrisken mit dem Lagobolon.

Auf diese Weise ist im Stein etwas Ähnliches zustande gekommen wie bei den Gläsern dieser Zeit, die unter dem Namen Diatreta bekannt sind. Indem es von einem Netz von Formen überfangen und umsponnen wird, nimmt das marmorne Gerät als Ganzes einen eigentümlich transparenten, unwirklichen Charakter an, und diese Eigenschaft wirkt auf die Figuren zurück. Es ist ein schwereloses Wesen, das sich in ihnen ausdrückt und ihren Reiz ausmacht. Der raffinierte Kontrast zwischen dieser Erscheinung und der harten, schweren steinernen Substanz steigert in eigentümlicher Weise seine Wirkung.

Mit dieser Feststellung ist der Ansatzpunkt für die eigentliche Interpretation gewonnen, der es nicht mehr nur auf die Benennung der Figuren ankommt, sondern auf die Beleuchtung des ganzen Werkes von möglichst vielen Seiten. Es bleibt zu prüfen, wie dieses Ergebnis der Beschreibung zu der gegenständlichen Bedeutung des Dargestellten sich verhält und welche Voraussetzungen es in der Produktion der Sarkophage überhaupt findet. Der Frage nach dem Verhältnis von Schöpferischem und Abgeleitetem in diesem Werk muß seine ikonographische und stilgeschichtliche Einordnung und die Klärung seines zeitlichen Ansatzes vorangehen.

II. IKONOGRAPHIE

Die ikonographische Untersuchung eines antiken Werkes hat es immer in erster Linie mit der Geschichte von Typen zu tun. Aber diese läßt sich mit der Ikonographie nicht identifizieren und durch sie nicht ersetzen. Für den hier beabsichtigten Weg verdient der Ausdruck Ikonographie den Vorzug, weil es auch auf die Bedeutung der Typen und auf den Wandel ihrer Sinngebung abgesehen ist. In diesem Sinne sollen zuerst die konstitutiven Bestandteile der Reliefkomposition durchmustert werden, der Gott auf dem Tiger und die Vier Jahreszeiten. Dann erst wird sich das Ganze typologisch und ikonographisch beurteilen lassen.

A. Der Gott auf dem Tiger

Das Motiv des Dionysos auf dem Panther oder Tiger ist zusammenfassend behandelt von W. Leonhard, Neapolis 2, 1914, 68ff., und von G. Ch. Picard, Rev. Afr. 88, 1944, 5ff. Ihren Materialsammlungen ist, abgesehen von der vollständigeren Liste der Sarkophage und der Münzen, nicht viel hinzuzufügen. Aber Leonhard interessiert sich nur insofern für das Motiv, als es die Vorstufe ist für den jugendlichen Reiter auf dem Panther oder Löwen, der für uns außer Betracht bleibt, und Picard fragt nur nach dem Vorbild, das seiner Meinung nach ein Gemälde des späteren 4. Jahrhunderts v. Chr. war. Um eine Sichtung der jüngeren Überlieferung bemüht er sich auch nicht. Das Material bedarf daher einer Revision, wenn die Grundlagen für die Beurteilung dieser Gruppe auf unserem Sarkophag gewonnen werden sollen. Eine Zusammenstellung der bisher bekannten Beispiele sei vorausgeschickt. Die eingeklammerten kleinen Buchstaben am Schluß der Nachweise für die einzelnen Stücke beziehen sich auf die Typentafel S. 30.

A. Attisch-rotfigurige Vasen

Sieben stellt zusammen H. Metzger, Les Représentations dans la Céramique Attique du IVe Siècle, 1951, 136f. Nr. 50—56. Davon sind unveröffentlicht Nr. 52 und 53. Wahrscheinlich als achtes Stück kommt hinzu ein verschollenes Gefäß, das sich ehemals in der Sammlung Hope befand. Nach den Abbildungen muß allerdings die Möglichkeit offen bleiben, daß es italiotisch ist (Tischbein 2, 43 = Inghirami 1, 48. Vente Hope 102, 2. Nicht im Vatikan, wie Leonhard a. O. 69 angibt).

B. Italiotische und etruskische rotfigurige Vasen

1. Apulischer Kelchkrater, Louvre. Millin 1, 60. (a)
2. Apulische Kanne, Neapel H. 2123. Leonhard a. O. 70. (a)
3. Paestaner Glockenkrater, Louvre K 240. Trendall, Paestan Pottery, 1936, Abb. 14. (a)
4. Paestaner Kelchkrater des Asteas, Madrid 11094. Trendall a. O. Taf. 8. (a)
5. Paestaner Kelchkrater des Asteas, Neapel H. 3412 (8244). Trendall a. O. Taf. 6b. (a)
6. Etruskische Schale, Vatikan Z 86. Trendall, Vasi italioti ed etruschi a figure rosse 2, 1955 Taf. 59g. Beazley, EVP. 50f. (a/c)

C. Etruskische Metallgravierung

Praenestiner Bronzeciste, München. Sieveking, Die Bronzen der Sammlung Loeb, 1913 Taf. 48ff. Matthies, Die Praenestiner Spiegel, 1912, 81 Abb. 17. Vian, Répertoire des Gigantomachies, 1951 Nr. 458 Taf. 56. (b)

D. Reliefs (außer Sarkophagen)

1—10. Calener Gutti. Pagenstecher, Die Calenische Reliefkeramik, 1909, 170 Taf. 19. JdI. 27, 1912, 158. (c)

11. Canosiner Deckelpyxis, Berlin F 3589, unpubliziert. (c?)

12. Etruskische Urne, Chiusi. Koerte 3 Taf. 41, 2. Thimme StEtr. 23, 1954, 64, 17. — Die Urnen Koerte 3 Taf. 40, 1 und 2, und Taf. 41, 1 bleiben hier außer Betracht. Wenn sie in Verbindung mit unserem Motiv stehen, so kann es doch nur eine Kontamination mit dem Greifenreiter sein. Die Urne Taf. 41, 3 gehört in die Reihe der Bilder des kindlichen Pantherreiters. (b)

12a. Etruskische Spiegelkapsel, Perugia, Museo Archeologico, Coll. Guardabassi. Giglioli AE. 1935 Taf. 315, 1. (b)

13. Dekoratives Marmorrelief aus Pergamon, Istanbul. Mendel 251f. Winter AvP. 7, 318ff. Taf. 40 Abb. 406. v. Salis, Der Altar von Pergamon, 1912, 63f. v. Schoenebeck, Mnemosynon Th. Wiegand, 1936, 58. Ohlemutz, Die Kulte und Heiligtümer der Götter in Pergamon, 1940, 282 A. 88. Th. Kraus, Die Ranken der Ara Pacis, 1953, 88. Jacobsthal, Greek Pins, 1956, 72 Abb. 291. Weil dieser Figur das Tympanon fehlt, kann ich nicht mit Jacobsthal eine Verdoppelung der Magna Mater in ihr sehen, sondern bleibe bei der Deutung Winters. (a)

14. Rankenpfeiler aus der Basilika am Forum von Leptis Magna. Bartoccini, AfrIt. 2, 1928, 44. (f/g)

15. Kaiserzeitliche Bronzelampe, Budapest, Nat. Mus. Hekler, Arch. Ert. 33, 1913, 224ff. Strena Buliciana, 1924, 111, 5. (f/e)

16. Tonlampe im Museé du Bardo. Cat. du Museé Alaoui 159 Nr. 102, unpubliziert. (?) S. Nachtrag unten S. 191.

17. Hellenistische Tonform, Agrigento. Rizzo RM. 12, 1897, 278f. Die gleiche Darstellung: 1. auf einem tönernen halbkugeligen Reliefgefäß in Chicago, Natural History Museum, früher Field Museum, Inv. Nr. 24944. — 2. ausgeschnittenes Bronzerelief von einem Gefäß in der Ermitage, von Stephani als römisch bezeichnet, CR Petersb. 1867, 161. 181. RS. 2, 132, 3. (b)
18. Sassanidische Silberschale in der Ermitage. Smirnow, Argenterie Orientale Taf. 36. RR. 486, 3. (e)

E. Rundplastische Gruppen

1. Marmorne Brunnenfigur aus dem Theater von Sbeitla-Sufetula (Tunis), Zweidrittellebensgröße. G. Ch. Picard, Rev. Afr. 88, 1944, 5ff. Taf. 1. (f)
2. Terrakotta aus Sousse, Musée du Bardo. Cat. du Musée Alaoui 132 Taf. 29, 9. (g)

Nicht berücksichtigt ist die Marmorgruppe im Lateran (BS. 183 Taf. 2. RS. 2, 4), weil sie Silen darstellt, und die Gruppe, die einst im Palazzo Giustiniani stand (MD. 358. RS. 1, 383, 2), weil sie zu stark ergänzt ist.

F. Mosaiken

1. Mosaik, Delos, Haus des Dionysos. Bulard MPiot 14, 1908, 199ff. Taf. 14f. Ex. Delos 8, 52. RP. 105, 6. (b)
2. Mosaik, Delos, Haus der Masken. Ex. Delos 14, 3. Picard, Mél. Glotz 713, 5. Rumpf, Hdb. 6, 166 Taf. 56, 5. Picard, Les monuments ptolémaiques du Sarapieion, 1956, 193, 1. (d)
3. Mosaik, Zliten (Tripolis). Mariani, Rendic. Acc. Linc. 5. S. 27, 1918, 27. Aurigemma, Tripoli e le sue opere d'arte, o. J. Taf. 5. Vestigie del passato (Monumenti e Scavi), a cura di P. Romanelli, 1930, 47. RP. 106, 7. (g)
4. Mosaik aus London, Brit. Mus. Hinks, Cat. 1933, 98 Nr. 32a Fig. 108. RP. 106, 5. (f)

5—8. Unpublizierte nordafrikanische Mosaiken aus Thuburbo Maius, El Djem, Dougga im Musée du Bardo, aus El Djem in Sousse. Picard, Rev. Afr. 88, 1944, 14 A. 39. (?)

G. Münzen, zusammengestellt von M. Bernhart, Dionysos und seine Familie auf griechischen Münzen, Jahrbuch für Numismatik und Geldgeschichte 1, 1949, 29. 100ff. Nr. 799—843 Taf. 4 und 5.

a) Griechisch, vorkaiserzeitlich
   1. Silberstatere von Sybrita (Kreta), 4. Jh. BMCat. Crete 79 Taf. 19, 12. Head HN.[2] 477. Bernhart Nr. 818 Taf. 4, 25. (a)
   2. Bronzemünzen von Korkyra, 4. Jh. BMCat. Thessaly 125 Taf. 22, 14f. Bernhart Nr. 812 Taf. 4, 21. (b)
   3. Desgl. Bernhart Nr. 813 Taf. 4, 28. (c)

b) Kaiserzeitliche Bronzemünzen aus Kleinasien und angrenzenden Gebieten, Hadrian bis Trebonianus Gallus. Bernhart a. O.

H. Sarkophagreliefs

1. Rom, Museo Capitolino (Imperatori). Stuart Jones Cat. Taf. 53 Nr. 86. Foto Sansaini 1953 (DAInst.). RR. 3, 183, 1. (f)
2. Villa bei Frascati, wannenförmiger Kindersarkophag, unpubliziert. Fotos R. Calza 1954. (f)

2a. Cagliari, Museo Archeologico, wannenförmiger Kindersarkophag. G. Pesce, Sarcofagi Romani di Sardegna, 1957, 24ff. Nr. 3 Fig. 8—11. (f)

3. Vatikan, Museo Chiaramonti. Amelung 1, 709 Taf. 86. Foto DAInst. 1931/730. RR. 3, 362, 1. (f)
4. Città di Castello. V. Corbucci, Il Palazzo di Alessandro Vitello e la Pinacoteca Comunale di Città di Castello, 1931, 26 Nr. 2 m. Abb. Zeichnung Eichlers und Foto im Apparat des Corpus. (f)
5. Ostia, Museum Inv. Nr.1140. Hanfmann 1, 36f., 2, 17 A. 45. Foto DAInst. 28/58. (f)
6. Benevent. NSc. 1904, 227. Meomartini, Benevento, 1909 (Italia Artistica 44), 14 mit Abb. Foto DAInst. 30/602. 37/4385. (f)
7. Dresden, 271 H. RR. 2, 61 (Taf. 2b). (f)
8. Louvre, Fragment. Froehner, Notice 4e éd. 226. RS. 1, 35, 3. (f)
9. Poggio a Caiano. D. 400. Zeichnung Eichlers im Apparat des Corpus. (f)
10. Rom, Villa Albani, Pasticcio. Zoega BR. 74. Foto DAInst. 1954/435. (g^1)
11. Rom, Palazzo Barberini, Fragment. MD 2310. Schon 1925 von M. Guetschow dort nicht mehr gesehen. (g^1)
12. Salerno, Kathedrale, wannenförmig. Aufnahmen im Apparat des Corpus (Taf. 2a). (g^1)
13. Los Angeles, County Museum, aus Sammlung Hearst. Matz, Los Angeles, County Museum, Bull. of the Art Division 8, 1956 No. 3, 3ff. (g^2)
14. Badminton-New York. (g^2)
15. Kassel. Bieber, Kat. 86 Taf. 34. Hanfmann Nr. 461 Fig. 20. 28. RR. 2, 57, 9 (Taf. 3b). (g^2)

Das Motiv begegnet zum ersten Mal im späten 5. Jahrhundert v. Chr. Sein ältester Vertreter ist ein Bild des Meidiasmalers (A. 1, Nr. 50, Metzger). Daß es aus der großen Malerei stammt, hat Leonhard aus seinem öfteren Vorkommen auf Vasen des 4. Jahrhunderts schließen wollen. Sicher ist nur, daß seine Erfindung dem ältesten Beispiel nicht wesentlich vorausliegt. Der auch von Leonhard gegebene Hinweis auf die bildliche Verbindung von Gott und Tier, die seit alters in Kleinasien üblich ist, kann höchstens in einem sehr weiten Sinne der Erklärung dienen. Gewiß nicht gemeint ist die Darstellung des von Land zu Land ziehenden Gottes, an die H. Metzger zunächst dachte[1]. Mit Recht ist in einer späteren Studie von demselben Forscher an das gleichzeitige Aufkommen von Bildern anderer Götter erinnert worden, die auch von Tieren

[1] BCH. 50, 1946, 377f.

getragen werden, insbesondere Apollon auf dem Greif, Artemis auf dem Hirsch, Aphrodite auf dem Schwan oder Bock. Als Kontamination schließt sich an Dionysos auf dem Greif. Daß die Epiphanie gemeint ist, hat Metzger auch bereits gesehen. Das wird bestätigt durch den Altar vor der Reiterin »Sparte« auf einer Schale in Boston, die dem Jenaer Maler nahesteht[2] und durch das gleiche Motiv in Verbindung mit Artemis und einer Hirschkuh auf einer etwas jüngeren Wiener Schale[3]. Es ist die Erscheinung an der Kultstätte[4].

Der Vergleich mit den Weiterbildungen auf italiotischen Vasen und auf einem Münzbilde der kretischen Stadt Sybrita aus dem 4. Jahrhundert (G a 1) zeigt, daß dieser Typus (a) von Hause aus rechtsläufig war. Die andere Richtung hat nämlich außer dem Münzbilde sicher nur das eine der apulischen Beispiele (B 5) und wahrscheinlich auch ein zweites, unpubliziertes (B 2). Nur auf einem von den attischen Bildern ist der Unterkörper des Gottes im Gegensinne zur Richtung der Bewegung angeordnet (A. 5, Nr. 54, Metzger). Unter den italiotischen Beispielen, denen ein etruskisches sich anschließt (B 6), ist dieser Gegensatz der Richtungen die Regel (B 2. 3. 4. 5). Ihre Übereinstimmung entspricht nicht nur der Wirklichkeit, sondern auch dem bildlichen Typus, der für die Wiedergabe »im Damensitz« Reitender seit der archaischen Kunst verwandt wird. Erinnert sei an die Mehrzahl der Bilder Europas auf dem Stier[5], an Selene in der Parthenonmetope Nord 29[6] und in einer nachparthenonischen Gigantomachie, die vielleicht unter dem Einfluß des Parthenosschildes steht[7], sowie an eine gravierte Silberschale aus Duvanlij[8]. Der unwirklichere, aber wirksamere Chiasmus bemächtigt sich des Typus im späten 5. Jahrhundert. Ein Schalenfragment des Jenaer Malers[9] mit Apollon (?) auf dem Greif[10] und ein Tellerfragment mit Ariadne (?) auf dem Löwen, das dem Pronomosmaler nahesteht[11], sowie bronzene Klappspiegel und Terrakotten mit Darstellungen der reitenden Aphrodite[12] sind

[2] Verf., Die Naturpersonifikationen in d. gr. Kunst, 1913, 64 mit Taf. Beazley ARV. 884, 7.

[3] CVA. Oest. 30.

[4] E. Simon, Opfernde Götter, 1954, 116, 68. Vgl. die vom Verf., Naturpersonifikationen i. d. gr. Kunst, 1913, 65, 1 zusammengestellten Vasen und die Epiphanie des von einem Hahn getragenen Men auf dem attischen Weihrelief des 3. Jhs. EA. 1247. Svoronos, Nat. Mus. 59, 1406. Nilsson GGR. Taf. 2, 1. RR. 2, 357, 4.

[5] Technau, JdI. 52, 1937, 76ff. Schwarzfigurige Vasenbilder mit einer Mainade auf einem Stier, wie AZ. 1868 Taf. 9, Beazley ABV. 478, 2, und andere mit Dionysos oder Poseidon auf einem Stier, wie Würzburg, Langlotz 194 Taf. 58, schließen sich an. Ein anderer, namentlich durch Terrakotten vertretener Typus, hat den seitlichen Sitz, bei dem der größte Teil der Gestalt in einem Winkel von 90° zur Längsachse des Tieres angeordnet ist: Winter, Typen 1, 163f. BMCat. Sculpt. 3, Nr. 1535 Taf. 1.

[6] Dazu die rf. Kanne, Florenz 3996, CVA. Taf. 66, 1. 67, 1 = It. 650f. Beazley ARV. 332.

[7] v. Salis, JdI. 55, 1940, 90ff. Abb. 1. Vian a. O. Nr. 389. H. Walter, AM. 69/79, 1954/55, 95.

[8] Filow, JdI. 45, 1930, 287 Taf. 8f. Ders., Die Grabhügelnekropole bei Duvanlij, 1934, 63ff. Taf. 5.

[9] Jena 383. AZ. 1857 Taf. 108, 1. Beazley, ARV. 880, 2.

[10] Vgl. Dionysos auf dem Greif, ausgeschnittenes Goldrelief aus einem südrussischen Grabe des 4. Jhs., neben Ariadne auf dem Panther, die in neunziggradiger Drehung angeordnet ist: Stephani CRPetersbg. 1869, 6 Taf. 1, 7 und 3.

[11] Boston 10. 187. Hahland, Vasen um Meidias Taf. 17 b. JdI. 55, 1940, 165 Abb. 35. Vian a. O. 397.

[12] Züchner, Klappspiegel, 1942, 5ff. KS. 1ff. Taf. 1ff. 167 Abb. 81f.

frühe Beispiele. Auf den rf. Vasen des 4. Jahrhunderts gehen beide Fassungen des Typus auch für andere Motive nebeneinander her[13]. Seit dem Hellenismus dominiert der Chiasmus, wie ihn von den drei originalen hellenistischen Beispielen unseres Motivs (D 13. F 1. 2) zwei zeigen (D 13. F 2). Am Südfries des Großen Altars von Pergamon haben ihn alle drei Reiterinnen. Dazu kommen die kaiserzeitlichen Darstellungen Apollons auf dem Greif[14], der Artemis auf dem Hirsch[15] und Europas auf dem Stier. Gerade die Beispiele hellenistischer Zeit für das Europamotiv, seleukidische und republikanisch-römische Münzen[16] haben freilich die richtungsidentische Haltung. Daß sie später mehrfach wieder vorkommt, weist auf ein hellenistisches Prototyp, das offenbar auch die Velificatio in dieses Motiv einführte. Aber sie hat sich nicht durchgesetzt. In der spätereren Überlieferung ist der Chiasmus mindestens so beliebt[17]. Besondere Gründe hat auch die verhältnismäßige Seltenheit, bzw. Unentschiedenheit der chiastischen Haltung bei Kybele[18]. Es gibt zwar hellenistische pergamenische Beispiele für sie[19]. Die Mehrzahl der kaiserzeitlichen Bilder hat aber auch nicht die Identität der Richtungen, sondern den Sitz im Winkel von 90° zur Rückenachse des Löwen. Sie folgt damit einem bereits in hellenistischer Zeit bekannten Kultbild[20], dessen Gestalt später durch eine Statue auf der Spina des Circus Maximus zu Rom kanonisiert wurde[21]. Die Ausschließlichkeit des

[13] Beispiele für die *Richtungsidentität*: Attische Vasen, Schefold UKV. 154 Taf. 12, Europa. 142 Taf. 10. Abb. 29. 195 Abb. 4, Aphrodite. Dazu der goldene Ohrschmuck CRPetersbg. 1868 Taf. 1 und der etruskische Spiegel, Koerte 5 Taf. 10, Artemis. — Tarentiner Vasen, FR. 88. El. Cér. 2, 43, Artemis. MI. 2, 31f. AnnInst. 1864 Taf. S, Selene. — Beispiele für den *Chiasmus*: Attische Vasen, Schefold a. O. 369 Taf. 32 = FR. 69, Selene. CVA. Oest. 30 = Beazley ARV. 887, Artemis und Apollon. Olynth 5 Taf. 86, Dionysos. — Tarentiner Amphora, Berlin F 3241. Gerhard, Apul. Vasenb. Taf. 7. Overbeck, Atlas Taf. 6, 18, Europa. — Etruskische Vase, Würzburg, Langlotz 818 Taf. 237, Artemis.

[14] Die von Overbeck, Griech. Kunstmythologie 3, 1889, 357 Nr. 4—9 zusammengestellten Beispiele sind: Panzer der Augustusstatue von Primaporta, Stuckrelief in den Forumsthermen zu Pompei, Wandbild des 2. Jhs. in Kertsch, Mosaik in Palermo und Münzen des 3. Jhs. Außerdem das Stuckmedaillon des „Weißen Grabes" an der Via Latina mit einem Greifenreiter, MI. 6, 43. MemAmAc. 4, 1924, 76 Taf. 33.

[15] Beispiele, zusammengestellt zuletzt von Zahn, Amtl. Ber. 38, 1916/17, 303: Statue von Primaporta, Gemmen und spätantike Silberschale. Die Münzen von Ephesos aus der Zeit des Marcus, BMCat. Ionia Taf. 13, 11, und von Mytilene aus der Zeit des Septimius Severus, BMCat. Troas Taf. 40, 1, haben die richtungsgleiche Haltung. Unzugänglich sind mir die Abbildungen des Stuckreliefs in den Forumsthermen zu Pompei: Gell, Pompeiana 1, 30. Mus. Borb. 2, 53.

[16] Verf., Abh. Mainz 1952 Nr. 10, 728/12.

[17] Es sind namentlich römische und pompeianische Wandmalereien, Mosaiken und Reliefs. Teilweise Zusammenstellung bei Cook, Zeus III 1940, 624, 1ff. Dazu die hellenistische und römische Artemis Tauropolos, Technau a. O. 95 Abb. 11e. CR Petersb. 1876, 319.

[18] Graillot, Le culte de Cybèle à Rome et dans l'empire romain, 1912, wo die sehr unübersichtlich zusammengestellten Beispiele mit Hilfe des Index S. 591 zu finden sind.

[19] Südfries der großen Gigantomachie und AvP. 7, 318ff. Taf. 40 Abb. 406. Vgl. auch die pompeianische Terrakotte NSc. 1908, 278, 5. Aurigemma, Pompei 1953, 240ff., 271.

[20] v. Salis, Der Altar von Pergamon, 1912, 62ff.

[21] ML. 2, 1667f. E. Remy, La statue équestre de Cybèle dans les cirques romains, Musée Belge 11, 1907, 245ff. Wissowa, Rel. u. Kultus d. Römer, 2. Aufl. 1922, 319 A. 5.

Chiasmus beim Greifenreiter, die seltenen und späten Ausnahmen von ihm bei der Reiterin auf dem Hirsch, sein Eindringen in die von Hause aus anders bestimmte Überlieferung des Europamotivs und das Fehlen der Richtungsidentität bei der Löwenreiterin, wie sie sich bei dem Überblick über die späteren Denkmäler ergaben, zeigen also die Tendenz unseres Motivs zum Chiasmus als zu der eigentlichen, dieser Zeit gemäßen Form, während die beiden anderen Spielarten in jedem Fall sich als besonders bedingt herausstellen. Die Nereiden auf Seetieren sind hierbei nicht berücksichtigt worden, weil sie gewöhnlich in der Mehrzahl erscheinen und daher Veränderungen oder Entsprechungen fordern.

Die ersten Vertreter einer anderen Form (Typus b) erscheinen etwas später als die der bisher betrachteten (Typus a) auf drei rf. Vasen des 4. Jahrhunderts, von denen zwei sicher attisch sind (A. 6 und 7, Nr. 55 und 56, Metzger); die andere ist es wahrscheinlich (A 8). Dies sind die Fälle, in denen Dionysos rittlings auf dem Panther sitzt. Bronzemünzen des 4. Jahrhunderts aus Korkyra (G a 2), eine Praenestiner Ciste (C) und eine etruskische Spiegelkapsel (D 12, a) schließen sich an. Hellenistische Beispiele sind ein delisches Mosaik (F 1), eine Chiusiner Urne (D 12) und eine Tonform aus Agrigento (D 17)[22].

Alle diese Bilder sind rechtsläufig mit Ausnahme des letzten. Der geschwungene Thyrsos findet sich viermal (A. 6, Nr. 55, Metzger, A 8, D 12. F 1). An gegenseitige Abhängigkeit, auch der Gattungen, kann nicht gedacht werden. Ein gemeinsames verlorenes Vorbild ist also wie bei Typus a anzunehmen. Für den Gigantenkampf ist diese Haltung angemessener als die von Typus a. In diesem Zusammenhang findet sie sich nur auf C. Ein Auszug aus einem solchen Bild könnte Ga 2 sein. Aber sonst herrscht die Verbindung mit dem Thiasos. Neutral in dieser Beziehung sind D 12 und D 12 a. Auch F 1 entstammt wegen der rückwärts gerichteten Spitze des Thyrsos nicht einem Kampfbilde. Dieser Typus ist also im Ganzen eine parallele Bildung zu Typus a, der wohl nicht zufällig früher auftritt und im 4. Jahrhundert häufiger vertreten ist. Denn der Reitsitz ist für die Darstellung der Epiphanie eben deswegen weniger ausdrucksvoll, weil er der Wirklichkeit mehr entspricht. Ein ähnliches Nebeneinander der beiden Haltungen beobachtet man an den Bildern des Greifenreiters. Gewöhnlich ist es Apollon, einige Male Dionysos[23]. Relativ häufiger ist der Damensitz. Ob eine der beiden Formen hier die ursprüngliche ist, läßt sich nicht sagen. — Als Wucherungen dieses Typus (b) können die Satyrn oder Kämpfer auf italiotischen, etruskischen und faliskischen Denkmälern angesehen werden, die sich seiner bedienen[24]. Entsprechendes fehlt bei Typus a. Das läßt dessen größere Prägnanz erkennen. Dies ist auch der Grund dafür, daß in der Kaiserzeit die Weiterbildungen von Typus a in den unter den Typen f und g zusammengestellten Beispielen das Feld behaupten (s. u. S. 28f.).

[22] Das Verhältnis der beiden anderen unter D 17 aufgeführten Werke zu dieser Tonform bedarf noch der Prüfung.

[23] Metzger a. O. 139. 169. Den Beispielen mit Dionysos ist hinzuzufügen ein spätattischer Glockenkrater in Krakau, CVA. Taf. 10 = Pologne 83, 1.

[24] Außer den von Leonhard aO. 82 zusammengestellten Fällen: Koerte, Urne Etr. 3 Taf. 40, 1f., 41, 1; hierher gehört auch der Eros auf einer Kertscher Vase, Schefold UKV. Abb. 80.

Eine zweite Abwandlung (c) des ursprünglichen Typus (a) wird erst im späteren 4. Jahrhundert vorgenommen. Vertreten ist sie auf calenischen Gefäßen (D 1—10) und auf korkyräischen Bronzemünzen (G a 3). Der Panther schreitet gemächlich, wofern er nicht überhaupt als stehend zu denken ist, und wendet das Haupt aus dem Bilde heraus. Dionysos sitzt in chiastischer Haltung. Mit der Linken umfaßt er den Hals des Tieres. Übernommen aus dem am Anfang stehenden Typus (a) ist vor allem der um den Unterkörper gelegte Mantel des Dionysos. Anstelle des Thyrsos, der dort nie fehlt, hält die freie Rechte des Gottes auf den Calener Emblemen eine Weinranke. Die Münzen erlauben nicht, die Art dieses Attributs festzustellen. Das Umfassen des Halses (B 2. G a 2) und das Schreiten, bzw. Stehen des Panthers (B 6) sind bereits bei Vertretern der ersten beiden Typen (a. b) zu beobachten. Das erstere Motiv kann dort eine Kontamination mit den Bildern anderer reitender Götter sein. Zur Veranschaulichung der Verzauberung des Natürlichen durch den Gott paßt es nicht. Dafür ist vielmehr das fast schwebende Sitzen bezeichnend, das auch in der Bewegung keines Haltes bedarf. Die gedämpfte Bewegung und der Ersatz des kultischen, szepterartigen Thyrsos durch die Rebe in dem neuen Typus (c) sind weitere Züge, an denen man die zunehmende Milderung des Dionysischen erkennt. Diesem Typus kommt es an auf die beschauliche, im eigentlichen Sinne idyllische Note. In dieser Beziehung ist er eine in sich geschlossene Erfindung.

Von den drei originalen hellenistischen Beispielen hat das eine die Rechtsläufigkeit nicht bewahrt (D 13). Das liegt an der dekorativen Natur des Reliefs, in dem es sich findet. Dionysos hat das symmetrische Gegenstück zu der nach rechts gewandten Kybele auf dem Löwen zu bilden. Dieses Bild hat mit dem ursprünglichen Typus (a) den emporgerichteten Thyrsos gemeinsam, der sich so als ein Szepter darstellt. Ob der Gott mit dem Mantel bekleidet oder nackt erschien, und welches die Haltung seiner r. Hand war, läßt sich wegen des Erhaltungszustandes nicht sagen.

Auf jeden Fall setzt sich hier der Archetypus (a) unmittelbar fort. Auch das chiastische Sitzen kannte dieser neben der Identität der Richtungen bereits (A. 5, 54, Metzger. B 2—5). Diesen Zug hat auch von den beiden anderen hellenistischen Beispielen das eine, das wohl in die zweite Hälfte des 2. Jahrhunderts zu datieren ist (F 2)[25]. Mit dem geschwungenen Thyrsos in der Rechten stellt es sich in die Nachfolge von Typus b. Aber es hat auch einige neue Züge, die empfehlen, diese Form nicht als einen kontaminierten Typus, sondern als einen eigenen neuen anzusehen. Diese Züge sind: das lange Bühnengewand, das in der Linken emporgehaltene Tympanon und die Rückwärtswendung des Tierkopfes.

Einen langärmeligen Rock trägt Dionysos auch auf F 1, einem ebenfalls späthellenistischen Werk. Aber er reicht nur bis auf die Oberschenkel. Diese Tracht kennt in einem Beispiel (A. 7, Nr. 56, Metzger) schon Typus b. Aus diesem Typus stammt auch der geschwungene Thyrsos von F 1. Während er aber bei F 2 mit

[25] Die Benennung dieser Figur als Ariadne durch Picard, Mél. Glotz 713 A. 5, und Les statues ptolémaiques du Sarapieion de Memphis, 1956, 193 A. 1, wird durch die Stellung des Bildes in dem hier vorgelegten typologischen Zusammenhang widerlegt. Sollte es ausnahmsweise die Absicht gewesen sein, Ariadne darzustellen, so wäre ihre unzweideutige Unterscheidung von Dionysos nötig gewesen.

Kennzeichen von Typus a zusammenging, fehlen Verbindungen nach dieser Seite bei F 1. Dieses Bild wurde daher oben auch schon als hellenistischer Vertreter dem Typus b eingereiht. Von der Beflügelung des Dionysos auf F 1 darf dabei abgesehen werden, weil sie in diesem Zusammenhang einmalig ist und weil sie mit dem Reiten im Widerspruch steht, so daß sie sicher Ausdruck einer Typenvermengung ist. Ein Grund dafür läßt sich deswegen nicht angeben, weil noch immer nicht ausreichend geklärt ist, was die Flügel als Attribute des Dionysos bedeuten[26]. Als einen sekundären typologischen Unterschied wird man es auch verstehen, wenn auf F 1 zum ersten Mal in diesem Zusammenhang der Tiger an die Stelle des Panthers tritt. Dies steigert den Ausdruck, ändert aber nichts an dem Sinn. Gewiß unbewußt hat sich dabei die Erinnerung an das Bild des Löwen eingeschlichen. Die Quaste am Ende des Schweifes eignet weder dem Panther noch dem Tiger, wohl aber dem Löwen (Picard, Sarapieion 185. 190, 1. 191, 2. 192f.).

Die Drehung des Tierkopfes auf F 2 nur als Fortsetzung von Typus c zu verstehen und formal zu erklären als räumliche Bereicherung verbietet sich deshalb, weil sie auf der Mehrzahl der römischen Beispiele nicht nur verstärkt, sondern mit einer bestimmten Bedeutung ausgestattet zu beobachten ist. Das Herausblicken des ruhig stehenden oder schreitenden Tieres aus dem Bild bei Typus c hat seinen guten Sinn. Das Zurückblicken des bewegten setzt eine andere Motivation voraus. Dies kann nur die Unterwerfung unter den Willen seines Meisters und die Verzauberung durch diesen sein. Der Blick soll also auch auf F 1 und auf F 2 als rückwärts und empor zu Dionysos gerichtet verstanden werden, wie es später namentlich auf den Sarkophagen durch die Drehung des Tierkopfes um 180° deutlich ist. So äußert sich auch typologisch die emotionale Steigerung, die im Hellenismus das Dionysische erfährt. Entsprechendes war schon beim Ersatz des Panthers durch den Tiger auf F 1 festzustellen. Nicht nur die Drehung des Kopfes ist F 2 mit F 1 gemeinsam, sondern auch der Efeukranz um den Hals des Tieres, der ebenfalls sein dionysisches Wesen unterstreicht.

Das Tympanon in der erhobenen L. von F 2 muß in seinem Parallelismus zu dem Thyrsos in der anderen Hand verstanden werden, der bereits innerhalb von Typus b in entsprechender Weise vorkam. Weil bei F 2 die Spitze des Thyrsos nach hinten gerichtet ist, kann an die Herkunft dieses Zuges aus einem Gigantenkampf nicht gedacht werden. Dionysos benutzt den Thyrsos auch nicht als Kentron. Panther und Tiger bedürfen nicht des Anfeuerns. Aber zum ekstatischen Tanz der Mainaden gehört der geschwungene Thyrsos. Schon die rf. Vasenbilder zeigen es so oft, daß kaum an besondere Fälle erinnert zu werden braucht[27]. »Thyrsum quatiens« führt noch bei Tacitus Messalina einen Chor von Bacchantinnen an[28]. Dionysos, der selber nicht am Tanze teilnimmt, ruft also durch diese Gebärde dazu auf. Das Erheben des Tympanon mit der anderen Hand muß umso mehr ebenfalls als eine auffordernde Geste

[26] Zuletzt darüber Picard, Mél. Navarre, 1935, 317ff., mir nicht zugänglich, B. Segall AJA. 59 1955, 212 und Kerenyi, Symb. Osl. 33, 1957, 128f.

[27] L. B. Lawler, MemAmAc. 6, 1927, 19ff. Taf. 15, 1. 16, 1. 17, 1f., 19, 4.

[28] Ann. 11, 31. Verf. Abh. Mainz 1952, 10, 733/17.

verstanden werden, als der Gott es zum Schlagen schon deswegen nicht benutzen wird, weil er die Rechte dazu nicht frei hat. Diese Haltung der Arme intensiviert also das Motiv der Epiphanie, das bereits mit dem Archetypus (a) verbunden war, sich dort aber weniger pathetisch vortrug.

Ähnlich zu verstehen ist der Ersatz des kurzen Ärmelchitons, den schon ein Beispiel von Typus b vorführte (A. 7 Nr. 56, Metzger), und den in sichtlichem Anschluß daran auch F 1 hatte, durch das lange Gewand. Der kurze buntgestickte Rock mit Ärmeln kommt bei den Bildern des Dionysos im späten 5. Jahrhundert auf und ist bei ihnen im 4. Jahrhundert besonders beliebt[29]. Der lange Chiton von F 2 ist hoch gegürtet und wird in Verbindung mit einem Mantel getragen. Dies ist das alte, seit dem 6. Jahrhundert nachweisbare Kostüm des Gottes, das meist durch ein umgelegtes Tierfell ergänzt wird[30]. Für den jugendlichen Dionysos ist es allerdings nicht häufig. Er trägt es auf den Bildern des Indischen Triumphes, die alle erst der Kaiserzeit angehören und auf ein paar Sarkophagen mit anderen Themen[31]. Für die Darstellungen des Indischen Triumphes darf aber die Herkunft aus dem Hellenismus als ausgemacht gelten[32]. Wie M. Bieber nachgewiesen hat, ist das alte Kultgewand des Gottes zum Kostüm der tragischen Schauspieler geworden. Aber als Gott der Bühne ist Dionysos auf F 2 ebenso wenig gemeint wie auf den Bildern mit dem Indischen Triumph. Diese haben ihre Grundlage in den Vorstellungen des hellenistischen Herrscherkultes. F 2 ist von zwei Kentauren flankiert, die mit der Bühne nichts zu tun haben, die aber durch die ebenfalls im Herrscherkult aufkommenden Beziehungen zwischen Herakles und Dionysos in den dionysischen Kreis Einlaß fanden[33]. Von den beiden Kentauren neben F 2 erweist sich der eine durch den geschulterten Krater als dionysisch. Der andere trägt ein Stabkreuz, das eigentlich auf einen Seesieg hinweist, oft aber als Siegessymbol überhaupt verwandt wird[34]. Der Gott wird hier also wie ein fürstlicher Sieger verherrlicht. Weil die Form des Bühnengewandes, das er trägt, insbesondere für die Könige im Theater gebraucht wurde[35] und sich nur durch seine Länge von dem wirklichen hellenistischen Königsornat unterscheidet[36], ist auch auf F 2 durch dieses Kostüm Dionysos in der Funktion dargestellt, die er im Herrscherkult hatte. Im Unterschied von den älteren Epiphanien der Typen a und c ist die durch F 2 vertretene und als Typus d bezeichnete also gekennzeichnet durch einen Zug, der Dionysos nicht nur als den Gott der Fürsten, sondern selber als einen Fürsten erscheinen läßt.

[29] M. Bieber JdI. 32, 1917, 40ff. Buschor FR. 3, 137f. Thiersch, Ependytes und Ephod, 1936, 34ff. — B. Schröder JdI. 29, 1914, 194 und Thiersch a. O. sehen in diesem Kleidungsstück die thrakische Bassara.

[30] M. Bieber a. O. 19ff. Pickard-Cambridge, The Dramatic Festivals of Athens, 1953, 213.

[31] Moskau, Puschkin-Museum, BrBr. 490; unten S. 167, IV, d. — Rom, S. Pietro, Arch.Class. 7, 1955 Taf. 15—17; unten S. 152, 1.

[32] Verf., Abh. Mainz 1952, 10, 719/3ff. [33] Verf., Festschr. Weickert, 1955, 41ff.

[34] Kleiner, Abh. Berl. 1947, ersch. 1949 Nr. 5, 20f.

[35] M. Bieber, Das Dresdner Schauspielerrelief, 1907, 32f. Anders Alföldi Mus. Helv. 11, 1954, 141, 39.

[36] Delbrueck, Antike 8, 1932, 8ff.

So wird auch von dieser Seite die Stellung von Typus a als des Archetypus beleuchtet. Typus b hatte sich als eine im Sinn parallele, vielleicht sekundäre und jedenfalls schwächere Erfindung erwiesen. In den Typen c und d stellten sich Abwandlungen dar, die ihren Grund in einer sich ändernden Auffassung von der Natur des Gottes hatten. Dies gilt auch für die noch zu betrachtenden typologischen Spielarten.

Die erste von ihnen (e) findet sich nur auf Münzen des 2. und 3. Jahrhunderts n. Chr. Diese Münzen bilden die eine Gruppe der von M. Bernhart (a. O. 29, 109ff.) zusammengestellten Prägungen der Kaiserzeit mit unserem Motiv, die alle in Kleinasien und in einigen Nachbargebieten, Moesien, Thrakien und Lesbos einerseits, Palaestina andererseits, zuhause sind. Sie sind zahlreicher als die andere Gruppe, die weniger einheitlich ist, und beginnen früher als sie.

Am Anfang stehen Bronzen von Tion in Bithynien und von Tarsos, die auf der anderen Seite das mit Efeu bekränzte Bildnis des Antinous tragen[37]. Gemeint ist also mit dem Tigerreiter Antinous als Dionysos. Der weibliche Tiger schreitet mit vorgestrecktem Hals gemächlich nach rechts. In der richtungsidentischen Haltung sitzt der Gott, lässig und fast bequem, seitlich auf seinem Rücken. Er stützt sich mit der Rechten auf die Kruppe des Tieres, indem er den Oberkörper leicht zurücklehnt. Auf einigen Stücken neigt er ein wenig das Haupt. Mit der in Brusthöhe erhobenen Linken schultert er einen Thyrsos. Ein Mantel ist um die Beine geschlungen. Einige Varianten auf späteren Exemplaren erweisen sich als Entstellungen. Neben dem Schultern des Thyrsos kommt auch ein ungefähr senkrechtes Halten vor, schon unter Antoninus Pius (810 Taf. 4, 19). Aber das setzt eigentlich das Aufstützen auf den Boden oder eine bewußte und energische Bewegung voraus, paßt also nicht zum Reiten und zu der lässigen Eleganz, die den Reiz dieser Bilder ausmacht. (Geschulterter Thyrsos: 799—803. 824—826. 841. Senkrechter Thyrsos: 805/806. 809/810. 821—823. 828—832). Die fünfmal vorkommende Linksläufigkeit kann gegenüber der Menge der Fälle mit der umgekehrten Richtung auch nur sekundär sein (823. 828—831). Dasselbe gilt von dem einmaligen Vorkommen des chiastischen Sitzens mit zurückgewandtem Haupt (832. BMCat. Troas Taf. 3,3). Am gründlichsten verdorben ist der Sinn des Bildes in dem einen Fall, wo der Gott rittlings und rückwärts gewandt auf dem Panther sitzt (830. BMCat. Mysia Taf. 13, 9). Das steht im Widerspruch zu dem um die Beine geschlungenen Mantel, den die ganze Überlieferung sonst eindeutig bezeugt. Die letzte dieser Münzen ist ein vereinzeltes Stück aus gordianischer Zeit (802). Ihr eigentliches Ende findet die Reihe bereits unter Caracalla. — Ein später und mannigfach veränderter Nachfahr dieses Typus ist eine sassanidische Silberschale (D 18).

Gegenüber der Bewegung in Form und Ausdruck auf den hellenistischen Bildern fällt die Beruhigung auf. Schon in der Betonung der horizontalen und vertikalen Richtung und in der bildparallelen Reliefhaftigkeit äußert sie sich. Die Richtungsidentität der Haltung knüpft aber im Gegensatz zu den hellenistischen Fassungen des Motivs (D 13. F 1. 2) an die frühesten Beispiele an. Dies ist also ein klassizistischer

[37] Bernhart 624 Taf. 5, 3 und 841. Das besonders gute Berliner Stück aus Tarsos ist abgebildet Zts. f. Num. 21, 1898 Taf. 6, 1.

Typus. Der Rhythmus der sitzenden Figur findet in einem klassizistischen Werk, wie es das Relief mit der sitzenden Mainade und dem Böcklein von der Via Statilia im Thermenmuseum ist, eine nahe Parallele[38]. Nicht auszumachen ist es allerdings, ob die neue Fassung dem hadrianischen Klassizismus zugetraut werden kann, oder ob dieser sie aus der frühen Kaiserzeit, wo nicht gar aus dem späten Hellenismus übernommen hat. Jedenfalls ist dieses Erscheinen des Gottes nicht aufregend und überwältigend, dafür aber poetisch im Sinne einer idyllischen Verzauberung.

Der Rest der Münzbilder würde sich höchstens in einem weiteren Sinne als ein Typus ansprechen lassen (804. 807. 833. 836. 837. 842. 843. 870. 871). Im Gegensatz zum Typus e ist allen diesen Bildern gemeinsam der chiastische Sitz und das Anlehnen an den Hals des Panthers, bzw. das Zurücklehnen mit aufgestütztem Ellenbogen. Linksläufig ist nur ein besonders nachlässig ausgeführtes Exemplar (837 Taf. 4, 22). Die beiden frühesten Beispiele, die unter Marcus (833 Taf. 5, 4) und unter Commodus (836 Taf. 5, 1) geprägt sind, übernehmen von dem klassizistischen Typus (e) die vorgestreckte Haltung des Tigerhalses. Der für den Gott verwandte Typus ist aber beide Male ein wenig charakteristischer, auch sonst geläufiger. Die vier Fälle, die übrig bleiben, sind erst um die Mitte und in der zweiten Hälfte des 3. Jahrhunderts entstanden. Als Abbauformen geben sie sich bereits dadurch zu erkennen, daß sie die beiden Bestandteile der Gruppe, den Gott und das Tier, so gut wie unverbunden zusammensetzen, so daß es so aussieht, als ob Dionysos auf dem Tiger liegt. Zweimal ist er dabei mit dem Mantel um denUnterkörper ausgestattet (870/871 Taf. 5, 10. 17), wie auf den beiden ersten Exemplaren dieser Reihe (833. 836 Taf. 5, 1. 4). In diesen beiden Fällen kommt auch der an die linke Schulter gelehnte Thyrsos vor, wie auf dem frühesten Vertreter (833 Taf. 5, 4) und bei einer nordafrikanischenTerrakotte (E 2). Das Zurückblicken und den über das Haupt erhobenen r. Arm haben auch diese beiden Münzen mit dem anderen der beiden frühen Stücke gemeinsam (836 Taf. 5, 1). Diese drei Züge: an die Schulter gelehnter Thyrsos, umgewandtes Haupt, darüber gelegte Rechte, stellen die Verbindung der beiden unbekleideten Gestalten mit den bekleideten der spätesten beiden Münzbilder her (870/871 Taf. 5, 10. 17). Diese haben auch den um 180° gedrehten Tigerkopf, während in den zwei anderen Fällen der Tigerkopf im Profil nach vorn erscheint. Der Abbau der Formen verbindet sich also vom späten 2. Jahrhundert ab in zunehmendem Maße mit der Mischung der Typen. Diese ist geradezu ein wesentliches Kennzeichen für ihn.

Die sechzehn Sarkophage mit dem Motiv des Pantherreiters gliedern sich typologisch in zwei Gruppen. Die kleinere (g) ist die am schönsten durch den Sarkophag Badminton-New York vertretene (H 10—15). In sich homogener ist die größere (f). Ihre Liste (H 1—9) ist nach der ungefähren stilistischen Abfolge geordnet. Dionysos sitzt in chiastischer Haltung auf einem nach r. sprengenden weiblichen Tiger, der sich nach ihm umblickt. In der R. hält er szepterartig den aufrechten Thyrsos. Die mit einem Attribut (Traube bei H 1. 2a. 3. 5. 7. 8. 9, Kantharos bei H 2. 4. 6) versehene L. ist

[38] NSc. 1923 Taf. zu S. 356. BCom. 52, 1925 Taf. zu S. 64. Vgl. das Spiegelrelief aus Boscoreale MPiot. 5 Taf. 20. RR. 1, 91, 2 und das »Campanarelief« v. Rohden-Winnefeld, Architekton. röm. Terrakottareliefs Taf. 8.

gesenkt. Das Haupt ist nach r. gewandt. Wesentlich ist die Nacktheit des Gottes. Die Chlamys (H 4) und die Nebris (H 6), die je einmal vorkommen, beeinträchtigen diesen Sachverhalt nicht, und die Bekleidung mit dem Himation in zwei Fällen (H 2. 9) ist nichts als eine Kontamination mit dem Typus der anderen Gruppe (g), für den sie integrale Bedeutung hat. Die bis auf einen Fall (H 8) um 180° gedrehte Wendung des Tigerkopfes und der Efeukranz, der, abgesehen von zwei Fällen (H 2a. 6) dem Tiger um den Hals gehängt ist, bestätigen die typologische Geschlossenheit dieser Überlieferung innerhalb der Sarkophagwerkstätten. Die ältesten Beispiele sind noch frühantoninisch, die spätesten (H 5. 6. 7) sind schwerlich jünger als das erste Viertel des 3. Jahrhunderts.

Die Münzen kennen in den kontaminierten späten Beispielen nur einzelne Züge dieses Typus: die Nacktheit des Gottes (804. 807 Taf. 4, 17. 23), die Wendung des Tigerkopfes (870f. Taf. 5, 10. 17) und vor allem die chiastische Haltung des Dionysos, die aber da, wo der Mantel angegeben ist, eher mit dem anderen Typus der Sarkophage (g) zu verbinden ist (870f. Taf. 5, 10. 17).

Zu erweitern ist diese typologische Reihe (f) der Sarkophage H 1—9 durch eine Marmorgruppe aus dem Theater von Sbeitla (E 1) und durch ein Mosaik aus dem römischen London (F 4). Der Hauptunterschied der Gruppe E 1 von den Sarkophagen äußert sich in dem ruhigen Stehen des Panthers und in der gemäßigten Drehung seines Kopfes. Daß der Chiasmus des Sitzens weniger entschieden ist, folgt daraus zwanglos. Den Thyrsos bezeugt ein Ansatz auf dem rechten Oberschenkel des Tieres[39]. Das Attribut der linken Hand ist nicht zu ermitteln. Der Efeukranz um den Hals des Tigers fehlt auch hier nicht.

Auf dem Mosaik (F 4) kann die Linksläufigkeit als unwesentlich angesehen werden. Das Gleiche gilt von den Kothurnen, die Dionysos trägt. Im übrigen stimmt nicht nur die Haltung des Gottes mit dem Thyrsos in seiner L. und die Drehung des Tigerkopfes mit den Sarkophagen überein, auch der Kantharos in der gesenkten Hand fand sich dort (H 2. 4. 6). Nur ist das Tier nicht im Springen dargestellt, sondern in einem weiten Ausschreiten. Auch das ist natürlich ein sekundärer Unterschied.

Als Ganzes gesehen erweist sich so dieser Typus (f) als eine Wiederaufnahme der hellenistischen Fassung D 13, die ihrerseits eine Weiterbildung des Archetypus (a) war. Die Bewegung desTieres, die Haltung desKopfes, das Fassen des Thyrsos sind übereinstimmende Züge und zugleich die Unterscheidungen von den übrigen typologischen Spielarten. Der Erhaltungszustand von D 13 erlaubt nicht mehr, festzustellen, ob Dionysos bekleidet oder nackt war. Die Bekränzung des Tierhalses ist hellenistisch auch bereits belegt (F 1. 2). Die unverhältnismäßige Drehung des Pantherkopfes kann freilich das Urbild nicht gehabt haben. Sie zeigt, daß die römischen Beispiele von einem gemeinsamen Vorbilde abhängen, das zwischen ihnen und der

[39] Von G. Ch. Picard, Rev. Afr. 88, 1944, 6 ist irrtümlich der Ansatz darüber am Ende des Rückens als Rest der rechten Hand verstanden. Die Entfernung von der Schulter und die Gestalt der erhobenen Schulter verbieten es. Dieser Ansatz am Ende des Tierrückens muß mit dem Ende des emporgeringelten Schweifes in Verbindung gestanden haben.

hellenistischen Fassung steht. Es ist schwerlich viel älter als die frühantoninischen Sarkophage. Jedenfalls fehlen aus dem 1. Jahrhundert n. Chr. Beispiele für diese Form, die dann in der Kaiserzeit sehr geläufig ist[40].

Die sechs übrigen Sarkophagreliefs (H 10—15) werden durch folgende Züge zusammengehalten: Bekleidung des Dionysos mit dem Himation, an die Schulter gelehnter Thyrsos in der L., erhobene R. mit Kantharos (H 10. 11. 13—15) oder Traube (H 12). Diese Form sei als Typus g bezeichnet. Die Übereinstimmungen mit Typus f sind: Rechtsläufigkeit, chiastischer Sitz des Gottes, Wendung seines Kopfes und Drehung des Tigerkopfes um 180°. Die Hälfte dieser Sarkophage (g^1) ist in sich verbunden durch die springende Bewegung des Tigers, durch dessen Bekränzung und durch die Gestalt Pans, der dem Tiger voraneilt und ihn führt (H 10—12). Durch diese Züge schließt sie sich an Typus f an. Bei der anderen Untergruppe (g^2) ist der Tiger als stehend oder als langsam schreitend gebildet. Zugleich erscheint Pan nicht vor ihm, sondern in kleinerer Gestalt unter dem erhobenen r. Arm des Gottes (H 13—15).

Dieser Sachverhalt zeigt, daß g^2 aus g^1 abgeleitet ist. Pan hat bei g^2 seine räumliche Eindeutigkeit verloren. Auf H 13 bleibt unklar, worauf er steht. Auf H 14 und 15 sieht es so aus, als ob er in einem Satz von rechts hinten nach links vorn über das Hinterteil des Tigers durch die Luft springt. Aber das ist eine künstliche und kaum beabsichtigte Vorstellung. Sein Motiv ist wohlbekannt und keineswegs für diese Gruppe erfunden. Es ist das Hüpfen, bei dem gewöhnlich der eine Fuß den Boden berührt. So ist es auch bei g^1 und bei einigen der Sarkophage von f der Fall.

Wie ist das Verhältnis zwischen g^1 und f zu verstehen? Weil f über D 13 sich aus dem Archetypus (a) hat ableiten lassen, kommt für g^1 entweder das Entsprechende in Betracht oder das Verhältnis der sekundären Ableitung aus f, die erst in der Kaiserzeit vollzogen sein könnte, weil f selber sich als nicht älter erwiesen hat. Das älteste Beispiel von g^1, H 10, dürfte noch frühantoninisch sein, würde aber natürlich nur einen terminus ante quem liefern. Indes der erhobene Kantharos verbietet die Annahme dieser Beziehung zu f. Ihn kennt bereits der Archetypus (a) in drei Fällen (A. 1. 2, 51 und 52, Metzger, und B 1). Da sieht man allerdings den Wein ihm nicht entströmen wie in den Beispielen von g^1. Aber ein typologisch verwandtes älteres Bild kennt schon diesen Zug[41]. Der Kantharos, aus dem in wunderbarer Weise der Wein fließt, meint natürlich das Wunder des erscheinenden Gottes (unten S. 136). Nichts anderes kann der emporgehaltene Kantharos auch da bedeuten, wo der Weinstrom nicht ausdrücklich mit ihm verbunden ist. Ein dem Archetypus noch fremder Zug der unter g^1 zusammengestellten Sarkophage ist der an die Schulter gelehnte Thyrsos. Das läßt sich zwanglos als Ausdruck einer späteren, wohl hellenistischen Fassung verstehen. Es modifiziert nur den Archetypus in demselben Sinne wie die Nacktheit bei Typus f. Hinzu kommt, daß ein nordafrikanisches Mosaik (F 3) mit den unter g^1

[40] E 1 wird von Picard a.O. 20 auf ein Original des späten 4. Jhs. v. Chr. zurückgeführt, von dem auch der Typus e abhängen soll. Vor allem die klaren Beziehungen zu F 4 und H 1—9 verbieten dies.

[41] Sf. Amphora Würzburg 194, Langlotz Taf. 58. RR. 2, 35, 1. Vgl. B. Eckstein-Wolf MdI. 5, 1952, 59. E. Simon, Opfernde Götter, 1953, 51. 54.

zusammengestellten Sarkophagen völlig übereinstimmt, nur daß die Figur Pans fehlt. Es muß auf dasselbe, vermutlich hellenistische Vorbild zurückgehen wie die Gestalt des Dionysos auf diesen.

So erweist sich g^1 als eine Parallele zu f. Beide Typen sind Neufassungen des Archetypus. Weil durch D 13 die wesentlichen Züge von f bereits als hellenistisch erwiesen werden, liegt es nahe, dasselbe für g^1 anzunehmen. Keinesfalls läßt sich aber g^1 als ein erst in der Kaiserzeit geprägter Typus auffassen. Die formelhafte Wiedergabe des Tigerkopfes ist natürlich auch hier ein römischer Zug. Ebenso nachträglich wie dort ist die Verbindung mit Pan. Der mächtige Satz des Tigers bei Typus f paßt nicht zu der gemäßigten Bewegung des Thiasos vor und hinter ihm. Überdies besteht dieser Thiasos aus lauter auch sonst bekannten, nicht für diesen Zusammenhang geschaffenen Typen. Ferner wird der Sinn der Epiphanie auf dem Tiger dadurch geschwächt, daß Pan ihn an die Leine nimmt. Wir kennen ja auch die helenistische Fassung durch D 13 als einzelnes Bild, während der Archetypus selber stets in Verbindung mit dem Thiasos erscheint. Auch in der g^2 vorausgehenden Fassung von g^1 hat die Spende des Gottes kein Ziel. Bei H 10 war die weibliche Gestalt, die in dem ergänzten Zustand einen Kelch hält, in Wirklichkeit eine Doppelflötenbläserin. Reste der von der L. gehaltenen Flöte sind noch vorhanden. H 12 gibt dem Gott in die erhobene R. eine Traube, ist also eine Kontamination mit f, während der Sachverhalt bei H 11 aus der allein zugänglichen Beschreibung sich leider nicht ermitteln läßt. Auch bei dem Typus g ist also die Isolierung, die F 3 erhalten hat, den Kombinationen vorangegangen, wie sie die Sarkophage bieten. In der Untergruppe g^2 geht H 13 den beiden anderen Stücken H 14 und 15 schon stilistisch voran. Die Form der Lenos und die Löwenköpfe verlangen eine Datierung in das letzte Viertel des 2. Jahrhunderts, spätestens in die ersten Jahre des 3. (unten S. 158ff.). Hier ist schon durch die Figuren, die den Gott umgeben, die nach rechts strömende Bewegung des Thiasos gedämpft. Zu ihnen gehören auch der leierspielende, fälschlich mit einem Gefäß ergänzte Silen und ein kleiner Satyr, dem die Ergänzung fälschlicherweise einen Kantharos in die Rechte gegeben hat, außerdem ein jugendlicher Satyr im Hintergrund, der kleine Pan unter dem rechten Arm des Dionysos und der größere Pan, der über dem Tigerkopf sichtbar wird. In diesem Zusammenhang bekam der Tiger die schreitende Fassung. Der Platz des kleinen Pan ist schon derselbe, den er auf H 14 und 15 hat. Aber seine Funktion ist indifferent und nur raumfüllend. Mit dem Spenden des Gottes ist er nicht in Verbindung gebracht. Damit ist gesagt, daß H 13 den beiden anderen Beispielen H 14 und 15 auch typologisch vorangeht. Auf diesen ist die Bewegung des Tigers namentlich durch die erhobene l. Vorderpranke wieder ausdrucksvoller. Aber im Springen ist das Tier auch hier nicht mehr dargestellt. Das verbot schon die Einfügung zwischen die stehenden Jahreszeiten.

Jetzt läßt sich die Summe dieser Untersuchung der Typologie des Tigerreiters ziehen, deren Ziel nicht die Aufhellung einer sog. Entwicklung sein sollte, sondern das Verständnis des Bildes auf unserem Sarkophag. Über die Zeit der Entstehung seines bildlichen Typus »der Gott auf dem Tiger, von den vier Jahreszeiten umgeben«, läßt sich, namentlich im Hinblick auf das Verhältnis zu H 13, vorläufig nur sagen, daß sie dem Sarkophag H 14 nicht wesentlich voraufliegen kann, falls überhaupt dieser in seiner Komposition ein Vorbild wiedergibt und nicht selber diese Komposition ins Leben gerufen hat. Dies ist eine Frage, die später zu erörtern sein wird. Der Schöpfer dieses bildlichen Typus, wie also vorsichtshalber zunächst zu sagen ist, hat einen in spätklassischer Zeit geprägten, im Hellenismus weiterentwickelten und über diese seine hellenistischen Vertreter bereits spätestens in frühantoninischer Zeit in die Sarkophagwerkstätten eingedrungenen Typus (g^1) sich angeeignet. Durch die Modifizierung seiner Bewegung und durch die Kombination des Spendemotivs mit der Gestalt Pans hat er ihm nur eine neue Wendung gegeben, vor allem um ihn dem anderen Teil seines Programms, den stehenden vier Jahreszeiten, anzupassen. Auch in diesen beiden Zügen hat er sich keineswegs als originell im Sinne der Typenbildung erwiesen. Nicht auf eine Erneuerung des Typus kam es ihm an, sondern auf eine neue Komposition.

Es fragt sich, wie sich die Ikonographie der Jahreszeiten zu diesem Ergebnis verhält. Auch was formal und thematisch den Anlaß gab zur Einfügung Pans in das Motiv des Spendens bleibt zunächst noch eine offene Frage.

Typentafel

a) Archetypus	b) Reitertypus
A. 1—5 (50—54, Metzger)	A. 6. 7 (55. 6, Metzger)
B. 1—5	A. 8
D. 13	C
G. a. 1	D. 12. 12a. 17
	F. 1
	G. a. 2
c) Idyllischer Typus	d) Hellenistischer Typus
D. 1—10. 11?	F. 2
G. a. 3	
e) Klassizistischer Typus	f) Unbekleideter Typus
D. 18	E. 1
G. b (passim)	F. 4
	H. 1—9
g) Spendetypus	Kontaminationen
(E. 2)	a/c: B. 6
F. 3	f/g: D. 14
H. 10—15	f/e: D. 15

Nicht berücksichtigt sind die unpublizierten Beispiele D. 16 und F. 5—8.

Durch diesen Versuch einer tabellarischen Übersicht über die sieben Typen und über ihr Vorkommen sei dieser Abschnitt abgeschlossen. Er zeigt, daß die Typenbildung nach dem Hellenismus, dem in diesem Zusammenhang auch der Klassizismus der frühen Kaiserzeit zugeordnet werden darf, ihren Abschluß findet. Die Veränderungen, die in der Kaiserzeit vorgenommen werden, führen nicht mehr zu Weiterbildungen des Archetypus, sondern nur noch zu Neufassungen.

B. Die vier Jahreszeiten

Für die Ikonographie der Jahreszeiten ist der Stand der Forschung vor wenigen Jahren auf breiter Basis mustergültig zusammengefaßt. In dieser Beziehung scheint der Sachverhalt also günstig und einfach. Wir brauchen nur an das Ergebnis von G. M. A. Hanfmanns Monographie, The Season Sarcophagus in Dumbarton Oaks, 1951, anzuknüpfen. Es handelt sich nicht einmal um einen wesentlich neuen Befund, der zu einer Revision auffordern könnte. Denn ikonographisch unterscheidet sich der Sarkophag Badminton-New York höchstens in Kleinigkeiten von dem in Kassel, den Hanfmann an den Beginn dieser Reihe von Sarkophagen stellt (1. 22f. 31f.).

Aus der Untersuchung der Denkmäler und der literarischen Zeugnisse hat Hanfmann das folgende Bild der Entwicklung abgeleitet: Noch der Hellenismus kennt neben den Horen keine männlichen Jahreszeiten (111ff.). Sie kommen erst in der Kaiserzeit auf, und zwar zunächst in der Gestalt von Eroten oder kleinen Knaben (171ff. 215ff.). Die Ausbildung dieser neuen Typen hat die Triumphalkunst, wenn nicht hervorgerufen, so doch wesentlich befördert (179ff.). Vom frühen 3. Jahrhundert n. Chr. ab können sie erwachsenere Formen annehmen (218ff.). Zu derselben Zeit finden die einzelnen Typen die Gestalt, die sie auf den Sarkophagen bis tief ins 4. Jahrhundert hinein behalten haben (221ff.).

Die Kritik hat diesen Ergebnissen zugestimmt[1]. Wenn sie, soweit ich sehe, bisher nirgends in ihrer Tragweite für die Geschichte der kaiserzeitlichen Kunst geprüft worden sind, so liegt das wohl daran, daß sich die heutige Forschung keine Gedanken zu machen pflegt über die Bildung von Typen in dieser Zeit. Kann davon überhaupt die Rede sein? Wo liegen in dieser Beziehung die Unterschiede vom Hellenismus? Diese Fragen fordern eine Antwort. Aber sind sie wirklich schon gestellt und diskutiert? — Es ist nicht unbekannt, wie sehr namentlich die Beurteilung der pompeianischen Wandbilder unter den Unklarheiten leidet, die sich aus dieser Lage der Dinge ergeben. Und dürfen wir wirklich so zuversichtlich, wie es eben ein Altmeister der Forschung wieder getan hat, annehmen, daß auf römischen Denkmälern freie Erfindungsgabe ihre Triumphe feiern kann?[2].

[1] K. Andresen, DLZ. 76, 1955, 293. R. Horn, Gnomon 27, 1955, 356. P. Lemerle, REByz. 10, 1952, 243. A. Rumpf, AJA. 1954, 177. J. M. C. Toynbee, JRS. 45, 1955, 196f. M. Renard, Latomus 13, 1954, 516. — H. Stern, der Hanfmanns Buch noch nicht kannte, beurteilt den Sachverhalt ähnlich, drückt sich aber vorsichtig aus: Le Calendrier de 354, 1953, 292, »dans l'art romaine une tradition s'est établie, qui pour nous, remonte á l'époque de Trajan«. Vgl. a.O. 356.

[2] v. Salis, 112. BWPr. 1956, 6.

An zwei Beispielen, denen ich symptomatische Bedeutung beimesse, habe ich deutlich zu machen versucht, wie sich in der Handhabung der Typen die hellenistische Kunst von der kaiserzeitlichen unterscheidet. An der sitzenden Figur in Vorderansicht[3] und an dem Motiv des Pantherreiters[4] konnte gezeigt werden, daß die römischen Vertreter neue Ansätze im Sinne der Typenbildung vermissen lassen, und daß man höchstens von Modifizierungen übernommener Typen sprechen kann. Den neuen gegenständlichen Bedürfnissen des kaiserlichen Repräsentationsbildes, insbesondere in der Triumphalkunst, wurde in der Regel durch einfache Übernahme und Umbenennung griechischer Typen Genüge geleistet. Für viele römische Gestalten sind die griechischen Vorbilder trotz ihrer anderen Namen leicht nachzuweisen gewesen. Das gilt beispielsweise für den Genius, für Bonus Eventus, Bona Dea, Silvanus, Honos, Virtus, Concordia, die Provinzen. Selbst so römische Bilder wie der Triumphator auf der Quadriga[5] und die Immolatio Boum[6] haben sich als Umbildungen griechischer Typen herausgestellt. Dieser im Ganzen längst geklärte Sachverhalt[7] mußte früher dazu herhalten, die römische Kunst als eine abgeleitete, meist sogar entstellte griechische zu kennzeichnen. Heute muß deswegen davor gewarnt werden, an ihm vorbeizusehen, weil erst vor diesem Hintergrund das Schöpferische der römischen Leistungen in den Kompositionen sichtbar werden kann[8]. Die Einführung der knabenhaften Jahreszeiten erst durch die römische Kunst würde dazu im Widerspruch stehen.

Allerdings gibt es kein hellenistisches Denkmal, auf dem sie alle oder teilweise erscheinen. Aber das sollte der eigentliche Grund nicht sein. Jedenfalls wäre in diesem Fall der Schluß ex silentio mindestens ebenso problematisch wie eine Hypothese. Denn die Überlieferung der hellenistischen Kunst gibt wegen ihrer Lückenhaftigkeit kein Recht, ein konkretes hellenistisches Beweisstück zu verlangen. Sie nötigt zu mittelbarer Beweisführung. Es kommt darauf an zu prüfen, ob es Gründe für die Annahme gibt, daß die knabenhaften Jahreszeiten hellenistischen Ursprungs *nicht* sein können. Für Hanfmann war ausschlaggebend die Feststellung, daß sie, abgesehen von ein paar pompeianischen Vorläufern, in repräsentativem Zusammenhang erst auf dem Triumphbogen in Benevent und auf etwa gleichzeitigen Bronzemedaillons erscheinen, während ihre Häufigkeit in der Sepulkralkunst nicht vor dem späten zweiten Jahrhundert beginnt.

Dies entspricht dem Stand der Forschung, wie ihn bereits 1884 Furtwängler zusammengefaßt hatte[9]. Nach Furtwängler dürfen von den Bildern unter sich spielender Eroten nur die auf hellenistische Vorbilder zurückgeführt werden, »die sich der älteren mythologischen Tradition insofern anschließen, als Eros z. B. mit speziell bacchischen oder aphrodisischen Tieren zusammengestellt wird . . . oder indem er

[3] MdI. 5, 1952, 105ff. [4] Oben S. 15ff.

[5] Bruhl, Mél. Ec. Fr. 46, 1929, 77ff. [6] Brendel, RM. 49, 1930, 196ff.

[7] Für die astrologische Ikonographie ist er jüngst bestätigt von H. Stern a.O. 202.

[8] Verf., AbhMainz 1952 Nr. 8. Festschr. B. Schweitzer, 1953, 319ff. MdI. 5, 1952, 133. Dazu vorläufig Jahrbuch der Akademie d. Wiss. u. d. Lit. 1953, 121.

[9] ML. 1, 1367.

vor Aphrodite oder Priapus Kulthandlungen verrichtet«. Die Fälle, in denen die Eroten »allerlei Handlungen der Erwachsenen ausführen« und in denen »Götter und Heroen in Erotengestalt« auftreten, sind erst Erfindungen der Kaiserzeit. Die als Eroten gebildeten Jahreszeiten sind an die Stelle der Horen getreten. Es liegt also nahe, sie zu der letzteren Gruppe zu rechnen.

Sieht man sich nach der Begründung um, so zeigt sich freilich, daß sie mindestens ebenso sehr in einem Schluß ex silentio liegt wie in gewissen allgemeinen Vorstellungen über das, was man früher den Wirklichkeitssinn der römischen Kunst nannte. Aber gerade was über die symbolischen Gestalten der römischen Triumphalkunst ermittelt werden konnte, führt fast immer auf den Hellenismus zurück[10] und gibt keinen Anlaß, nicht auch die Bildung des kindlichen Typus der Jahreszeiten in diesem Bereich zu suchen. Die Forschung scheint also festgefahren zu sein. Ein wirklicher Beweis läßt sich augenscheinlich weder für die hellenistische, noch für die kaiserzeitliche Erfindung der Jahreszeiten in Erotengestalt führen. Weil das ganze Material von Hanfmann auf das Sorgfältigste gesammelt und gesichtet ist, wird man daher sagen müssen, daß dies einer derjenigen Fälle ist, in denen sich nur weiterkommen läßt, wenn ein neues Denkmal neues Licht auf die bekannten wirft.

I. Der Sarkophag in Villa Savoia (Taf. 3 a)

Glücklicherweise ist dies ein solcher Fall. Das neue Denkmal ist ein lange verschollener Jahreszeitensarkophag, der früher in Villa Ludovisi stand[11]. Hanfmann kannte ihn nur nach den Beschreibungen von Schreiber und von Matz und v. Duhn. Die Zeichnung Eichlers, die beim Material des Sarkophagwerks liegt, war ihm bei der Abfassung seines Textes noch nicht zugänglich. Er führt ihn auf im Nachtrag zu seinem Denkmälerkatalog (2, 185 A. 2). Sonst streift er ihn nur einmal in einer Anmerkung (2, 9 A. 48). Cumont, der diesen Sarkophag im Vorbeigehen einmal erwähnt, kennt ihn auch nur aus den Beschreibungen. Schon Rodenwaldt[12] und M. Lawrence[13] haben von ihm in ihren Zusammenstellungen der römischen Sarkophage mit Arkadenfront, unter die er gehört, keine Notiz genommen. Einem freundlichen Hinweis A. L. Pietrograndes folgend konnte ich diesen Sarkophag 1951 in Villa Savoia wieder ausfindig machen und fotografieren lassen.

Mit ihm ist ein Stück gewonnen, das chronologisch und typologisch der von Hanfmann gebildeten Reihe der Sarkophage mit stehenden Jahreszeiten vorangeht, das durch seine Verbindungen einerseits mit diesen, andererseits mit älteren Darstellungen von Jahreszeiten in Erotengestalt die kaiserzeitliche Entwicklung dieses Typus zu klären hilft und das überdies in der Frage nach der Herkunft und Bedeutung des ganzen Zyklus eine Entscheidung erlaubt.

Die Front ist durch sechs Pilaster in fünf Felder gegliedert. Die Figuren zwischen den Pilastern stehen auf 'attisch' profilierten niedrigen Basen. Gemeint sind also Statuen. Den breiteren Teil in der Mitte füllt eine Zweifigurengruppe unter einem

[10] Löwy, Jb. d. kunsthist. Slgn. Wien NF. 2, 1928, 1ff. Kähler, RE. VII A 488, 62ff.

[11] Schreiber Nr. 143. MD. 3009. [12] RM. 38/39, 1923/24, 22f. [13] Art B. 14, 1932, 181.

flachen Giebel. In jedem der gleichgroßen Felder zu beiden Seiten steht unter einem flachen Bogen eine der Vier Jahreszeiten. Sie haben die Gestalt etwa vierjähriger Knaben. Ihre mannigfachen Unterschiede von den Vier Jahreszeiten des Sarkophags Badminton-New York, auch in Haltung, Kleidung und Attributen, brauchen nicht aufgezählt zu werden. Aber es gibt Ähnlichkeiten, die Beachtung verdienen.

Besonders fallen sie an der Figur des Sommers auf. Er hat nicht nur denselben Platz, sondern auch dieselbe Haltung und dieselben Attribute. Die Sichel in der jetzt fehlenden gesenkten R. dürfte so gut wie sicher sein. Auch seine Chlamys ist fast ebenso drapiert. Sonst ist es vor allem die Anordnung, aus der sich eine typologische Beziehung ergibt. Es herrscht nicht bloß dieselbe Reihenfolge, sondern auch die Zusammenfassung der beiden Paare l. und r. dadurch, daß sie das Haupt einander zuwenden, die inneren Arme mit einem Attribut heben und die äußeren senken. Nur die Beziehung zur Mitte fehlt auf dem Sarkophag in Villa Savoia, die auf dem Sarkophag Badminton-New York den Jahreszeiten dadurch gegeben ist, daß auf der l. Seite wie auf der anderen das vorgesetzte Spielbein das der Mitte nähere ist. Auf dem Sarkophag in Villa Savoia war schon durch die Architektur der Zusammenschluß mit der Mitte gegeben. Daher konnten die beiden Paare jederseits dieser durch das gemeinsame innere Standbein und durch das Motiv des einen Korb umfassenden Arms darüber symmetrisch in sich isoliert werden. Der Korb mit Oliven in der L. des Winters muß als Ergänzung gefordert werden. Den Blumenkorb im r. Arm des Frühlings, der heute fehlt, hat Eichler vor etwa 70 Jahren noch gezeichnet. Daß die Bekränzung aller vier Figuren und die Art, wie vom Rande des Korbes, den der Sommer hält, die Ähren herabhängen, übereinstimmen, darf auch wohl erwähnt werden.

Wesentlich für die Beurteilung der Beziehungen zum Sarkophag Badminton-New York ist die Deutung der Gruppe in der Mitte. Ihre Einmaligkeit und ihr zerstörter Zustand nötigen, sie besonders ins Auge zu fassen.

Sie wird gebildet von einem thronenden Jüngling mit langen Locken, dem sich von l. eine weibliche Gestalt naht. Der Thronende ist von vorn gesehen. Sein Sitz, dessen Beine fehlen, ist lehnenlos. Er stand über der Basis auf einer niedrigen Erhöhung, die aus der Haltung der Beine des Sitzenden zu erschließen ist. Der l. Fuß war angezogen, der r. etwas vorgesetzt. Das l. Bein ist unterhalb der Wade abgebrochen, das r. im Oberschenkel. Über dem Schoß und auf dem Sitz liegt ein Stück Gewand. Der r. Arm war gesenkt und ein wenig vorgestreckt, der l. seitwärts abgestreckt und in seinem unteren Teil aufwärts gerichtet. Das Haupt ist leicht nach l. geneigt. Die in Seitenansicht gegebene Frau stellte den vorgesetzten l. Fuß auf die den Sessel tragende Erhöhung. Sie trägt Chiton und Mantel und hat Sandalen. Der Kopf, fast der ganze schräg abwärts gehaltene r. Arm und der erhobene l. Unterarm mit der Hand fehlen. Am vorderen Rande der profilierten Basis ist ein Ketos, dessen Kopf fehlt, nach r. ausgestreckt.

Schreiber und MD. haben auf eine Erklärung der Gruppe verzichtet, Hanfmann vermutet in ihr eine Darstellung des Verstorbenen mit seiner Gattin. Er erwägt fragend die Benennung des Jünglings als Mars. Robert hat die Zeichnung dieses

Sarkophags unter die dionysischen gelegt und ist damit Platner gefolgt, der in der Gruppe Bacchus und Libera vermutet hatte[14]. Damit scheint das Richtige getroffen zu sein. Ausgehen muß die Erklärung von der Ergänzung der fehlenden Teile, für die das Erhaltene einige noch nicht beachtete Hinweise gibt.

Wenn das über dem Schoß des Thronenden sichtbare Gewand ein Mantel ist, müßte es eigentlich den Rücken bedecken und vor der l. Schulter wieder zum Vorschein kommen. Eine Chlamys entspricht nicht der Würde des Thronens. Tatsächlich steigt neben dem l. Oberschenkel ein Stück Gewand bogenförmig empor. Es ist zwar gleich über dem Sitz abgebrochen. Aber daß es mit der erhobenen L. verbunden werden muß, ist klar. Der Bruch vor und unter dem Ellenbogen gehört zu ihm und nicht zu einem Skeptron, dessen unterer Teil an der Basis vorbeigegangen wäre. Doch was soll solches Emporziehen des Mantels bedeuten? Daß es gar nicht gemeint ist, sondern das Halten des hinter dem Rücken und nach oben sich blähenden Stoffes, zeigt der sonst unerklärte flache Bogen auf dem Reliefgrund r. vom Hinterkopf des Thronenden. Unten und an seinem r. Ende hat er Bruchstellen und l. den Rest einer Falte. Dargestellt war also eine Velificatio in stark unterschnittener und zugleich dünner Reliefform.

Die kosmische Symbolik der Velificatio, die bereits dem Hellenismus bekannt ist, erweist zusammen mit der Nachbarschaft der Jahreszeiten den Thronenden als Dionysos. Mit ihm ist auch sonst dieses Motiv verbunden[15], das nicht auf bewegte Gestalten beschränkt bleibt[16]. Weil die Handlung der R. des Gottes in Verbindung stehen muß mit der R. der Frau, und weil nicht er der Empfangende sein kann, liegt es am nächsten, ihm auch hier wie in vielen anderen Fällen einen Becher in die Hand zu geben, aus dem er Wein in eine Schale oder in ein Rhyton fließen läßt, die man sich in der R. der Frau denken darf. Diese legt nicht ihre L. auf die Schulter des Thronenden (Schreiber und MD), sondern hält sie mit einem Attribut empor, das nicht groß gewesen sein kann, weil es auf dem Grund keine Stütze hatte. Eher als an einen Kranz denkt man an einen Thyrsos. Der mythologische Name für die Frau würde dann Ariadne heißen. In dem Ketos könnte man einen Meerpanther sehen, der den sonst zu Füßen seines Herrn üblichen gewöhnlichen Panther vertritt, um die universale Macht des Gottes auszudrücken.

Die Gruppe gibt keinen überlieferten Typus wieder. Ihr weiblicher Teil ist nichts anderes als der Typus der Aphrodite von Capua oder der Victoria von Brescia[17], der sich auch im 2. Jahrhundert großer Beliebtheit erfreut. Als Siegesgöttin findet er sich auf den Säulen des Traian und des Marcus. Mit dem Typus des Ares Borghese zusammen wird er in einer mehrfach überlieferten Gruppe verwandt, die Personen der kaiserlichen Familie aus der Zeit des Marcus darzustellen scheint[18]. Er kommt

[14] Beschreibung der Stadt Rom III 2, 590.

[15] Deonna, RHR. 1918 Taf. 224 f. G. Ch. Picard, RA. 31/32, 1949, 812. Verf., Abh. Mainz 1952, 10, 728/12f. Vgl. besonders das Mosaik aus Acholla, Hanfmann 2, 191 Nr. 53 A, die pompeianischen Bilder H. 1239, HBr. 114, H. 1240, RP. 112, 6 und die Sarkophage 3, 4 und 6 meiner a.O. gegebenen Liste.

[16] Vgl. Mattingly, BMCat. 4 Taf. 35, 14 und die genannten pompeianischen Bilder.

[17] Lippold, Hdb. d. Arch. 5, 284, 1.

[18] B. M. Felletti Maj, Museo Naz. Romano, I Ritratti, 1953, 119 Nr. 236. Ältere Zusammenstellung des Materials: Bernoulli, Aphrodite, 1873, 162ff.

auch vor auf kleinasiatischen Sarkophagen, die gerade in der Werkstatt des Sarkophags in V. Savoia nachgebildet wurden[19]. Ein Sarkophag im Palazzo Mattei, der ihn in der Verbindung mit Mars bietet[20], ein Pisaner Riefelsarkophag mit derselben Gruppe[21], und wahrscheinlich auch der Mittelteil eines Riefelsarkophags in Villa Giustiniani[22] stammen aus derselben Werkstatt. Von einem Riefelsarkophag in Pisa mit der auf einen Schild schreibenden Victoria dürfte das Gleiche gelten[23]. Dieser Sachverhalt verbietet die Annahme, daß die Mars-Venusgruppen der Antoninenzeit einem Muster der früheren Kaiserzeit folgten[24]. Erst damals ist diese Zusammenstellung vorgenommen. Anders ist die Verwendung des einen Bestandteils in einer anderen, zeitlich nahestehenden und ebenso unorganisch zusammengesetzten Gruppe, nämlich in der des Sarkophags in V. Savoia, nicht verständlich. Das Nebeneinander der beiden Gruppen in derselben Werkstatt erweist, daß man damals sich der isolierten Natur der Elemente noch bewußt war. Damit ist auch gesagt, daß die Mittelgruppe des Sarkophags in V. Savoia erst eine Schöpfung dieser Werkstatt ist.

Es fragt sich also, was den Anlaß gab, eine Gruppe bacchischen Inhalts in die Mitte des Zyklus der Vier Jahreszeiten zu stellen. Die Typologie der Jahreszeitensarkophage muß zu einer Antwort helfen.

Versucht man, diese Sarkophage nach den Motiven in ihrer Mitte zu gruppieren (im Anschluß an Hanfmann 1, 23. 2, 8 A. 44), so ergeben sich zwei Klassen. Das Zentrum der einen ist Dionysos, das der anderen hat verschiedenartige Thematik. Sieht man von dem thronenden Dionysos des Sarkophags in V. Savoia zunächst ab, so kommen in der ersten Klasse zwei Varianten vor:

1. Dionysos stehend oder gestützt, unten S. 128f. Nr. 2. 4—9. 11—13.
2. Dionysos auf dem Tiger, ebenda Nr. 3 und 10.

Von Mittelmotiven der zweiten Klasse sind die folgenden bekannt:

1. Clipeus, z. B. H. 464 Abb. 37. (Taf. 3c). 482 Abb. 35. 492 Abb. 59. 498 Abb. 2. 528 Abb. 36. Hierher gehört auch H. 468 Abb. 44, auf dem das Dionysoskind eine falsche Ergänzung ist: Jucker AA. 1955, 30.
2. Grabtür, z. B. H. 336 Abb. 33 (Taf. 4a. b). 490 Abb. 56.
3. Dextrarum Iunctio, z. B. H. 486 Abb. 57. 487 Abb. 58. 489. 506. A. 18.
4. Drei Grazien, z. B. H. 504. 505. A. 11.
5. Aphrodite, H. A. 1.
6. Bild des Verstorbenen in ganzer Figur, Kindersarkophag in Karthago, M. Th. und Ch. Picard RA. 40, 1952, 39f. Fig. 8.

[19] ASR. 2, 138 Taf. 50, Athen Nat. Mus. — AD. 3, 23, Melfi. Delbrueck, JdI. 28, 1913, 294. 304. Morey, Sardis 5, 1, 1924, 61. Vgl. die Statue der Aphrodite aus einer der Nischen des Stadttores von Perge aus dem 2. Jh. A. Müfid Mansel, AA. 1956, 106f., 57.

[20] ASR. 3, 192 Taf. 60f. Rodenwaldt, RM. 38/39, 1923/24, 23. M. Lawrence, ArtB. 14, 1932, 181 Nr. 36.

[21] D. 25, Lasinio Taf. 91. RR. 3, 105, 1.

[22] MD. 2232. Gall. Giust. 2, 103. RR. 3, 250, 1. s. Nachtr. S. 191.

[23] D. 93. Lasinio Taf. 80. RR. 3, 120, 2.

[24] L'Orange, Symb. Osl. 11, 1932, 94ff. Ebenso Sichtermann, RM. 64, 1957, 106.

Die Übersicht macht die Bedeutung deutlich, die in dieser Reihe das dionysische Element hat. Es äußert sich schon in dem Vorkommen von zwei Varianten. Dazu kommt, daß die Stücke mit dionysischen Bezügen den anderen zeitlich vorangehen. Zur Begründung dafür muß schon hier auf die später folgende chronologische Untersuchung verwiesen werden (S. 129. 150ff.). Der Sarkophag in V. Savoia erlaubt nun aber auch den Nachweis, daß die Dextrarum Iunctio, die Grabtür und der Clipeus in diesem Zusammenhang sekundär sind.

Mit dem kindlichen Typus der Jahreszeiten, der am Anfang steht, kann die Szene der Eheschließung schon wegen der Größenverhältnisse nicht ursprünglich verbunden gewesen sein. Diese Verbindung setzt die Existenz des jünglingshaften Typus voraus, der seinerseits durch die höhere Gestalt des Kastens bedingt war. Diese neue Form des Sarkophags kommt im Beginn der severischen Zeit auf. Für weniger anspruchsvolle Stücke wurde die gestrecktere alte Form beibehalten. Aber die typologischen Muster stammen nun natürlich aus der neuen Reihe. In ihr vollzogen sich die Neuerungen. Aus den nachher vorzulegenden ikonographischen und stilgeschichtlichen Beobachtungen wird sich ergeben, daß für uns der Sarkophag Badminton-New York das älteste Stück mit dem neuen Typus der Jahreszeiten ist (S. 128ff. 143ff.). Überhaupt löst sich die Gruppe der Eheschließung erst spät aus dem Zusammenhang, den ihr die Hochzeitssarkophage des zweiten Jahrhunderts vom Typus des Mantuaner[25] gegeben hatten. Für uns das früheste Beispiel ist der Säulensarkophag im Palazzo Riccardi zu Florenz[26]. Von den römischen Sarkophagen normalen Typs mit Arkadenfront ist der in Tipasa das früheste Stück mit dieser Gruppe[27]. Seine Kastenform ist die neue mit hohen Wänden. Auf den Riefelsarkophagen erscheint die Gruppe erst gegen die Mitte des 3. Jahrhunderts[28]. Voran gehen die niedrigen Riefelsarkophage, die an dieser Stelle die Gruppe von Eros und Psyche oder von Mars und Venus haben.

Ebenso nachträglich und auch erst für die Sarkophage erfunden ist die Verbindung der Jahreszeiten mit der Grabtür. Die vier Felder der Tür, die auf den griechischen Säulensarkophagen leer bleiben und sonst ein Gorgoneion tragen können, sind nicht nur auf dem Jahreszeitensarkophag im Conservatorenpalast[29] mit je einer kleinen Figur der Jahreszeiten in Puttengestalt verziert (Taf. 4b). Dasselbe ist auch der Fall auf der Grabtür eines großen Sarkophags mit Tabernakelfront im Belvedere des Vatikan[30]

[25] A. Levi, Le Sculture del Palazzo Ducale di Mantova, Nr. 186. Rodenwaldt, Abh Berl. 1935, 3, 4ff. RR. 3, 54.

[26] Rodenwaldt, RM. 38/39, 1923/24, 13 Abb. 4. Morey, Sardis 5, 1924, 30ff. Abb. 102.

[27] Rodenwaldt a.O. 21 D 1. Morey a.O. 58 Abb. 104. RR. 2, 6, 1. Zur Chronologie s. unten S. 150ff. Der Sarkophag im Thermenmuseum, Rodenwaldt a.O. 20 Abb. 9, Cumont, Symb. 83, 9. v. Lücken, Das Altertum 2, 1956, 37, ist später und gehört einer anderen Werkstatt an; s. unten S. 144 A. 5.

[28] Vgl. Pisa D. 150. Lasinio Taf. 89. RR. 3, 122, 3 und Lateran, Chiostro MD. 3102, Foto DAInst. 32/375 mit Pisa D. 41. Lasinio Taf. 101f. Rodenwaldt a.O. 14f. Abb. 5f. Ztschr. f. b. K. 1922, 120, 5. RR. 3, 123, 2ff.

[29] H. 336 Abb. 33. Unten S. 168 D. f.

[30] Amelung 2, 60 Taf. 17. Gusman 2 Taf. 108f. RR. 3, 410, 2.

und auf einem Riefelsarkophag in Pisa[31]. Dazu kommt die marmorne Tür eines Grabbaues in Ostia[32].

In allen diesen Fällen sind es die puttenhaften Jahreszeiten. Dies heißt, daß sie zur Verzierung von Grabtüren verwandt wurden, schon bevor der andere Typus aufgekommen war. Dessen Verwendung auf dem Sarkophag im Conservatorenpalast neben einer so ausgestalteten Grabtür ist eine hybride Bildung. Auch das zeigt, daß die stehenden Jahreszeiten neben der Grabtür als Erfindung sekundär sind und daß sie die neue Sarkophagform und den jüngeren Typus der Jahreszeiten voraussetzen.

Die Kompositionen dieser Reihe mit dem Clipeus in der Mitte sind schon deswegen sekundäre Schöpfungen der Sarkophagwerkstätten, weil der Typus der Jahreszeiten überhaupt von statuarischer Art ist. Das wird durch den Augenschein erwiesen. Die später noch darzulegende Geschichte der Bildung dieses Typus bestätigt es (S. 121 ff.). Abgesehen von den Basen, die die Jahreszeiten auf dem Sarkophag in V. Savoia haben, stimmen sie weithin mit erhaltenen Statuen überein[33]. Außerdem läßt sich die Ableitung des jüngeren Typus von den kleinasiatischen Säulensarkophagen beweisen, wo die Figuren von statuarischer Art sind (S. 133). Das Halten eines Attributs in jeder Hand ist also für sie schon wegen dieser ihrer Herkunft wesenhaft und ursprünglich. Diese Eigenschaft wird ihnen aber genommen, wenn einem Paar von ihnen die Aufgabe zugeteilt wird, einen Clipeus zu halten. Damit stimmt überein, daß die Porträts auf den frühesten dieser Clipeussarkophage[34] (Taf. 3 c) nicht vor den 30er Jahren entstanden sind und so den ersten Jahreszeitensarkophagen unserer Überlieferung (Sarkophag in V. Savoia, Sarkophag in Genua, unten S. 128 f. und Sarkophag Badminton-New York) in einem gewissen Abstand folgen.

Daß die Verbindung der Jahreszeiten mit den Drei Grazien und mit Aphrodite nicht am Anfang gestanden haben kann, bedarf nun keiner ausführlichen Begründung mehr. Die symbolische und abgeleitete Natur dieser Beziehungen ist noch ausgesprochener als in den anderen Fällen (Hanfmann 1, 255 f.). Die Bedeutung des Drei-Grazien-Motivs und sein Aufkommen erst im 3. Jahrhundert ist von Rodenwaldt dargelegt worden[35]. Tatsächlich ist auch von diesen Sarkophagen keiner stilistisch älter als die Mitte des 3. Jahrhunderts. — Der afrikanische Kindersarkophag mit der Figur des verstorbenen Mädchens zwischen den Jahreszeiten (S. 36 Nr. 6) scheidet als provinzieller Sonderfall für die Frage nach dem ursprünglichen Mittelmotiv aus.

Der Sarkophag in V. Savoia ist wegen seiner typologischen Beziehungen zu den späteren Jahreszeitensarkophagen auch ikonographisch deren Vorgänger in direkter Linie. Wenn nicht dingfeste Gründe im Wege stehen, muß daher auch sein Mittelmotiv thematisch einem derjenigen entsprechen, die auf den Stücken der jüngeren Reihe erscheinen. Weil sich herausgestellt hat, daß die anderen Motive nicht in Betracht kommen, bleibt nur das dionysische übrig. Eine Schwierigkeit liegt darin, daß seine Mittelgruppe nicht zu den bekannten dionysischen Motiven gehört. Aber sie hat sich überhaupt als eine eklektische, unorganische Zusammenstellung entlarven lassen. Wenn sie also zu deuten ist, so nur aus dem ikonographischen Zusammenhang,

[31] D. 146. Lasinio Taf. 21. RR. 3, 125, 1. H.Nr. 315 f. [32] H. 333 Abb. 129. [33] Hanfmann 2, 159 f. Vgl. auch unten S. 122 ff. [34] H. 464. 528. [35] JRS. 28, 1938, 60 ff.; s. Nachtr. unten S. 191.

und der weist nach dieser Richtung. Die nächste bildliche Parallele findet sich auf einem der silbernen Becher aus Boscoreale[36]. Es ist die Gruppe des thronenden, von vorn gesehenen Kaisers, dem sich von l. eine weibliche Gestalt mit einer Siegesgöttin auf der Hand naht. Dies führt zwar auch nicht in den Kreis des Dionysos, aber insofern in seine Nähe, als die hellenistische Kunst Dionysos, den Gott der Fürsten, gern in einer herrscherlichen Pose vorführt. Die Bilder mit seinem Indischen Triumph liefern viele Beispiele dafür.

Auch an dieser Stelle sieht man, wo für die Komposition der Jahreszeitensarkophage das eigentliche Problem lag. Der Zyklus verlangte ein Zentrum, wenigstens bei der Aufreihung seiner Glieder auf gemeinsamer Grundlinie. Bei seiner Anordnung auf den zweireihig übereinanderliegenden vier Feldern einer Tür fehlte zwar der dekorative äußere Grund dafür. Gegenständlich waren die isolierten Paare aber auch hier zusammengehalten. Den gemeinsamen Bezug bildet die Tür und ihre Funktion im Totenkult. Auf der Sarkophagfront ist die Zerschneidung in zwei Hälften schon im Hinblick auf die dekorative Aufgabe und auf die Funktion des zu verzierenden Geräts widersinnig. Die römischen Bildersarkophage, die auf ihren Vorderseiten zwei Szenen nebeneinanderstellen, mildern diese Härte durch die Gleichmäßigkeit des Figurengeflechts.

Andererseits galt es für den ursprünglich nur vorhandenen Typus der Jahreszeiten in Gestalt kleiner Jungen ein zentrales Motiv zu finden, das sie nicht wesentlich überragte, weil sich sonst ein Konflikt zwischen der Friesform der Sarkophagfront und der verschiedenen Größe der Figuren ergeben hätte. Erst als die Form der Sarkophage emporwuchs und die »aufgeschossene« Gestalt der Jahreszeiten in sie eingeführt worden war, war diese Schwierigkeit beseitigt. Auf dem Sarkophag in V. Savoia hat man sich dadurch geholfen, daß man der Hauptfigur der Mittelgruppe eine sitzende Haltung gab. Empfindlich spürbar bleibt aber die zu kleine Proportion der Frau neben ihr. Wo auf späteren Stücken puttenhafte Jahreszeiten neben einem Mittelmotiv in der Bildung Erwachsener vorkommen (z. B. H. 486f.) sind sie Rückverwandlungen. Die Härte der Größenverhältnisse geht hier zusammen mit der übrigen Sorglosigkeit der Ausführung.

Aber nicht nur typologisch und ikonographisch steht der Sarkophag in V. Savoia an der Spitze der uns bekannten Jahreszeitensarkophage. Er ist auch stilistisch und chronologisch der erste. Er ist ein relativ frühes Stück einer Werkstatt, die im Ganzen eine Generation älter ist als die des Sarkophags Badminton-New York. Die Tätigkeit dieser Werkstatt läßt sich etwa vom Ende der 80er Jahre bis in die Zeit Caracallas verfolgen. Die Begründung für diesen Sachverhalt kann erst später gegeben werden (S. 150ff.). Schon hier ist deswegen darauf hinzuweisen, weil die dionysische Deutung der Mittelgruppe auf dem Sarkophag in V. Savoia durch den Vergleich mit einem Stück, das typologisch und chronologisch zwischen ihm und der späteren Reihe steht, ihre Bestätigung erfährt.

Auch diesen Sarkophag konnte der Verf. des großen Werkes über die Jahreszeitensarkophage noch nicht kennen. Er ist bereits 1934 auf Veranlassung Rodenwaldts

[36] MPiot 15, 1909 Taf. 31, 1. 32, 2. RR. 1, 92, 2. 93, 1.

fotografiert[37]. Fuhrmann hat ihn AA. 1940, 380 kurz erwähnt[38]. Er ist zusammen mit einigen anderen Sarkophagen an einer der Nebenseiten des Domes S. Lorenzo zu Genua in beträchtlicher Höhe eingemauert (Taf. 5c).

In einer von tordierten Halbsäulen mit Kompositkapitellen gegliederten fünfteiligen Arkadenfront stehen auf profilierten rechteckigen Basen die vier Jahreszeiten, deren Arme mit den Attributen größtenteils zerstört sind. Der Zyklus beginnt links mit dem Winter, dem sein mit Oliven gefüllter Korb zur Seite steht. Das Gefäß neben der nächsten Figur enthält Blumen. Dies ist also der Frühling. Der Augenschein lehrt, daß von den beiden übrigen Körben der r. neben der Mitte nicht Trauben enthalten kann, während dies bei dem am r. Ende möglich ist. So ergibt sich dieselbe Reihenfolge wie auf den Sarkophagen in V. Savoia und in New York. Die Symmetrie ist im Stand ebenso locker behandelt wie in der Anordnung der Körbe. Nur die Haltung der Köpfe ist eine symmetrisch korrespondierende. Aber im Unterschied von dem Sarkophag in V. Savoia sind die Köpfe der paarweise verbundenen Jahreszeiten aus der Gruppe herausgewandt. Die Beziehung zum Sarkophag in V. Savoia besteht in der Aufstellung der Figuren innerhalb einer Arkadenfront auf Basen, die zu der jüngeren Reihe in der gestreckteren Proportion der Gestalten. Diese sind von denen dort aber so verschieden, daß an eine Abhängigkeit von ihnen nicht gedacht werden kann. Der Grund für die Aufgabe des puttenhaften Typus liegt auf der Hand. Es ist die größere Höhe der Sarkophagfront.

Die Werkstatt, die den Sarkophag in V. Savoia hervorbrachte, hat mit Vorliebe das Arkadenmotiv verwandt. Es stellt die wesentlichste Verbindung zwischen den Sarkophagen her, die sich ihr zuweisen lassen. Der Jahreszeitensarkophag in Genua stimmt zwar in den Verhältnissen mit diesen Werken überein. Die meisten von ihnen verwenden aber Pilaster. Halbsäulen wie der Genueser Sarkophag haben nur der dionysische Sarkophag in Ferentillo[39] und ein verschollener Meleagersarkophag[40]. Der Sarkophag in Genua unterscheidet sich durch die Kompositkapitelle von ihren korinthischen Kapitellen. Eigentümlich ist ihm auch das Kyma auf den Archivolten, das ihn mit den kleinasiatischen Sarkophagen verbindet. Er ist ein Einzelstück. Falls er auch in der Werkstatt der übrigen Sarkophage mit Arkadenfront hergestellt wurde, sind an ihm andere Handwerker tätig gewesen als an jenen. Jedenfalls ist er gleichzeitig mit den späteren von ihnen. Er ist also jünger als der Sarkophag in V. Savoia und älter als die übrige Reihe der Jahreszeitensarkophage.

Auf diesem Sarkophag ist das Mittelmotiv ein dionysisches. Es war eine zweifigurige Gruppe, deren r. Glied heute fehlt. Dargestellt war der trunkene Dionysos, der sich auf einen kleinen Satyr oder auf Pan stützt. Das größtenteils frei gearbeitete, nach vorn gestellte l. Bein, ist von der Mitte des Oberschenkels abwärts gebrochen. Die R. war zum Haupt erhoben. Ihre auf dem Kopf liegenden Finger läßt die Auf-

[37] Inst Neg. 1934/753.

[38] Der von Fuhrmann genannte Aufsatz G. Monacos, Genova 16, 1937, ist mir nicht zugänglich. Der Sarkophag ist dort auf S. 6 als Nr. 7 mit Abb. 11 aufgeführt.

[39] Rodenwaldt, RM. 38/39, 1923/24, 22 Nr. 2 Abb. 10. Lawrence a.O. 181 Nr. 35.

[40] ASR. 3, 2, 309 Taf. 98. Rodenwaldt a.O. 23 Nr. 5. Lawrence a.O. Nr. 38.

nahme erkennen. Sichtbar ist auch noch der in flachem Relief gearbeitete l. Arm. Die Hand ruht auf der Schulter der stützenden Figur, die fast rundplastische Formen gehabt haben muß. Die Theatermasken oben in den Bogenzwickeln ergänzen diesen dionysischen Bezug.

Das Erscheinen eines dionysischen Mittelmotivs auf einem Jahreszeitensarkophag, der der jüngeren Reihe vorangeht, erweist für die Sarkophagplastik den integralen Charakter dieser Verbindung. Das macht für den Sarkophag in V. Savoia die entsprechende Deutung unausweichlich.

In diesem Zusammenhang verdient Beachtung ein zweiter Jahreszeitensarkophag, dessen Vorderseite am Dom von Genua eingemauert ist (Taf. 5a. b). Sie befindet sich, in zwei Teile zersägt, an der Westfront beiderseits des nördlichen Bogenfensters[41]. Hier verzieren sechs von Pilastern getragene Bögen die Front. Die den Ecken benachbarten füllt je ein Dioskur. Die Frauen in den vier anderen, deren jeder ein Putto beigegeben ist, können nur die Horen darstellen. Der Sarkophag stammt aus derselben Werkstatt wie der in V. Savoia. Er ist wahrscheinlich jünger. Ikonographisch ist er ein Unikum. Die Horen auf dem noch frühantoninischen Phaetonsarkophag in Ince Blundell Hall[42] folgen auch hellenistischen Mustern. Sie gehören aber zur Bildüberlieferung. Die des Genueser Sarkophags bilden einen Chor für sich. Ein zentrales Motiv fehlt wegen der ausnahmsweisen Verwendung einer sechsteiligen Arkadenreihe. Die Zusammenfassung ist durch die kräftig rahmenden Motive der Dioskuren gegeben.

Dieses Nebeneinander zweier Typen von Jahreszeitensarkophagen wirft Licht auf deren Entstehungsgeschichte. Das Thema wird für die Sarkophagplastik aktuell erst gegen das Ende des 2. Jahrhunderts. Von den beiden Fassungen, die anfangs konkurrieren, setzt sich die fünfgliedrige durch, die ein Zentralmotiv braucht.

Der Sarkophag in V. Savoia hat veranlaßt, die Frage nach den Gründen für die dionysischen Motive auf den Jahreszeitensarkophagen überhaupt aufzuwerfen. Die Antwort ist noch offen. Zunächst mußten die Voraussetzungen geklärt werden, soweit sie sich innerhalb der Geschichte der Sarkophagplastik finden lassen. Das bisherige Ergebnis besteht nur darin, daß auch seinem Mittelmotiv nach der Sarkophag in V. Savoia ikonographisch in gerader Linie ein Vorläufer des Sarkophags Badminton-New York ist. Jetzt gilt es zu prüfen, welche Folgerungen sich aus dieser Feststellung für die Ikonographie der Jahreszeiten in der voraufliegenden Zeit ergeben. Auf der erweiterten Basis wendet sich also die Frage der Herkunft des Zyklus der puttenhaften Jahreszeiten und den Gründen für seine Verbindung mit Dionysos zu.

2. Der Altar aus den Sallustischen Gärten (Taf. 6. 7a)

Ein Denkmal, das Hanfmann bereits gebührend berücksichtigt hat, auf das aber von dem ihm noch unzugänglichen Sarkophag in V. Savoia neues Licht fällt, leistet dabei Hilfe. Es ist ein runder Altar aus Marmor, der 1886 in unmittelbarer Nähe des

[41] AA. 1940, 380. G. Monaco, Genova 16, 1937, 8 Nr. 10 Abb. 14f. DAInst. Neg. 34/758. 762.

[42] ASR. 3, 332 Taf. 108.

in hadrianischer Zeit erbauten sog. Nymphaeums in den »Gärten des Sallust«[43] gefunden und gleich veröffentlicht wurde, jetzt aber verschollen ist[44].

Als Altar ist dieses Werk mit Recht von Anfang an verstanden worden. Wäre es als Basis verwandt gewesen, hätten C. L. Visconti und R. Lanciani in ihren Fundberichten die Spuren davon auf der Oberfläche vermerkt. Das untere Profil, das besonders gearbeitet war, ist nicht mitgefunden. Schwerlich hat dieser Altar aber echte kultische Funktionen ausgeübt. Für die Deutung bedingt es indes keinen Unterschied, wenn man annimmt, daß er in erster Linie einer dekorativen Aufgabe zu dienen hatte.

Die Vier Jahreszeiten sind als geflügelte Eroten in stehender Haltung dargestellt. Der *Winter*, der einen kurzen Chiton trägt, schultert mit der erhobenen R. eine Amphora und hält in der gesenkten L. einen Vogel an seinen Beinen. Dem *Frühling* hängt eine auch neben der l. Körperseite sichtbare Chlamys über der l. Schulter und dem l. Arm. Mit der gesenkten R. hält er eine Blütenschnur und auf der L. trägt er einen mit Blüten bedeckten Teller oder Korb. Der *Sommer* trägt im r. Arm eine Sichel und faßt mit der gebogenen L. einen großen Mohnstengel, während ihm eine Chlamys über dem l. Arm hängt. Der mit einem schärpenartig über die l. Schulter gelegten Tierfell ausgestattete *Herbst* stützt sich mit der R. auf ein Lagobolon. Die L. legt er auf die Trauben, die aus einem neben ihm stehenden Korb hervorquellen.

Die Anordnung ist planvoll und doch merkwürdig verborgen. Sie wird durch die von Frau E. M. Ziegler hergestellte zeichnerische Abrollung veranschaulicht (Abb. S. 43). Vier Baluster trennen die vier Figuren. Auf jedem steht eine Amphora mit Deckel, deren Henkel zur Raffung von zwei hier aufgehängten Vorhängen helfen müssen. Von den vier Enden dieser Vorhänge sind zwei über dem Baluster zwischen Frühling und Sommer aufgehängt, die zwei anderen über dem zwischen Herbst und Winter. Über den beiden anderen Balustern sind die Vorhänge durch die Henkel der Amphoren gezogen. So sind ihre vier gerafften Bögen zu zwei Paaren verbunden. Ihnen entsprechen darunter die beiden Paare von Winter und Frühling, Sommer und Herbst. Die Gruppierung ist also dieselbe wie auf den Sarkophagen in V. Savoia und in New York. Die Beziehungen zu dem Sarkophag in V. Savoia gehen sogar noch weiter und über die allgemeine Ähnlichkeit des puttenhaften Grundtypus der Jahreszeiten hinaus. Wie dort sind auch auf dem Altar die Paare durch die Neigung ihrer

[43] Lehmann-Lindros, Op. Arch. 1, 1935, 196ff.

[44] H.Nr. 308. Masse 0,74 : 0.56 m. — Das Stück wurde mit einer verhältnismäßig guten Abbildung veröffentlicht von C. L. Visconti, Bull. Com. 1886, 299. 314ff. Taf. 10. Die Abbildung ist wiederholt bei Toynbee Taf. 50. Weitere Literatur: Lanciani, NSc. 1886, 230. Altmann, Die Grabaltäre der röm. Kaiserzeit, 1905, 30. Ducati, RM. 23, 1908, 137. Studniczka, AA. 1907, 273. AJA. 12, 1908, 58. JHS. 28, 1908, 150. Artemis und Iphigenie, Sächs. Ak. Abh. 37, 5, 1926, 18f. Abb. 9. Strong, Scultura Romana, 1923/26, 290. Toynbee 217. Lippold EA. 5088/1947. — Der Altar steht nicht im Thermenmuseum, wie Hanfmann angibt. Studniczka berichtet 1926, daß er ihn bei dem Kunsthändler Bardini in Florenz einmal gesehen habe, über den Verbleib aber nichts wisse. Lippold bildet nach einer alten Aufnahme nur eine Ansicht ab, die Sommer und Herbst zeigt, und führt das Stück unter den Werken an, die der Glyptotek Ny Carlsberg zum Kauf angeboten wurden.

Der Altar aus den Sallustischen Gärten. Abrollung.

Köpfe und durch die symmetrische Anordnung ihrer Stand- und Spielbeine zusammengefaßt. In Tracht und Attributen gibt es freilich viele Verschiedenheiten. Nur die Nebris des Herbstes und die Sichel des Sommers stimmen überein. In der Haltung besteht der eigentliche Unterschied darin, daß auf dem Altar die inneren Arme der Paare neben den Standbeinen mit Ausnahme des Sommers gesenkt und die äußeren mit Ausnahme des Herbstes gehoben sind. Auf dem Sarkophag in V. Savoia ist die Korresponsion schematischer durchgeführt, und zwar grundsätzlich in umgekehrtem Sinne: Die Arme sind auf allen Standbeinseiten gehoben und auf allen Spielbeinseiten gesenkt.

Die Unterschiede finden in der Zunahme der Romanisierung ihren Grund. Aus den Eroten sind kleine Jungen geworden. Der Winter erscheint in der Tracht der Gegenwart. Auch die schematische Gruppierung ist abgesehen von der entschiedeneren Zentralisierung ein römisches Formmerkmal. Dies alles entspricht der allgemeinen Wendung, die in der Entstehungszeit des Sarkophags in V. Savoia, dem letzten Viertel des 2. Jahrhunderts, die Sarkophagplastik überhaupt nimmt.

Auf der anderen Seite sind die Übereinstimmungen zwischen dem Zyklus des Sarkophags in V. Savoia und dem des Altars so groß und so wesentlich, daß sie nicht zufällig sein können. Damit ist der Zyklus des Sarkophags in V. Savoia, auf den sich der des Sarkophags Badminton-New York gründet, bereits durch ein Denkmal belegt, das dem Sarkophag in V. Savoia um reichlich zwei Generationen voraufgeht. Denn mit Recht ist schon immer der Altar den klassizistischen Werken aus dem ersten Viertel des 2. Jahrhunderts eingereiht worden.

Für den Schmuck eines runden Monuments, wie er es ist, wurde dieser Zyklus nicht erfunden. Seine Gliederung in zweiteilige Gruppen kann dabei nicht zur Geltung kommen, weil jeweils nur eine der Figuren sich vom Blick ganz erfassen läßt. Ein künstlerischer Grund für den verhüllten Vortrag dieser so klaren Disposition ist nicht ersichtlich. Eine altrömische Zweiteilung des Jahreslaufs, die ohnehin problematisch ist[45], steckt schon deshalb nicht dahinter, weil die Jahreszeiten am Traiansbogen in Benevent anders gruppiert sind. Sommer und Frühling erscheinen an der Stadtseite, Herbst und Winter an der Feldseite. Die Bronzemedaillons mit den Jahreszeiten, die unter Hadrian beginnen (H. 318. 325ff.), reihen die vier Figuren auf, ohne durch eine Zäsur zwei Paare zusammen zu halten. Ihre Reihenfolge entspricht nicht der des Beneventer Bogens, sondern der anderen, aber in umgekehrtem Sinne wie auf den Sarkophagen. Am Triumphbogen des Septimius Severus ist die Gruppierung dann dieselbe wie auf dem Altar und auf den ersten Jahreszeitensarkophagen, und der Constantinsbogen folgt ihm[46].

[45] Piganiol, Recherches sur les Jeux Romains, 1923, 36ff. Lattimore, Themes of Greek and Latin Epitaphs, Illinois Studies in Language and Literature, 1942, 121. Hanfmann 1, 119 A. 81.

[46] Auch der Jahreszeitensarkophag von singulärem Typus mit den tanzenden Jahreszeiteneroten im Conservatorenpalast, H. 372, verwendet diese Anordnung. H. 1, 25 datiert ihn richtig in die Mitte des 3. Jhs. — Zur Frage der Gruppierung vgl. im übrigen K. Andresen, DLZ. 76, 1955, 293, der aber die hier behandelten Denkmäler nicht berücksichtigt. Der Beweis für die ikonographische Ableitung der Jahreszeitensarkophage aus den kaiserlichen Repräsentationsbildern, den Andresen mit Hilfe von Be-

Die Frage nach dem Vorbild des Zyklus auf dem runden Altar aus den Sallustischen Gärten, die damit aufgeworfen ist, mündet nun wegen der Verbindungen dieses Werkes mit den Jahreszeitensarkophagen, die sich zeigen ließen, in der nach dem gemeinsamen Urbild. Durch die jetzt gewonnene überlieferungsgeschichtliche Reihe: Altar — Sarkophag in V. Savoia — Sarkophag Badminton-New York und Gefolge, ist die Basis erweitert und befestigt, von der aus sich eine Lösung des Problems des kindlichen Typus der Jahreszeiten, von dem wir ausgingen, hoffen läßt. Auf der anderen Seite läßt sich auch der besonderen Frage, bei der die Untersuchung jetzt angelangt ist, nämlich der nach dem Urbild dieses Zyklus, nur in diesem weiteren Zusammenhang begegnen. Wir verlassen also für ein Stück Weges die Jahreszeiten überhaupt und ihre Verbindung mit dem dionysischen Kreis. Der Zyklus stellt sich nun in seiner frühesten uns bekannten Gestalt dar als einen Ausschnitt aus dem großen, vielgestaltigen Erotenvolk, das auf den Denkmälern der traianisch-hadrianischen Zeit sein Wesen treibt. Um zu erfahren, ob er eine Erfindung der Kaiserzeit oder des Hellenismus ist, müssen wir also die Frage nach der Herkunft dieser ganzen Gesellschaft überhaupt von Neuem aufnehmen.

Weil wir aber von dem Sarkophag Badminton-New York ausgegangen sind, und weil seine Erklärung, nicht die Darlegung geschichtlicher Verknüpfungen, das Ziel ist, sei auch auf dieser Stufe der Untersuchung gesagt, daß es zum Verständnis der Symbolik ,die der Sarkophag aussprechen will, keineswegs gleichgültig ist, wie ihre Voraussetzungen beschaffen sind. Die Überlieferung, mit der wir es zu tun haben, kann uns ausdrückliche gleichzeitige Erklärungen nicht liefern. Wenn wir uns nicht mit einem bloßen Rätselraten beruhigen wollen, bleiben wir daher angewiesen auf den mittelbaren historischen Weg, den wir eingeschlagen haben.

C. Die traianisch-hadrianischen Eroten und ihre hellenistischen Vorbilder

Der traianisch-hadrianische Erotentyp, in dem die Jahreszeiten des Altars aus den Sallustischen Gärten erscheinen, ist im Grunde kein anderer als der des »Gans-würgers«, den man im allgemeinen jetzt als ein Werk des Boethos von Kalchedon ansieht. Gemeint sind Kinder von drei bis vier Jahren. Sie sind schon recht stämmig und fest auf ihren Beinen. Ihre Flügel sind zum Fliegen für sie eigentlich zu klein. Tatsächlich tummeln sie sich auch gewöhnlich auf der Erde. Der Form nach lassen sich jedenfalls die flügellosen kleinen Burschen dieser Art von den geflügelten nicht trennen. Es gibt Fälle, in denen es auch wohl dem antiken Betrachter überlassen blieb, ob er sie als Eroten oder als Kinder verstehen wollte[1]. Daher empfiehlt es sich, den Namen »Eroten« für die ganze Gruppe beizubehalten. Der Deutung in den Einzelfällen soll damit nicht vorgegriffen sein. Charakteristisch ist, abgesehen von den molligen und kindlich proportionierten Körperformen, das Haar. Es ist wellig und

obachtungen über die zyklische Anordnung glaubte führen zu können, läßt sich bei Berücksichtigung des Altars aus den Sallustischen Gärten nicht mehr aufrecht halten; s. unten S. 121 ff.

[1] L. Curtius, Festschr. J. Loeb, 1930, 60.

halblang, ringelt sich an seinen Enden gern zu Locken, bedeckt die Ohren und kann auf dem Scheitel zu einem kleinen Zopf geflochten sein.

Die traianisch-hadrianische Kunst kennt nicht nur diesen Erotentyp, aber er ist der bevorzugte. Gleichzeitig kommt ein anderer vor, der ganz kleine, etwa ein- bis zweijährige Kinder wiedergibt. Dies ist der in der frühen Kaiserzeit überwiegende. Charakteristisch für ihn ist außer der Verhältnisgebung das kurze, die Ohren meist freilassende und büschelige Haar. Dem Eros des Augustus von Primaporta und dem durch Überarbeitung freilich beeinträchtigten Kind auf dem l. Knie der Tellus des Reliefs von der Ara Pacis[2] schließen sich viele andere von dieser Art an[3]. Für die hellenistische Herkunft braucht nur verwiesen zu werden auf den Meerthiasos der Ahenobarbusbasis in München, auf pergamenische Reliefkeramik[4], auf die Pantoffelgruppe aus Delos in Athen[5] und auf Terrakotten aus Myrina[6].

Außer Frage steht die Abstammung aus dem Hellenismus auch für die bereits etwas größeren traianisch-hadrianischen Eroten, schon wegen ihrer Ähnlichkeit mit dem Werk des Boethos, das in diesem Zusammenhang nur als Vertreter eines Typus genannt wird. Der Klärung bedürftig ist aber noch die Herkunft der motivischen Ausgestaltung und Verwendung im Einzelnen. J. M. C. Toynbee[7] läßt die Frage offen. Sie stellt nur die Freude dieser Zeit an dem Motiv überhaupt fest. Wir haben gesehen, daß es für die Beurteilung der Jahreszeiteneroten und der Jahreszeitenputten nicht gleichgültig ist, zu wissen, ob sie Wiedergaben hellenistischer Muster sind oder deren gegenständliche und formale Weiterbildungen und haben daher die einzelnen Motive dieser traianisch-hadrianischen Eroten ins Auge zu fassen. Was erlaubt die Überlieferung, über ihre Herkunft zu sagen?

Vorauszuschicken ist ein chronologischer Hinweis.

Zeitlich festgelegt werden diese Eroten durch die Reste von Friesen mit ähnlichen Figuren vom Traiansforum[8] und von der traianischen Erneuerung des Tempels der Venus Genetrix auf dem Caesarforum[9] (Taf. 7b). Das Verhältnis der beiden Gruppen zueinander läßt sich nur auf Grund des Stils bestimmen, weil der bauliche

[2] Über seinen Erhaltungszustand und über die fast vollständige Ergänzung des anderen Kindes: Petersen, Ara Pacis Augustae, 1902, 49, 1.

[3] z. B. Knaben neben Tellus auf der Wiener Gemma Augustea, Eros auf dem Camée de la Ste. Chapelle, Knaben auf dem blauen Glasgefäß aus Pompei in Neapel, Eroten auf dem silbernen Becherpaar aus Boscoreale, MPiot 5 Taf. 5f., auf den beiden silbernen Kentaurenbechern aus Pompei, RR. 1, 227, 1f., auf dem silbernen Krater aus Hildesheim, Pernice-Winter Taf. 32f., auf dem Grabaltar des Amemptus im Louvre, Altmann, Grabaltäre Taf. 1, Erotenbüsten aus Bronze auf einer Truhe aus Pompei, Pernice, Die Hellenist. Kunst in Pompei, 5 Taf. 53f., und aus Silber unter den Lauersforter Phalerae, 92. BWPr. 1932, 30f., Gnomon 29, 1957, 77.

[4] Courby VGR. 458, 100, 6, c. 8.

[5] BCH. 30, 1906 Taf. 13ff.

[6] Winter 2, 35, 6. 8. 229, 1. 232, 7. 292, 2.

[7] The Hadrianic School, 1934, 215.

[8] Lateran BS. 59. Gusman Taf. 105. KiB. 1, 35, 1. Toynbee 216 Taf. 49, 1. Alinari 6550. RR. 3, 287, 5.

[9] Brendel AA. 1933, 619f., 21f. Goethert JdI. 51, 1936, 80f., 13f. MemAmAc. 1936 Taf. 51. v. Blanckenhagen, Flavische Architektur, 1940, 77ff., 139. M. Floriani-Squarciapino, Le Arti Figurative 2, 1946, 69ff. Taf. 29f. MemAccLinc. 8. S. 2, 2, 1948, 61ff. Mingazzini AA. 1950, 192ff., 22.

Befund noch nicht aufgenommen und bearbeitet werden konnte. Die Auffassung der Unterschiede ist nicht einheitlich. Man hat von den Friesen des Venustempels wenigstens das Stück mit den Eroten und den Götterattributen in hadrianische Zeit gesetzt und eine lange Bauzeit angenommen (Mingazzini). Auf der anderen Seite hat man auf die engen Beziehungen eben dieses Teils zur flavischen Kunst hingewiesen, die ihn als den frühesten erscheinen lassen, und ist damit zu seinem Ansatz in die traianische Zeit gelangt (v. Blanckenhagen, M. Floriani-Squarciapino). Diese Beziehungen sind allerdings so klar und der Hinweis auf sie ist so überzeugend, daß man sich ihm nicht entziehen kann. Das hat für die Chronologie der Sarkophage seine Folgen.

Die frühen stadtrömischen Girlandensarkophage von der Art des unvollständigen Proserpinasarkophags in Venedig[10] (Taf. 7c) können dem Fries vom Tempel der Venus Genetrix höchstens in einem kurzen Abstand folgen. Zusammen mit den ersten dionysischen Sarkophagen, die neuattische Typen verwenden, und mit zwei Sarkophagen mit Greifen und Kandelabern, von denen der eine unmittelbar an die Friese des Traiansforums anschließt[11], sind sie die ältesten stadtrömischen Sarkophage des 2. Jahrhunderts. Auch motivisch schließen sie sich den flavischen Grabaltären an. Die Girlande und die Victorien oder Eroten als deren Träger finden sich hier wie dort. Dazu kommt das Datum, das die Inschrift eines Pisaner Girlandensarkophags enthält[12]. Der Bestattete, C. Bellicus Natalis Tebanianus, war Consul i. J. 87 n. Chr. Daß er um viel mehr als 30 Jahre sein Consulat überlebt hat, ist nicht wahrscheinlich. So kommt man auch mit diesem Sarkophag und mit dem anderen, gleichzeitig in derselben Werkstatt gefertigten des Lateran[13] an die Grenze der traianischen und der hadrianischen Zeit. Das zuletzt genannte Stück ist zusammen mit dem Orestessarkophag und dem Niobidensarkophag des Lateran[14] in einer Gruft gefunden worden, für die durch Ziegelstempel der Jahre 132[15] und 134[16] ein terminus post quem gegeben ist. Mit Recht gilt dieses Datum als ein Eckstein der Sarkophagchronologie. Für den Zeitansatz der beiden Girlandensarkophage kann es aber nicht verbindlich sein. Es würde sich nicht nur ein Konflikt mit dem Datum des Pisaner Sarkophags ergeben, sondern auch ein zu später Ansatz der beiden mythologischen Sarkophage. Denn diese stellen ihrem Format und ihrem Stil nach bereits eine zweite, fortgeschrittene Stufe der mythologischen Sarkophage dar. Voran gehen die niedrigeren Friessarkophage mit dem Orestesmythos[17] und mit den Niobi-

[10] ASR. 3, 358 Taf. 119. Toynbee JRS. 17, 1927, 23 und Hadrianic School 210 Taf. 46. Rodenwaldt KdA. 651. RR. 3, 430, 1.

[11] *Vatikan*, früher Gal. Lap., jetzt neben der Treppe zur Sala di Croce Greca, Amelung 1, 256 Nr. 126 Taf. 26. Gusman Taf. 54. Toynbee Taf. 48, 3. Rodenwaldt AA. 1938, 414 A. 4. — *Baltimore*, Walters Art Gallery, Lehmann-Olsen Fig. 16ff.

[12] CIL. 11, 1430. Toynbee JRS. 18, 1928, 215ff. und Hadrianic School 229f. RR. 3, 107, 1ff. Foto DAInst. 33/1442ff. 34/562ff. Irrtümliche Datierung bei v. Blanckenhagen a.O. 82.

[13] Toynbee JRS. 17, 1927, 19ff. Taf. 3 und Hadrianic School Taf. 43, 1.

[14] ASR. 2, 155 Taf. 54 und 3, 315 Taf. 100.

[15] CIL. 15, 1051.

[16] Robert ASR. 2 S. 168.

[17] ASR. 2, 154. 156ff.

den[18]. Diese sind dem Typus nach frühestens gleichzeitig mit den Girlandensarkophagen. Der Girlandensarkophag des Lateran war also entweder ursprünglich an einer anderen Stelle beigesetzt oder stand längere Zeit unbenutzt.

Die Verbindung der frühen Girlandensarkophage mit den traianischen Friesen zusammen mit dem Datum des Girlandensarkophags in Pisa und der nahen Verbindung des Greifensarkophags im Vatikan mit den Friesen des Traiansforums veranlassen also, den Wechsel der Beisetzungsform bei den vornehmen römischen Familien, d. h. den Übergang von der Verbrennung zur Sarkophagbestattung, möglichst früh in die Zeit Hadrians zu setzen[19]. Es ist nicht ausgeschlossen, daß die Anfänge schon unter Traian sich vollzogen. Jedenfalls ist der übliche Ansatz der frühen Girlandensarkophage um 140[20] um fast eine Generation zu spät.

I. Eroten mit Girlanden

Als Girlandenträger kommen Eroten auf Sarkophagen in sieben verschiedenen Motiven vor. Damit die Überlieferungsgeschichte beurteilt werden kann, empfiehlt es sich, für jedes eine Anzahl charakteristischer Beispiele aus der stadtrömischen und aus der östlichen Produktion zusammenzustellen.

Motiv 1. Eros, sich spreizbeinig stemmend mit vorgesetztem Bein der dem Beschauer ferneren Körperseite, leicht durchgebogenem anderen Bein, über diesem erhobenem Arm, dessen Hand im Nacken die Girlande faßt, hinter der Girlande verborgenem anderen Arm und ein wenig nach hinten gebeugtem Rumpf.

a) Stadtrömische Sarkophage.
Gerade in der frühen Reihe ist dieses Motiv wegen seiner Eignung für die Stellung an einer Ecke so häufig, daß es genügt, auf einen charakteristischen Vertreter zu verweisen. Als solcher möge der schon erwähnte unvollständige Proserpinasarkophag in Venedig dienen (ASR. 3, 358 Taf. 119. Toynbee 210 Taf. 46, 1. Rodenwaldt KdA. 651, RR. 3, 340, 1. Hier Taf. 7c). Viele andere Beispiele sind auf den Tafeln 43ff. des Buches von J. M. C. Toynbee zu finden.

[18] ASR. 3, 312. 313. 316. Toynbee JRS. 17, 1927, 27, sieht in dem oben erwähnten Paar mythologischer Sarkophage des Lateran die ersten erhaltenen Stücke dieser Gattung. Daß sie hinter den anderen hier angeführten mythologischen Sarkophagen zeitlich ein wenig zurückstehen, ergibt sich aus dem Vergleich mit den parallelen Gruppen bacchischer Sarkophage, die im 4. Band von ASR. zusammengestellt werden sollen.

[19] A. W. Byvanck, BAntBeschaw. 31, 1956, 31, führt das Aufkommen der mythologischen Sarkophage in Rom auf die zu Wohlstand kommende Schicht von Freigelassenen zurück, die zum größten Teil aus dem Osten stammen. Aber gerade die Bildersarkophage fehlen im Osten und einer der ersten uns bekannten Girlandensarkophage dieser Periode, der mit der Inschrift des Bellicus, gehört einem Mitglied der Aristokratie. Dazu kommen die überzeugenden soziologischen Beobachtungen, die J. M. C. Toynbee und W. Perkins, The Shrine of St. Peter and the Vatican Excavations, 1956, 105ff., namentlich 112, aus dem Befund in den heidnischen Gräbern unter der Peterskirche abgeleitet haben. Gerade der begüterte Mittelstand hat erstaunlich lange an der Sitte der Leichenverbrennung festgehalten.

[20] Rodenwaldt KdA. 753, 651. Toynbee JRS. 17, 1927, 144ff., doch vgl. Rumpf ASR. 5, 1 zu Nr. 1 und 13 bis 15.

b) Östliche Sarkophage.

1. Syrisch: Istanbul M. 1159. Schede, Meisterwerke a. d. türk. Museen, 1928, 37. RR. 2, 171, 1.
2. Alexandrinisch: Altmann, Arch. 61, 25.
3. Alexandrinisch: Schreiber, Die Nekropole von Kom-Esch-Schukafa, 1908, 56, 31.
4. Westkleinasiatisch: ÖJh. 17. 1914, 133ff. (Keil) Taf. 2 = MdI. 4. 1951, 20ff. (Curtius) Taf. 9.

Motiv 2. Eros laufend oder schreitend, in Seitenansicht.

a) Stadtrömische Sarkophage.

1. Rom, Thermenmuseum. Robert 25. HWPr. 1911, 81 Fig. 1. Toynbee 43, 2. Lehmann-Olsen Fig. 25. RR. 3, 327, 1.
2. Pawlowsk. Toynbee 45, 1f. JRS. 17, 1927 Taf. 1.
3. Clieveden. Toynbee 45, 3. JHS. 20, 1908 Taf. 7. RR. 2, 448, 1 (Taf. 8a).
4. Florenz, Giardino Gherardesca. ASR. 3, 182 Taf. 16. Toynbee 46, 4. RR. 3, 36, 4.
5. New York, Metropolitan Museum. ASR. 3, 425 Taf. 133. Rodenwaldt JdI. 45, 1930, 145, 22f. Toynbee 47, 2.
6. Rom, V. Doria. MD. 2420. Altmann, Arch. 75, 28.
7. Pisa, Camposanto. ASR. 5, 1, 6 Taf. 43. RR. 3, 118, 2.
8. Louvre. Cat. 306. ASR. 5, 1, 12 Taf. 11. RS. 1, 82.
9. Louvre. Cat. 451. Foto Mbg. 43/1423.
10. Ince. Ashmole 275 Taf. 47, 2.
11. Vatikan, Gal. Lap. 205. Amelung 1 S. 306. ASR. 5, 1, 14 Taf. 4.

Auf Nr. 1—8 ist das Bein der dem Beschauer näheren Körperseite zurückgeschwungen. Auf Nr. 9—11 ist das Bein dieser Seite vorgesetzt.

b) Östliche Sarkophage.

1. Alaschehir-Philadelpheia (Lydien). Denkschr. Wiener Ak. 53, 2, 1908, 39 Nr. 76 Abb. 34.
2. Vatikan, G. della Pigna 217. Amelung 1 Taf. 113.
3. Rom, Conservatorenpalast. Mustilli, Museo Mussolini 110 Nr. 22 Taf. 67.

Motiv 3. Eros in tordierter Haltung, tanzend.

a) Stadtrömische Sarkophage.

1. Clieveden, s. Motiv 2a, 3 (Taf. 8a).
2. Verschollen, ASR. 5, 1, 11 Abb. 10.
3. Rom, Thermenmuseum 75251. ASR. 5, 1, 16 Taf. 3.
4. Berlin, C. 857. RR. 2, 38, 4.
5. Neapel, Guida Ruesch 28. Toynbee 214 Taf. 48, 2. RR. 3, 72, 1.

b) Östliche Sarkophage.

1. Südkleinasiatisch: Istanbul M. 1158.
2. Alexandrinisch: Altmann, Arch. 61, 23.
3. Alexandrinisch: Schreiber a. O. 44, 27.
4. Westkleinasiatisch: s. Motiv 1, b, 4.

Motiv 4. Eros schwebend.

a) Stadtrömischer Sarkophag.

Ehemals Rom, P. Raggi. Rodenwaldt AA. 1938, 395f., 8.

b) Östliche Sarkophage (Pietrogrande BCom. 61, 1933, 29).

1. Attisch: Athen NM. 1188. Stais 196. Alinari 24347. Foto DAInst. 34/2027.
2. Attisch: Athen NM. 1191. Stais 197. Alinari 24348. Foto DAInst. 34/2026 (Taf. 8b).
3. Attisch: Istanbul M. 23.
4. Attisch: Leningrad, Ermitage. ASR. 2, 21 Taf. 8f.
5. Attisch: Prevesa. Pietrogrande a. O. Taf. 4.
6. Attisch: Broom Hall. JHS. 5, 1884, 154, 22 (Michaelis). Altmann, Arch. 59, 22.
7. Attisch: Antiochia a. Orontes. Gaz. Arch. 1885 Taf. 28f. JdI. 13, 1898, 186 (Förster). RR. 2, 98, 2.
8. Attisch: Benghazi. Afr. It. 3, 1930, 110, 4.
9. Attisch: Brit. Mus. Afr. It. 3, 1930, 125, 23.
10. Südkleinasiatisch: Istanbul M. 27f. Mansel, Excavations and Researches at Perge, 1949 Taf. 6 Fig. 22f.
11. Syrisch: Antiochia a. Orontes. JdI. 13, 1898, 188 (Förster).

Motiv 5. Eros in Ausfallstellung.

a) Stadtrömische Sarkophage.

1. Ehem. Rom, P. Barberini. ASR. 3, 196 Taf. 63. Toynbee Taf. 47, 3. RR. 3, 158, 1.
2. Neapel, s. Motiv 3a, 5.
3. Ehem. Rom, P. Raggi, s. Motiv 4a.
4. Kopenhagen, Glypt. Ny Carlsberg. Tillaeg 1915 Taf. 13, 788a.

b) Östliche Sarkophage.

1. Westkleinasiatisch: Smyrna. Aziz Bey, Guide 1933, 83 Nr. 79.
2. Südkleinasiatisch: Baltimore, Walters Art Gallery. Lehmann-Olsen Fig. 19f. RR. 2, 198, 2.
3. Südkleinasiatisch: Istanbul M. 31. Mansel a. O. 57 Taf. 16 Fig. 70.
4. Südkleinasiatisch: Perge. Mansel a. O. 57 Taf. 15 Fig. 62ff.
5. Südkleinasiatisch: Denizli-Colossae. Mansel a. O. Fig. 72f.

6. Syrisch (?): New York, Metrop. Mus. Handbook 1930, 312. Rodenwaldt KdA. 680. JHS. 53, 1933, 204 A. 73.
7. Syrisch: Istanbul M. 1161f.
8. Syrisch: Adana. Syria 2, 1921, 196, 1 (Normand).
9. Syrisch: Adana. Syria 2, 1921 Taf. 25, 2. 41, 2. (Michon).
10. Syrisch: Beyrouth. Syria 2, 1921 Taf. 41, 1 (Michon).
11. Syrisch: Kopenhagen, Glypt. Ny Carlsberg. Billedtavler, 1907 Taf. 68, 791.
12. Donauländisch: Viminacium. RM. 58, 1943, 16, 7 (Rodenwaldt).

Motiv 6. Eros stehend oder schreitend, Girlande auf beiden Schultern.

a) Stadtrömische Sarkophage.
   1. Rom, P. Mattei. ASR. 2, 182 Taf. 60. Toynbee Taf. 46, 3. RR. 3, 305, 1.
   2. Kopenhagen, s. Motiv 5a, 4.
   3. Louvre, Cat. 3401 (erworben 1915). Foto Mbg. 43/1417.

b) Östliche Sarkophage.
   1. Südkleinasiatisch: Perge. ASAtene 6/7, 1925, 480f., 1f.
   2. Südkleinasiatisch: Verschollen. MD. 3480. AA. 1938, 394f., 6 (Rodenwaldt).

Motiv 7. Eros stehend, Girlande auf einer Schulter.

a) Stadtrömische Sarkophage.

   — — —

b) Östliche Sarkophage.
   1. Südkleinasiatisch: Vatikan, Belv. Amelung 2, 86 Taf. 22. JHS. 53, 1933, 199, 11f. (Rodenwaldt).
   2. Südkleinasiatisch: Boston, Isabella Stewart Gardner Museum. Lehmann-Olsen Fig. 26.
   3. Donauländisch, s. Motiv 5b, 12.

Daß an sich das Motiv der girlandentragenden Eroten hellenistisch ist, bezweifelt niemand. Auch wenn sich keine originalen hellenistischen Beispiele erhalten hätten, bliebe diese Feststellung die grundlegende Voraussetzung[21]. Es gibt sie aber, und sie seien deswegen angeführt, weil ihre Gestalt die hier ins Auge zu fassende spätere Entwicklung verständlicher macht.

Ein nur in der oberen Hälfte erhaltener Stempel für Reliefgefäße aus Pergamon bietet den oberen Teil eines nach l. bewegten und sich umblickenden Eros, der die über die eine Schulter gelegte Girlande mit dem erhobenen anderen Arm ebenso faßt wie der von Motiv 1 auf den Sarkophagen[22]. Dementsprechend wollte Conze die

[21] Die Bestreitung des hellenistischen Ursprungs durch Altmann, Arch. 72ff., hat ihren Grund in dem Gegensatz zu der von Th. Schreiber behaupteten alexandrinischen Herkunft des Motivs und hängt zusammen mit der damals (1902) auch noch von C. Robert vertretenen Meinung, daß die Girlandensarkophage aus dem Beginn der Kaiserzeit stammen.

[22] Conze AvP. 1, 2, 257, 7 Beibl. 32. Courby VGR. 458, 100, 6e. 463.

Haltung der Beine ergänzen. Vergleicht man den einen der drei Erotentypen, die auf dem Iuliermonument in St. Rémy als Girlandenträger dienen (S. 55 f.), so sieht man, daß auch eine schwebende Haltung möglich ist. Das Bein der dem Beschauer näheren Körperseite müßte in diesem Fall das in seinem unteren Teil zurückgenommene andere überschnitten haben. Für die Reliefkeramik ist diese Ergänzung die wahrscheinlichere. Das ändert aber nichts an der Tatsache, daß auch der andere Typus der Eroten hochhellenistisch ist und in Pergamon nicht unbekannt war. Die Möglichkeit, daß er außerhalb der Reliefkeramik schon damals als Girlandenträger verwandt wurde, muß daher offen bleiben. Jedenfalls ist er keine römische Erfindung, sondern eine hellenistische des 2. vorchristlichen Jahrhunderts.

Die Belege dafür sind:

1. Patrize für die Herstellung von Reliefgefäßen aus Pergamon: Eros mit dem Löwenfell des Herakles: AvP. 1, 2, 257, 17 m. Abb. Courby VGR. 6 d (Spätere Fassung dieses Motivs: Pilasterkapitelle des 2. Jahrhunderts n. Chr. aus Perinth in Istanbul, M. 1343f., und Ns. eines südkleinasiatischen Kindersarkophags, ehem. im röm. Kunsthandel, Rodenwaldt AA. 1938, 411 f., 20).
2. Matrize für die Herstellung von Reliefgefäßen aus Pergamon: Eros mit dem Blitz des Zeus: AvP. 1, 2, 257, 6. Beibl. 32. Courby VGR. 6g. O. Deubner, AA. 1939, 345, 9 (Eine ebenso gebaute erwachsene Figur aus derselben Gruppe von Reliefgefäßen ist ein Satyr, der einen Krater mit Wein aus einem Schlauch füllt: Courby VGR. 460, 11c. H. Thompson, Hesperia 3, 1934, 423, 111d).
3. Kleinasiatische Terrakotten: Eros mit geschultertem, großem Alabastron: Nécropole de Myrina Taf. 43, 3. Winter, Typen 2, 291, 10. D. Burr, Terracottas from Myrina, 1934 Taf. 10, 22.
4. Silberner Kantharos der Slg. Rothschild, aus Tarent: Auf der einen Seite Eros mit geschulterter Amphora, auf der anderen Seite Eros mit geschultertem Krater und gesenkter Fackel: Wuilleumier, Trésor de Tarente, 1930, 41 ff. 78f. Taf. 5. Tarente, 1939, 351 f. Taf. 32. D. K. Hill, Hesperia 16, 1947, 254. L. Byvanck-Quarles van Ufford, BAntBeschav. 1953, 17.

Auf die noch nicht geklärte Datierung des zuletzt genannten Stückes muß deswegen kurz eingegangen werden, weil es dazu helfen kann, die Schöpfung dieses Erotentypus und damit auch die des Girlandenträgers von Motiv 1 zeitlich festzulegen.

Wuilleumier setzt den Kantharos in das frühe 3. Jahrhundert. Für seine Datierung in das späte 3. Jahrhundert sind M. Mayer, Courby und L. Byvanck-Quarles van Ufford eingetreten. D. K. Hill gibt nur allgemein das 3. Jahrhundert als Zeitbestimmung an.

Die Fundumstände des Schatzes, zu dem das Gefäß gehört, lassen erkennen, daß er von seinem letzten Besitzer verborgen wurde. Das römische Mosaik, das darüber lag, gibt nur einen allgemeinen terminus ante quem. Die wirkliche untere Zeitgrenze bildet die Eroberung Tarents durch die Römer 209 v. Chr. Die Einheitlichkeit des

Schatzes ist nicht erwiesen. Für jedes Stück muß die chronologische Frage also besonders gestellt werden. Ob man den Kantharos, der sicher nicht mehr im 4. Jahrhundert entstanden ist, innerhalb des knappen zur Verfügung stehenden Jahrhunderts früh oder spät ansetzt, hängt von der Entwicklung der Gefäßform ab. Sie bedarf noch mancher Klärung durch eine besondere Untersuchung, die hier nicht geführt werden kann. Schon jetzt läßt sich aber der Sachverhalt soweit übersehen, daß man sagen kann: Er fordert innerhalb dieser Grenzen eine möglichst tiefe Datierung[23].

Dieser Kantharos ist unter den bekannten einer der schlanksten. Vergleicht man Kantharoi des 4. Jahrhunderts[24] oder tönerne des frühen 3. Jahrhunderts[25] mit nicht keramisch bedingten des 3. Jahrhunderts[26], so stellt man die zunehmende Schlankheit fest. In dieser gestreckten Form hält sich der Typus bis in den Späthellenismus hinein[27]. Von Bedeutung ist die Gliederung des Stiels in einen Fußteil und ein kleines konkaves Stück darüber, die durch ein wulstartiges Stück gegeneinander abgesetzt werden. Von den Tarentiner Münzen kommt sie nur vor auf solchen der jüngeren Reihe, die in das späte 3. Jahrhundert datiert wird[28]. Der Kantharos auf dem Relief aus Apollonia[26] erweist sich durch ihr Fehlen gegenüber dem auf dem Relief aus Kyzikos[26] und dem silbernen aus Südrußland[29] als der jüngere. In den Silberfunden der frühen Kaiserzeit ist dieser Typus verschwunden. An seine Stelle treten die ausladenderen Kantharoi auf niedrigem Fuße[30].

Der Grad seiner Gestrecktheit und die Gliederung seines Fußes verlangen also die späte Datierung des Kantharos Rothschild. Er ist ein Werk des letzten Viertels des 3. Jahrhunderts.

[23] Dr. H. Küthmann in Mainz habe ich dafür zu danken, daß er mir freundlicherweise durch Mitteilungen aus dem von ihm gesammelten Material ermöglichte, meine Notizen über die Gestalt der hellenistischen Kantharoi zu vervollständigen. Nicht zugänglich ist mir das Buch von G. W. Elderkin, Kantharos, Princeton 1924.

[24] Kantharos auf einer rf. apulischen Vase CVA. Kopenhagen IV D Taf. 261 = Dänemark 260. Kantharos auf einer rf. kampanischen Vase CVA. Capua IV E r Taf. 28, 1f. = It. 536.

[25] Hesperia 3, 1934, 337f. B 17 Fig. 18. Hesperia 5, 1936, 38 Fig. 38.

[26] z. B. Silberkantharos aus Südrußland Ant. Bosph. Cim. Taf. 38, 2. Grabrelief aus Apollonia Ill., ÖJh. 21/22, 1922/24 Beibl. 129f., 47. Grabrelief aus Kyzikos, Schede, Meisterwerke aus d. türk. Mus. 1928 Taf. 13 links. Dioskuridesmosaik aus Pompei, Pernice, Die hellenist. Kunst i. Pompei 6, 1938 Taf. 70. Tarentiner Münzen, Wuilleumier, TdT. Taf. 13, 1.

[27] Mosaik in Delos MPiot. 14, 1908 Taf. 14. Tonsarkophag aus Tuscania in Florenz, Mus. Arch. Giglioli AE. Taf. 391, 2. Tonkantharos StEtr. 14, 1940 Taf. 27. Ein ähnliches Paar schwarzgefirnißter Kantharoi Florenz M.Arch. 4556/57. Laginafries Nord VII, Kat. 215, Schober Taf. 8. Krater Borghese, Louvre, Giraudon 2106, Clarac 130, 142ff. Nicht zugänglich ist mir BInstBulg. 17, 1950, 268 Nr. 4 Abb. 215.

[28] Wuilleumier TdT. Taf. 13, 1k.

[29] Oben Anm. 26; die mit ihm gefundenen Münzen und die schwarzgefirnißte Amphora geben natürlich nur einen terminus post quem.

[30] MPiot 5, 1899 Taf. 11ff. Pernice-Winter, Hildesheimer Silberfund, 1901 Taf. 11. 13ff. Maiuri, Casa del Menandro, 1932 Taf. 37. Furtwängler AG. 3, 157, 108f. Vgl. Spinazzola, Le Arti Decorative in Pompei, 1928 Taf. 230.

G. Kleiner hat die Verwandlung der spätklassischen Eroten in die hellenistischen Putti geschildert[31]. Er hat auch darauf hingewiesen, daß es Vorstufen der einen und Nachzügler der anderen gibt und daß die Grenze fließend ist. Es darf aber nicht vergessen werden, daß es auch unter den hellenistischen Eroten Alters- und damit Wesensunterschiede gibt. Von den ganz kleinen, säuglingshaften, die erst im späten Hellenismus und in der frühen Kaiserzeit das Feld beherrschen (oben S. 46), unterscheiden sich die drei- bis vierjährigen. Die Beispiele des 3. Jahrhunderts, die Kleiner anführt (174 Nr. 1—6), gehören zu dieser zweiten Gruppe, sind aber unter sich nicht von einheitlichem Typus, wie es die sind, die mit den Girlandenträgern zu vergleichen waren. Eindeutiger als in Kleinasien stellt sich der Übergang von den Eroten des 4. Jahrhunderts zu den frühhellenistischen Putten in Tarent dar, wo die Zerstörung der Stadt im Jahre 209 v. Chr. für die Grabfunde einen klaren terminus ante quem setzt. Die Gräber des vorangegangenen Jahrhunderts haben hier Eroten aus Terrakotta in stattlicher Menge geliefert[32]. Diese Eroten haben in der Mehrzahl noch den schlanken Wuchs, mit dem sie sich denen des späten 4. Jahrhunderts anschließen. Sie haben kleine Köpfe und knappe Glieder. Ihnen fehlt die Energie und Konsequenz der chiastischen Komposition, durch die sich die Eroten des silbernen Kantharos auszeichnen. Ein schwebender Terrakottaeros mit geschulterter Spitzamphora aus Tarent in Neapel bietet sich der motivischen Ähnlichkeit wegen zum Vergleich[33]. Seine Form öffnet sich ganz auf seiner l. Körperseite, während er sich nach der anderen bewegt. Bewegungsrichtung und Achsensystem des Körpers verhalten sich also gegensätzlich zueinander. Die beiden kleinen Burschen des Silbergefäßes nehmen den Arm über dem vorgesetzten Bein zurück und vice versa, so daß an die Stelle des Gegensatzes eine Kompensation tritt. Das verbindet sie ebenso wie ihre zugleich stämmige und mollige Formengebung mit den oben S. 51 f. genannten pergamenischen Reliefgefäßen und kleinasiatischen Terrakotten des 2. Jahrhunderts. Auch wenn der Kantharos Rothschild in Tarent ein Importstück sein sollte, zeigt sich doch auf diese Weise, daß diese Eroten einen neuen Typus darstellen, der dem vorangegangenen gegenüber abgeklärter und entschiedener hellenistisch ist[34].

Wir kehren zu den hellenistischen Eroten zurück, die als Girlandenträger verwandt sind und fassen zunächst die auf einer glasierten rottonigen Siebkanne aus Delos ins Auge, die derselben pergamenischen Fabrik entstammt[35]. Die Girlande hat

[31] Tanagrafiguren, 1942, 170ff. Die Eroten, die derselbe Forscher eben, Istanbuler Mitt. 7, 1956, 8ff. 146, in den pergamenischen Späthellenismus einführen will, sind schleunigst an ihre richtige Stelle zurück zu versetzen. Der Sarkophag mit ihnen gehört frühestens in das 2. Jh. n. Chr. wegen der Gestalt des Kantharos auf ihm — nicht Amphora! — wegen des gestreckten Ruhebettes und wegen der bimssteinartigen Felsstreifen.

[32] Zusammenstellung bei Wuilleumier, Tarente, 1939, 414ff. Dazu NSc. 1940, 316, 4f.

[33] A. Levi, Le Terrecotte Figurate del M. N. di Napoli, 1926, 48f. Nr. 214 fig. 49. Winter, Typen 2, 345, 7. Wuilleumier, Tarente Taf. 36, 3.

[34] Anders Schefold, Charites, Festschrift Langlotz, 1957, 192, der trotz des stilistischen Unterschiedes die Terrakottaeroten und die Eroten des Kantharos Rothschild für gleichzeitig hält.

[35] Courby BCH. 37, 1913, 421 Nr. 718 Fig. 1. VGR. 454f. 463, 6e Taf. 16b. O. Deubner AA. 1939, 346, 8. Leider ist die Abbildung, der in diesen drei Fällen stets die gleiche Aufnahme zugrunde liegt, unklar.

unter dem Hals der Kanne ihren Platz in der Weise, daß sie von vier schwebenden Eroten auf der Schulter getragen wird. Die Eroten bewegen sich nach rechts. Die Girlande liegt auf ihrer l. Schulter, so daß sie den gesenkten l. Arm verbirgt. Der r. Arm ist erhoben in derselben Aktion wie der l. auf dem S. 52 als Nr. 1 genannten pergamenischen Stempel. Auch die Drehung des Kopfes stimmt überein. Von den Beinen ist das r. nach vorn, das l. nach hinten geschwungen.

Nicht im Schweben, sondern im Schreiten oder Laufen begriffen sind die girlandentragenden Eroten auf einem Pilasterkapitell der Exedra des Diodoros, die sich an die Osthalle der Palästra des Oberen Gymnasiums in Pergamon anschließt[36]. Von den sieben erhaltenen Eroten stimmen A 1 und 3 einerseits, A 2, 5 und B 1 andererseits im Typus überein. Figuren und Girlanden sind zierlicher als auf den Reliefgefäßen. Weil inschriftlich die Gymnasiarchie des Stifters im Jahre 126 v. Chr. bekannt ist, steht die späthellenistische Datierung dieser Eroten fest. Das bestätigt den hochhellenistischen Charakter der anderen. Hierzu kommt ein auch von einem Pilasterkapitell stammender Fries aus Samos, der ähnliche Eroten aufweist[37]. Hier sind sie mit Keule und Bogen des Herakles und mit dem Aufsammeln der doch wohl vom Hesperidenbaum geschüttelten Früchte beschäftigt. Von den Typen des pergamenischen Pilasterkapitells kehren zwei wieder. Die Figuren verteilen sich in derselben lichten Weise über den Grund. Dies beleuchtet das Aufgeben des älteren Erotentypus im späten Hellenismus. Der babyhafte mit geringerem Mißverhältnis zwischen Körper und Flügeln, der neben dem anderen der hochhellenistischen Kunst Pergamons nicht fremd ist[38], bleibt übrig. An ihn knüpft die Mehrzahl der Eroten aus der frühen Kaiserzeit an (oben S. 46).

Der Typus des Girlandenträgers, der auf den stadtrömischen Sarkophagen der gewöhnlichste ist — Motiv 1 —, wird also nicht nur nach oben zeitlich abgegrenzt durch die Datierung des Kantharos Rothschild, sondern auch nach unten. Um 130 v. Chr. wird er durch einen anderen vorerst verdrängt. Er ist also eine Schöpfung des späten 3. Jahrhunderts oder der ersten Hälfte des 2. Jahrhunderts. Es zeigt sich, daß die übliche Datierung der pergamenischen Reliefkeramik zwischen 150 und 50 v. Chr. zu tief ist[39]. Man wird als die Zeit seiner Verwendung das Jahrhundert zwischen 230 und 130 v. Chr. annehmen müssen.

Von schwebenden Eroten getragen werden die Girlanden über den vier Schlacht- und Jagdbildern des Iuliermonuments in St. Rémy[40]. Verwandt werden für die zwölf Eroten drei Typen. Der gebückt vom Rücken gesehene, der viermal vorkommt, ist sonst nicht nachzuweisen. Er ist nur eine Umkehrung des in Vorderansicht gegebenen dreimal vorkommenden. Dies ist eigentlich ein Hockender. Er stammt aus einer

[36] Schazmann AvP. 6, 52f. Taf. 16, 1f. O. Deubner AA. 1939, 347.

[37] Foto DAInst. Samos 05/80. R. Horn wird das Stück veröffentlichen.

[38] AvP. 7, 386f. Taf. 39. Courby VGR. 458, 6c und 8.

[39] Courby VGR. 1922, 480ff. H. Thompson, Hesperia 3, 1934, 426. O. Deubner AA. 1939, 349; s. unten S. 111 A. 314.

[40] AD. 1 Taf. 16f. BrBr. Taf. 496. Espérandieu 1, 92, 114ff. RM. 52, 1937 Taf. 2ff. Über den hellenistischen Charakter dieses Werkes: Verf., Abh. Mainz, 1952, 8, 23/645 und B. Andreae, Motivgeschichtliche Untersuchungen zu den römischen Schlachtsarkophagen, 1956, 20ff.

Gruppe von drei Eroten, die mit der Keule des Herakles spielen. Pompeianische Omphalebilder des 3. und 4. Stils überliefern sie[41]. Als Girlandenträger verwandt ist dieser Eros auch auf einem späten Mosaik aus Antiochia[42]. Der dritte von den Erotentypen des Denkmals zu St. Rémy, der fünfmal verwandt ist, schließt sich den Eroten der pergamenischen Siebkanne aus Delos an (oben S. 54f.). Nur ist das Bein der vorderen Seite nicht wie laufend oder springend nach vorn geschwungen. Dieses Schweben gleicht mehr einer Tanzbewegung. Derselbe Typus, nur in ausgesprochen schwebender Haltung, begegnet wieder in derselben Funktion als Girlandenhalter über den Bildern des frühantoninischen Sarkophags mit einer Gallierschlacht im Conservatorenpalast[43].

Die Verbindung der Girlande mit einem Schlachtbilde wird nicht nur durch diese Übereinstimmung schon für die pergamenischen Originale erwiesen. Sie erscheint auch auf dem zylindrischen Untersatz eines Kohlenbeckens aus Terrakotta in München, dessen Kampftypen mit denen der Sarkophage zusammengehen[44]. Diese Eroten gehören freilich nur im weiteren Sinne hierher. Sie tragen nicht das Blattgewinde, sondern umspielen es. Aber der pergamenische Ursprung der in St. Rémy am häufigsten verwandten Fassung des schwebenden, girlandentragenden Eros darf nun als sicher gelten.

Die uns bekannten Becher und Kannen der pergamenischen Reliefkeramik bieten keinen geeigneten Platz für friesmäßige Anbringung von Girlanden. Die aufgehängte Girlande ist aber ein beliebtes Motiv nicht nur hier, sondern überhaupt in der hellenistischen Gefäßdekoration. Die Ergänzung der oben besprochenen pergamenischen Tonform mit einem girlandentragenden Eros (S. 51f.) nach dem Muster der schwebenden und wie im Tanze sich drehenden Eroten auf dem Monument in St. Rémy ist daher wahrscheinlicher als die von Conze vorgeschlagene in stehender Haltung.

Aus der frühen Kaiserzeit ist das Motiv der girlandentragenden Eroten durch folgende Denkmäler vertreten:

1. Arretinische Reliefkeramik. Formenschüssel der Fabrik des Rasinius, von Quartio, New York, Metropolitan Museum. CVA. Taf. 32, 1. Boston, Chase Taf. 18, 89. Dragendorff-Watzinger S. 136.

2. Architektonische Tonreliefs (»Campanareliefs«). v. Rohden-Winnefeld 186ff. Taf. 59 und 124, 1.

[41] H. 1137. Rizzo PER. 119. Anderson 23434. — H. 1139. RP. 192, 3. Rizzo 118. Sommer 1229. Vgl. Rodenwaldt, Die Komposition der pomp. Bilder, 1909, 150. Auf dem Bilde H. 1138, RP. 191, 6 ist diese Figur verändert.

[42] Antioch on the Orontes 2, 1938, 33 E Taf. 23.

[43] Mustilli, Museo Mussolini, 1939, 100 Nr. 8 Taf. 60. Rodenwaldt AA. 1938, 386ff. Andreae a. O. 14 Nr. 1. Vgl. auch den Deckel des Endymionsarkophags im Vatikan ASR. 3, 48 Taf. 12f. Eroten mit Girlanden am oberen Bildrahmen außerdem: Reliefplatte mit bacchischem Zug, Berlin C. 850, unten S. 60 A. 69. 90 A- 187, 3 und Reliefplatte mit Bühnenfront im Thermenmuseum M. Bieber, Hist. of the Greek and Roman Theater, 1939, 351, 458. Foto DAInst. 6197.

[44] AA. 1910, 54f., 8. Löwy Jb. d. khist. Slg. Wien. NF. 2, 1928, 24, 56. B. Andreae a.O. 41 A. 126.

3. Wandmalereien 2. Stils aus Pompei 5, 1, 18 (Casa degli Epigrammi, Tablinum). Altmann, Arch. 74. Presuhn, Die pompeian. Wanddekoration, 1877 Taf. 18. Rizzo PER. Taf. 155 oben, 157 unten. Schefold, Die Wände Pompeis, 1957, 63f.: »vespasianisch«.

4. Sergierbogen in Pola (Taf. 8c).

Motiv 1 der Sarkophage mit den gespreizten Beinen und dem erhobenen Arm der vorderen Körperseite findet sich bei Nr. 1 und Nr. 2 dieser Reihe. Bei 1 ist ein Schweben gemeint. Es kommt hier zusammen mit einem anderen Eros vor, der in Profilansicht mit vorgesetztem Bein der vorderen Körperseite erscheint und beim Vorhandensein einer Grundlinie als Laufender verstanden werden könnte. Bei Nr. 2 handelt es sich aber um ein Sichstemmen auf den Boden wie bei der Mehrzahl der Sarkophage mit dieser Form und bei den verglichenen hellenistischen Eroten ohne Girlande. Die vier unter sich übereinstimmenden Erotenfriese von Nr. 4 haben je zwei Girlanden. Diese sind in der Mitte über einem Bukranion aufgehängt. Seitlich werden sie von je einem in Ausfallstellung nach außen bewegten Eros getragen, der den Arm der vorderen Körperseite erhebt. Für die girlandentragenden Eroten in dieser Stellung, die später so häufig sind, ist dieses das erste Beispiel. Ein paar architektonische Terrakottareliefs, die sich als Ausnahmen von der Masse der übrigen mit den Eroten im Motiv des Sichstemmens absetzen, schließen sich an[45]. Der Augenschein lehrt, daß es eine vereinfachende Ableitung von Motiv 1 der Sarkophage ist. Ausnahmsweise sind auch Motiv 2[46] und Motiv 4[47] vertreten.

Die dritte Gruppe der girlandentragenden Eroten aus der frühen Kaiserzeit hat, wie die zweite in der Mehrzahl ihrer Vertreter und wie die vierte, aus dem ursprünglichen Schweben eine Bewegung gemacht, die auf dem Erdboden vor sich geht. Die drei Eroten dieser Gruppe, die durch Abbildungen bekannt sind, tragen die Girlande wie im Tanz. Sie sind in tordierter Bewegung dargestellt in der Weise, daß sie das Bein der dem Beschauer näheren Körperseite vorsetzen, in zwei Fällen nur mit den Zehenspitzen den Boden berühren und den Kopf nach vorne wenden. Zwei von ihnen haben auch den Arm dieser Seite stützend erhoben. Das ist im Grunde keine sinnvolle Haltung. Es ist klar, daß sie aus dem Motiv des Schwebens abgeleitet ist, das vielleicht bereits in der pergamenischen Reliefkeramik, sicher aber auf dem Denkmal in St. Rémy vorkommt.

Es wäre natürlich verlockend, aus den Übereinstimmungen zwischen den girlandentragenden Eroten der frühen Kaiserzeit und der pergamenischen Kunst auf eine Ableitung der ersteren von den letzteren zu schließen. Die Möglichkeit muß auch offen bleiben. Sie liegt sogar nahe, wenn man berücksichtigt, was die neuere Forschung über die Beziehungen der augusteischen Ranken- und Girlandendekoration zur pergamenischen ermittelt hat[48]. Aber die Überlieferung erlaubt nicht, die pergamenischen Eroten von anderen hellenistischen zu scheiden.

[45] v. Rohden-Winnefeld 1, 188f., 373f. [46] a.O. 375. [47] a.O. 376ff.

[48] v. Schönebeck, Mnemosynon Th. Wiegand 1938, 54ff. Rodenwaldt, Kunst um Augustus, 1942, 59ff. J. M. C. Toynbee, The Ara Pacis reconsidered, 1953, 90f. Gnomon 27, 1955, 287ff. Th. Kraus, Die Ranken der Ara Pacis, 1953, 50ff.

Als wesentlich bleibt die Feststellung, daß auch in dieser Beziehung die Künstler der augusteischen Zeit nicht die vorangegangene späthellenistische Überlieferung fortsetzen, sondern an die hochhellenistische anknüpfen. Die stilistischen Zwischenglieder sind in der dekorativen Plastik wohl nicht zufällig umsonst gesucht worden. Wie dort, wird man auch hier an die neuen und jedenfalls gesteigerten Bedürfnisse der Palastdekoration im Beginn der Kaiserzeit denken müssen. Wegen der politischen Verfemung des alexandrinischen Hofes mußten in diesem Zusammenhang die pergamenischen Muster trotz des zeitlichen Abstandes willkommen sein.

Die girlandentragenden Eroten der Grabaltäre, die in ihrer Masse noch dem 1. Jahrhundert n. Chr. angehören, haben ihren Platz zwischen denen der frühen Kaiserzeit und denen der Sarkophage. Sie können an den Ecken der Vorderseite über Adlern oder über schlangenfüßigen Eroten angebracht sein, so daß sie als schwebend zu verstehen sind[49]. Ihre Beine haben die Haltung von Laufenden und die Köpfe sind geradeaus gewandt. Aber in dem zweiten und dritten der angegebenen Beispiele sind die Arme der äußeren Körperseite erhoben. Man sieht, daß es sich um eine Änderung des von Hause aus hochhellenistischen Motivs 1 der Sarkophage handelt, die keine Verbesserung ist. Der Platz an der Ecke, den die Gerätform forderte, und der knappe Raum, den sie bot, haben dazu Anlaß gegeben. Auch die Bildung des Haares mit den die Ohren bedeckenden Locken ist die für das Prototyp vorauszusetzende. Unverkennbar ist dieser Zusammenhang auch auf gleichzeitigen Aschenkisten[50], wo die Eroten ein kleines Postament unter den Füßen haben oder auf anderen Figuren stehen können. Auf einem runden Grabaltar[51] ist die Ausfallstellung der Eroten, die sich über kleinen Konsolen befinden, natürlich nichts anderes als die so häufige Veränderung des Motivs 1 der Sarkophage.

Zwei schwebende Eroten von einem anderen Typus schmücken die Ecken der Vorderseite eines Grabaltars in der Weise, daß sie einen Clipeus mit den erhobenen inneren Händen halten, während die beiden anderen Arme, die sich auf den Nebenseiten befinden, nach hinten abgestreckt die Tainie der Girlande halten, die ihnen über der Schulter der inneren Körperseite hängt[52]. Sie haben im Grunde die Bildung Laufender, die von der Seite gesehen sind. Damit schließen sie sich girlandentragenden Eroten in der Fassung von Motiv 2 an, die schon auf den architektonischen Tonreliefs[53] und auf arretinischen Gefäßen vorkamen[54]. — Weil unter den hier in Betracht gezogenen Beispielen mehrere sind, die durch ihre Inschriften in die Zeit der Flavier datiert werden, kommt die Abhängigkeit dieser girlandentragenden Eroten von denen der ersten Sarkophage nicht in Betracht.

[49] Vatikan, M. Chiaramonti, Amelung 1, 546 a. Altmann, Grabaltäre 106, 97. — Vatikan, S. della Biga, Lippold 3, 607a. — V. Albani 285. EA. 3630. Altmann, Grabaltäre 57, 15.

[50] Louvre Cl. 251, 103/509. RS. 1, 121. Altmann, Grabaltäre 106, 95. — Lateran BS. 538. Altmann, Grabaltäre 109, 103 Abb. 89. — BritMus. 2369. RR. 2, 515, 3. — Rom, Cons. Pal. Mustilli, Museo Mussolini 157 Nr. 24 Taf. 97, 367.

[51] Louvre Cl. 252, 199. RS. 1, 122. Altmann, Grabaltäre 105, 92.

[52] Ehem. Rom, P. Barberini. Altmann, Grabaltäre 104, 87 Fig. 86.

[53] v. Rohden-Winnefeld 1, 189, 375. Oben S. 57 A. 46.

[54] New York, Metr.Mus. CVA. Taf. 32. Oben S. 56 Nr. 1.

Mit Hilfe derselben beiden Fassungen (Motiv 1 und 2) wird auch die Ausgestaltung des Motivs auf den Grabaltären bestritten, die einen Girlandenfries über der Inschrifttafel der Vorderseite haben[55]. An dem bereits in traianische Zeit gehörigen Hateriermonument[56] hat der dargestellte Grabbau Girlandenfriese mit Eroten[57]. Der kurze am oberen Teil gibt ihnen die Ausfallstellung[58]. Der am Sockel läßt sie mit gespreizten Beinen erscheinen, verzichtet aber auf das Motiv des gehobenen Armes und gibt dem mittleren die Fassung von Motiv 6. Die schmalen Friese auf den Deckeln zweier früher Sarkophage, eines mythologischen und eines bacchischen, mit den Motiven 2, 5 und 6 schließen sich an[59].

Von den Grabaltären mögen einige noch in der ersten Hälfte des 2. Jahrhunderts entstanden sein und sich zeitlich mit den frühen Girlandensarkophagen überschneiden. Jedenfalls steht die Gattung damals noch in Blüte[60]. Daß die Girlandensarkophage in derselben Werkstattradition stehen, zeigt die Formengebung der Girlanden. Aus dieser römischen Überlieferung sind also auch die hier behandelten Eroten auf die Sarkophage gelangt. Die der Grabaltäre und Aschenkisten sind ihre unmittelbaren Vorgänger. Die freiere Entfaltung des Motivs auf den Sarkophagen hat schon in der Veränderung der Gerätform ihren Grund. Die räumliche Enge war nun beseitigt. Man griff auf die frühkaiserzeitlichen Muster zurück, die ihrerseits sich als Wiederaufnahmen hochhellenistischer Vorbilder erwiesen haben. Am eindeutigsten war dies am Motiv 1 zu verfolgen. Das Motiv des Laufenden in Profilansicht mit zurückgeschwungenem Bein der vorderen Körperseite (2, 1—8) fand sich auch auf Grabaltären und auf architektonischen Terrakotten. Als späthellenistisch wird es durch das Pfeilerkapitell des oberen Gymnasiums in Pergamon belegt (oben S. 55).

Das Motiv mit vorgesetztem Bein der vorderen Seite (2, 9—11), das oft nur wie eine Modifizierung der tordiert tanzenden Gestalten — Motiv 3 — aussieht, war auf arretinischer Keramik[61] und gleichfalls auf dem pergamenischen Pfeilerkapitell vertreten. Verwandte, echt hellenistische Eroten, finden sich auf dem silbernen Alabastron aus Thessalien in Athen[62] und auf einer Tarentiner Reliefamphora aus Terrakotta in Baltimore[63]. Auch von den einzelnen schwebenden Eroten pompeianischer Wände bieten sich für die beiden Fassungen manche zum Vergleich[64].

Die Eroten von Motiv 3 auf den stadtrömischen Sarkophagen unterscheiden sich von ihren hellenistischen Vorstufen auf dem Denkmal in St. Rémy dadurch, daß beide Arme gesenkt sind. Dort ist der auf der vorderen Seite erhoben. Von den drei frühkaiserzeitlichen Beispielen dieser Fassung auf den Wänden der Casa degli Epigrammi (oben S. 57 Nr. 3) folgen zwei dieser Form, während das dritte bereits die

[55] Vatikan, S. a Croce Greca, Lippold 3, 1, 559a Taf. 75. Altmann, Grabaltäre 166, 210, 135. — Vatikan, G. delle Statue, Amelung 2, 258a Taf. 48. Altmann 215, 137. Dazu Altmann Nr. 211 bis 214. Vgl. die Friese im Gab. delle Maschere des Vatikan, Amelung 2, 426ff. Taf. 78ff., von unbekannter Verwendung.

[56] Rodenwaldt AA. 1941, 776. [57] Gusman 27. [58] AA. 1941, 769f., 2.

[59] ASR. 2, 167 Taf. 57. Stuart-Jones Mus. Capit. 46 A Taf. 24. Toynbee 41, 2.

[60] Toynbee-Perkins, The Shrine of St. Peter, 1956, 44ff. Taf. 20f.

[61] New York, Metr.Mus. CVA. Taf. 32. [62] AM. 37, 1912 Taf. 3, unten S. 104f.

[63] Hesperia 16, 1947 Taf. 67, 1, unten S. 96 A. 219. [64] RP. 70ff.

der Sarkophage hat. Die Grabaltäre bieten keinen Vertreter. Von den vier Sarkophagen des Ostens mit diesem Motiv haben die energischere und ursprüngliche Torsion wie in St. Rémy ein südkleinasiatischer und ein westkleinasiatischer (Motiv 3b 1. 4).

Motiv 4 ist nur durch einen stadtrömischen Sarkophag zu belegen, während es sich in der attischen Gruppe großer Beliebtheit erfreut. In ihr ist es das einzige. Es gibt freilich auch ein südkleinasiatisches und ein syrisches Beispiel. Der römische Sarkophag gehört nicht zu der früheren Gruppe, die uns hier beschäftigt, sondern zu einer kleineren, gegen das Ende des 2. Jahrhunderts entstehenden. Daß sie »einem neuen kleinasiatischen Einfluß ihre Entwicklung verdankt«, hat schon Rodenwaldt gesehen[65]. Die späte Übernahme dieses Motivs durch die Sarkophage in Rom selber wird verständlich aus der Erhöhung der Sarkophagform, die sich in dieser Zeit vollzieht. Sie mußte ein Motiv des Schwebens wünschenswert erscheinen lassen. Wenn es sich auf den attischen Stücken auch bei niedriger Kastenform des Sarkophags so findet, daß die Füße mit dem Boden in Berührung kommen, so erklärt sich das daraus, daß diese Sarkophage an den Ecken nie einen Eros als Girlandenträger anbringen, sondern ein Bukranion oder eine Karyatide. Für diese Stelle war allerdings das Motiv des Schwebens ungeeignet, weil es bei der üblichen zweigliedrigen Girlande mit den Forderungen der Symmetrie in Konflikt geriet. Das tektonische Empfinden hier und das auf die Fassade konzentrierte Interesse dort, bedingen also auch in diesem Fall den Unterschied. Die Bekanntschaft der frühkaiserzeitlichen Kunst mit diesem Motiv des Eros als Girlandenträger beweisen im übrigen Bruchstücke architektonischer Terrakotten[66], die aber den erhobenen Arm nicht kennen. Für die traianische Zeit wird es belegt durch ein Bruchstück von der Basilika in Ostia, wo wieder der äußere Arm erhoben ist[67]. Der schon erwähnte frühantoninische Galliersarkophag des Conservatorenpalastes (oben S. 56), der Deckel eines frühen Endymionsarkophags im Vatikan[68] und eine wohl traianische Reliefplatte in Berlin mit bacchischem Zug[69] schließen sich an, jener mit dem Erheben des Armes in der entschiedener tordierenden Weise der hellenistischen Beispiele, diese in der gemilderten Form wie auf den attischen Sarkophagen.

Auch Motiv 5, die Ausfallstellung, kommt für die traianisch-hadrianischen Sarkophage nur sekundär in Betracht. Die stadtrömischen Stücke, die es haben, sind, abgesehen von einem, das überhaupt einen Sonderfall darstellt[70] und dessen Eroten als wohl individuelle Umformungen von Motiv 1 zu verstehen sind, späte Erzeugnisse. Ein anderer später Vertreter des Ostens findet sich auf einem Mosaik aus Antiochia[71], wo von den Καρποί einer so gebildet ist. Schon auf Dekorationen der flavischen Zeit begegnet es. Dort erwies es sich als eine Ableitung und Verallgemeinerung von Motiv 1. Das zieht seine Beurteilung in der Bauornamentik des Venustempels nach sich[72].

[65] AA. 1938, 404ff. RM. 58, 1943, 11.
[66] v. Rohden-Winnefeld 189, 376f.
[67] Becatti, BCom. 71, 1943/44, 44, 6.
[68] ASR. 3, 48 Taf. 12f. S. Nachtr. unten S. 191.
[69] C. 850. Verf., Abh.Mainz 1952, 5, Nr. 15. Vgl. S. 56 A. 43.
[70] Toynbee Taf. 47, 3.
[71] Antioch on the Orontes 2, 1938 33 E Taf. 23. Rostovtzeff REA. 42, 1940 = Mél. Radet 508ff.
[72] Mem. Acc. Linc. 8. S. 2, 1950, 75 Fig. 7b. d. 81 Fig. 10. In diese Periode gehört auch der Klinendeckel im Thermenmuseum, Rodenwaldt, JdI. 45, 1930, 139, 18.

Motiv 6 ist auf den frühen stadtrömischen Sarkophagen nur einmal zu belegen (6a 1). In der südkleinasiatischen Gruppe ist es auf zwei besonders schönen Sarkophagen vertreten, die in ihrer Fassung des Motivs etwas voneinander abweichen. Zu beobachten war es schon auf einigen der kleinen Girlandenfriese flavischer Zeit (oben S. 59). Es findet sich auch auf zwei kaiserzeitlichen Friesen aus dem Osten. Der eine befindet sich im Louvre (Giraudon 23 986), der andere ist mir nur bekannt durch eine alte Aufnahme aus dem Nachlaß W. Altmanns in Marburg mit der Unterschrift Hammâm il Djêdj, Djebel Rîha (Plastik K. 600). Dieser Sachverhalt empfiehlt, hellenistische Vorbilder anzunehmen. Die spreizbeinige Stellung hat schon ein Eros des 3. Jahrhunderts v. Chr. Freilich erscheint er ohne Girlande mit ausgebreiteten Armen im Rankenwerk eines Stuckmodells für toreutische Arbeit[73]. Die beiden anderen stadtrömischen Sarkophage mit diesem Motiv (6, a. 2. 3) gehören zu der späten Gruppe. Auf ihnen wird man es unter diesen Umständen auch als Einwirkung östlicher Sarkophage verstehen müssen.

Überhaupt nur auf östlichen Sarkophagen kommt Motiv 7 vor. Es wird ebenfalls, wie Motiv 5, eine Verkümmerung von Motiv 1 sein.

Aus dieser Durchsicht ergibt sich der durchaus hellenistische Charakter der traianisch-hadrianischen Eroten, die als Girlandenträger verwandt werden. Sie zeigt ferner, daß diese am Beginn des 2. Jahrhunderts n. Chr. wieder auftauchenden hellenistischen Formen nicht als Rückgriffe auf die Originale zu verstehen sind, sondern als Fortführungen der stadtrömischen Tradition, die mit der frühen Kaiserzeit einsetzt. Es verdient Beachtung, daß sowohl an ihrem Anfang wie im frühen 2. Jahrhundert diese Entwicklung durch ein Wiederanknüpfen an eine nicht unmittelbar vorangehende Stufe gekennzeichnet ist. In beiden Fällen drückt sich darin eine klassizistische Haltung aus. Aber sie ist hier wie dort dadurch gekennzeichnet, daß sie sich nicht wirklich klassischen Mustern zuwendet, sondern hellenistischen.

Darüber hinaus läßt die Übersicht die Unabhängigkeit der östlichen und der stadtrömischen Tradition voneinander erkennen. Beide gehen zurück auf dieselben hellenistischen Erfindungen, beginnen aber erst gegen Ende des 2. Jahrhunderts n. Chr. sich wieder zu treffen, und zwar auf dem Boden der Hauptstadt. Klarer als aus der Verschiedenheit der Formengebung im einzelnen ergibt sich dieser Sachverhalt aus dem Fehlen von Motiv 7 in Rom, und vor allem aus dem späten Eindringen von Motiv 4. Die Annahme, daß die sepulkrale Verwendung des Eroten-Girlandenthemas schon aus dem Hellenismus stammt, wird bereits durch das Denkmal von St. Rémy und durch einen kleinasiatischen Sarkophag flavischer Zeit (Motiv 2, b, 1) nahegelegt. Trotz der viel späteren Zeitstellung der Sarkophage wird sie durch deren Menge jetzt bestätigt. Auch die Motive 3, 6 und 7, die auf originalen hellenistischen Denkmälern bis jetzt noch fehlen, sind damit als hellenistische Erfindungen erwiesen. Für Motiv 5 ist die Frage deswegen ohne Bedeutung, weil sich gezeigt hat, daß es unter allen Umständen eine abgeleitete Form ist.

[73] Rubensohn, Hellenistisches Silbergerät in Hildesheim, 1911 Nr. 49 Taf. 11.

2. Eroten mit Attributen von Göttern

Vor allem durch Motiv 1 sind die girlandentragenden traianisch-hadrianischen Eroten verbunden mit den Friesen derselben Zeit, auf denen leere Throne flankiert werden von Eroten, die mit den Attributen der dazu gehörigen Götter spielen. Es sind die 'Genien, welche sich mit den Attributen der Götter schleppen', die Goethe in Venedig sah (8. 10. 1786) und so schön fand, 'daß es allen Begriff übersteigt'. Der zyklische Zusammenhang dieser Friese, ihre Funktion in einer architektonischen Verbindung und ihr ursprünglicher Ort sind noch ungeklärt. Weil von zweien der Gruppen je zwei fast völlig übereinstimmende Fassungen vorhanden sind (Saturn und Neptun), wird man mit einer dekorativ bedingten Wiederholung auch für andere von ihnen rechnen müssen. Hier interessiert nur die Frage nach der Existenz hellenistischer Vorbilder und, im bejahenden Falle, nach dem Verhältnis zu ihnen[74]. (Taf. 9. 10a. 12a).

Zuletzt hat Alföldi darauf hingewiesen, daß »die Adoration des leeren Thronsessels des Monarchen, auf welchen seine Herrscherinsignien in Nachahmung der Sellisternien der Götter gelegt sind, eine hellenistische Einrichtung ist«[75]. Die sicheren hellenistischen Belege stammen aus dem Herrscherkult, nicht aus dem Götterkult (Diod. 18, 61, 2. Athen 5, 202a). Die Erwähnung des Sellisterniums in diesem Zusammenhang ist irreführend. Es ist ein altrömischer Begriff und kommt nur für Göttinnen in Betracht. Es ist sozusagen das weibliche Komplement des Lectisterniums[76]. Trotzdem ist nicht zweifelhaft, daß die kultische Bedeutung des leeren Herrscherthrons ihrerseits auf Vorbilder aus dem Kultus der Götter zurückgeht. Gewiß sind sie nicht im Sinne fetischistischer Vorstellungen als Träger übernatürlicher Kräfte verehrungswürdig, sondern als dingliche Zeichen der Epiphanie[77]. Die Verehrung gilt nicht ihnen, sondern ihren Inhabern. Das ergibt sich bereits aus den Gegenständen, die auf ihnen niedergelegt sind. In solchem Sinne haben sie ihre unmittelbare Voraussetzung im Heroenkult. Von den monumentalen Sesseln in zwei makedonischen Kammergräbern des 3. Jahrhunderts v. Chr. gehören zwar die des einen sicher den beigesetzten weiblichen Familienmitgliedern, während die Klinen daneben für die Männer bestimmt sind[78], und für den Thron des zweiten Grabes legt dies die Analogie nahe[79]. Aber der Brauch, der sich auch in Kleinasien und bei den Etruskern bereits im 6. Jahrhundert nachweisen läßt, ist verbreiteter und älter[80] und nicht auf die Frauen beschränkt.

[74] Die vollständigste Zusammenstellung des an vielen Orten zerstreuten Bestandes ist noch immer die von Arndt und Lippold in dem 1920 erschienenen Text zu EA. 2577. Unentbehrlich ist wegen der Bilder der Aufsatz von C. Ricci, Ausonia 4, 1910, 247ff., in dem aber das Stück aus Villa Ludovisi und die drei in den Uffizien (Mansuelli, Cat. 1, 151ff.) fehlen.

[75] RM. 50, 1935, 134. Vgl. 49, 1934, 60.

[76] Wissowa, Religion und Kultus der Römer, 2. Aufl., 1912, 423. RE. 12, 1108ff. Klotz RE. 2 A, 1322.

[77] Herter RhM. 74, 1925, 171f.

[78] Vollmoeller AM. 26, 1901, 334ff. Klauser, Die Cathedra im Totenkult, 1927, 75. Zur Zeitbestimmung: Kleiner, Tanagrafiguren, 1942, 19f. Zur Bedeutung überhaupt: v. Schönebeck ARW. 34, 70ff.

[79] O. Walter AA. 1940, 275ff.

[80] Klauser a.O. 85ff.

Die hellenistischen Könige sind jedoch Götter, keine Heroen, nur daß diese neuen Glaubensformen zu einem Teil aus den überkommenen Vorstellungen der Heroisierung gespeist wurden. Man hat auch gemeint, daß die über weite Räume Vorderasiens verbreiteten Thronkulte auf die leeren Götterthrone der hellenistischen und der römischen Welt eingewirkt haben[81]. Das klassische Beispiel dafür ist der Thron Ahuramazdas, den Xerxes auf seinem Zuge nach Hellas mit sich führte[82]. Hiermit muß gerechnet werden. Der achämenidische Einfluß braucht nicht auf die Seleukiden beschränkt zu sein; sondern kann sich auch auf die Ptolemaier erstreckt haben, weil sich schon Alexander selber ihm nicht entzogen hatte. Aber auch im eigentlichen Griechenland fehlt es nicht an Zeugnissen für leere Götterthrone von kultischer Bedeutung, die bis in die archaische und klassische Zeit hinaufreichen[83]. Ihre Zerstreuung und gegenseitige Isoliertheit und ihre Gegensätzlichkeit zu den als eigentlich griechisch mit Recht geltenden Formen des Bilderkultes kennzeichnen sie als Äußerungen volkstümlichen Glaubens und als Relikte einer der archaischen voraufliegenden religiösen Schicht. Das führt auf die Epiphanievorstellungen der vorgriechischen Religion, die am besten im minoischen Kreta faßbar sind. Sie sind in den Darstellungen Nilssons zu kurz gekommen. Daß der kretische Epiphanieglaube und Epiphaniezauber stofflicher Substrate bedürfen, ergibt die Interpretation der Denkmäler[84]. Es läßt sich auch zeigen, daß die Throne dazu gehören. Dieser Zusammenhang darf bei der Übersicht über die komplexen Voraussetzungen der hellenistischen Götterthrone nicht übersehen werden. Es zeigt sich auch hier ein Durchschlagen vorgriechischer Glaubensvorstellungen, das für die hellenistische Religiosität überhaupt charakteristisch zu sein scheint.

Der in einem Relief der Villa Medici wiedergegebene Giebel des Tempels der Magna Mater auf dem Palatin, der den Zustand seiner Erneuerung durch Augustus im Jahre 3 n. Chr. veranschaulicht, hat als Mittelmotiv den mit einem Tuch bedeckten Thron der Göttin, auf dem eine Turmkrone liegt[85]. Hier geht die Bedeutung des Thrones natürlich auf die kleinasiatische Herkunft des Kultes zurück. Daß gerade zum Kybelekult der leere Thron gehört, bestätigt der von Pausanias, 2, 4, 7, erwähnte im korinthischen Metroon[86]. Aber seine Form in dem römischen Giebel ist griechisch. Trotz des späten Datums darf dies also als Zeugnis für die hellenistischen Götterthrone gelten. Ein zweites liefert die Erwähnung und Abbildung eines von Ptolemaios III. zu Adulis am Roten Meer für Ares errichteten Thrones[87]. Auf hellenistische Vorbilder gehen daher auch die folgenden Werke der Kaiserzeit zurück:

[81] Hug RE. 6 A, 616.

[82] Herod. 7, 40. 8, 115. Dazu Sarre, Die Kunst des Alten Persien Taf. 32f. Vgl. Schrade, Der verborgene Gott, 1949, 87.

[83] Furtwängler, MW. 1893, 188. Rohde, Psyche, 2. Aufl. 1903, 1, 129f. W. Reichel, Über vorhellenische Götterkulte, 1897, 13ff. v. Wilamowitz, Glaube der Hellenen 2, 1932, 351. Kern, Die Religion der Griechen 1, 1926, 22ff. 49f.

[84] Vorläufig Verf., Kreta, Mykene, Troja, 1956, 79ff.

[85] P. Hommel, Studien zu den römischen Figurengiebeln der Kaiserzeit, 1954, 30ff. Taf. 4.

[86] Vgl. die Καθέδραι der Göttermutter in einer Inschrift auf Chios, BCH. 3, 1879, 324, 11.

[87] Dittenberger OGIS. 2, 1903, 199, 37f. Stornajolo, Le Miniature della Topografia Cristiana di Cosmas Indicopleustes, Cod. Vat. Gr. 699, 1908 Taf, 2.

1. Reliefbruchstück in Mantua mit leerem Thron und den Attributen des Zeus. A. Levi, Le Sculture Gr. e Rom. del Pal. Duc. di Mantova, 1931, 74f. Nr. 166 Taf. 84d.
2. Leerer Marmorthron mit den Attributen Apollons, ehem. in Slg. Lansdowne, Cat. Christie 1930, 59 Nr. 89. MI. 5 Taf. 28. Michaelis 441.
3. Leerer Marmorthron, München Glypt. 346 F, dazu Rodenwaldt AA. 1938, 414 A. 5 (von den beiden leeren Thronen mit Götterattributen im Louvre, Fr. 67, 324. Cl. 238, 629f., Gusman 76f. sind nur Teile der Greifen und der Sphingen antik).

Aus den alten Funden von Herculanum stammen zwei Bilder in Neapel mit den Thronen von Mars und Venus, die von Eroten eingefaßt werden[88]. Muß man diese Eroten für Zusätze der Kaiserzeit halten, oder gab es sie bereits in den hellenistischen Mustern? Zu derselben Reihe kleiner Bilder gehören auch die mit den Eroten in der Tätigkeit von Handwerkern[89]. Sie sind von den gleichen Malern gemalt. Bekanntlich sind sie besonders dem Verdacht ausgesetzt, römische Neubildungen zu sein (oben S. 32f.). Der Erotentypus ist nicht derselbe wie auf dem Reliefzyklus. Obwohl auf ihm dieses Götterpaar für uns fehlt, kann an dieselbe Vorlage daher nicht gedacht werden. Andererseits gibt es in dieser Reihe der kleinen Erotenbilder aus Herculanum auch solche, die sich mit Bestimmtheit auf das dionysische Treiben der Kinder beim Anthesterienfest beziehen lassen (unten S. 99ff.). In diesen Fällen sind auch für die Eroten die griechischen Muster sicher. Hinzu kommt, daß die Friese des Vettierhauses mit den Eroten als Handwerkern mit einer Ausnahme sich auch als Wiedergaben hellenistischer Vorbilder erweisen lassen (Anhang I 3, S. 170ff.). Allerdings kann für die hellenistische Herkunft des Erotenmotivs in Verbindung mit den Götterthronen von den herculanischen Bildern her nur ein mittelbarer Beweis geführt werden. Er gründet sich nicht nur auf die Tatsache, daß es an sicheren und evidenten römischen Elementen fehlt, sondern vor allem darauf, daß die Eroten des im Thema übereinstimmenden Reliefzyklus typologisch gesehen hellenistische Bildungen sind.

Als Ganzes ist freilich der Reliefzyklus nicht die Kopie eines hellenistischen. Schon das Vorkommen Saturns spricht dagegen. Immerhin könnte dieser Teil ein Einschub sein. Unglaubhaft wird die Annahme aber durch das irrationale Größenverhältnis der Throne, der Eroten und der Götterattribute zueinander. Auf den Bildchen aus Herculanum ist in dieser Beziehung alles in Ordnung. Von den einzelnen Eroten des Zyklus erweisen sich die folgenden als hellenistische Erfindungen.

Der Girlandenträger des Motivs 1 kommt vor im Neptunteil als vorderer Träger der Muschel und im Saturnteil (Taf. 9a. b) als hinterer Träger der Sichel[90]. Ein Zwischenglied gibt es in der campanischen Wandmalerei[91].

[88] H. 769. 771. MB. 8, 20. Rizzo PER. 139. RP. 88, 4.
[89] H. 804ff. RP. 86, 4. 6. 9. Anderson 23447.
[90] Ausonia 4, 1910, 250f. 1f. — 254f., 5f.
[91] H. 706 = 833. RP. 71, 7 = 90, 2.

Dreimal erscheint ein Eros, der ein Götterattribut auf dem Rücken schleppt, indem er es mit beiden erhobenen Armen hinter dem Kopf hält und Rumpf und Kopf nach vorn beugt. Der Donnerkeil Jupiters (Rizzo 257, 8), der Dreizack Neptuns (Rizzo 250f., 1f.) und der Köcher Apollons[92] (Taf. 10a) kommen vor. Die Verwandtschaft mit dem Girlandenträger des Motivs 1 ist klar. Anders sind das Vorwärtsbeugen und der Parallelismus der erhobenen Arme. In der schrägen Wendung aus dem Bilde heraus sind die beiden zuerst angeführten Figuren am entschiedensten. Die dritte ist bildparalleler und zugleich matter im Ausdruck der Bewegung. Maßgeblich für die stilistische Beurteilung des Motivs sind also jene. Figuren, die einen schweren Gegenstand auf dem Nacken oder auf einer Schulter in vorgebeugter Haltung tragen, sind auf Denkmälern der Kaiserzeit nicht selten. Die Durchmusterung einiger Beispiele soll dazu helfen, diesen Eroten ihre Stellung in der Geschichte des Motivs anzuweisen.

1. Herakles, nach r., mit dem erymanthischen Eber auf der l. Schulter, auf stadtrömischen Heraklessarkophagen, ASR. 3 Taf. 28ff. Nr. 102—108. 111—113. 116. 120. 126. 129; auf einem Fresko aus der Basilika von Herculanum, H. 1125. HBr. 86. RP. 192, 5; auf einem der Silberbecher des Menanderhauses, Maiuri, La Casa del M., 1932, Taf. 28; auf dem Gegenstück Taf. 25 trägt Herakles den Löwen fast ebenso. Vgl. AM. 39, 1914 Taf. 9.
2. Satyr, nach r., mit einem Kalb auf der l. Schulter, auf bacchischen Sarkophagen; Conservatorenpalast, Pietrogrande BullCom. 60, 1932, 177ff. Taf. 1ff. Technau 234, 190. — Vatikan, Amelung 2, 7, 76. RR. 3, 360, 2. — Neapel, 6693 Guida Ruesch 172, 598. Alinari 11175. Anderson 23251.
3. Eros, nach l., mit einem Reh auf der r. Schulter, Relief aus Ephesos in Wien, Ausstellung von Funden aus Ephesos, 1902, 18 Nr. 22. RR. 1, 146, 2. Der Fries wird von Niemann, Ephesos 2, 1912, 93f., und Hoermann JdI. 38/39, 1923/24, 294, dem unteren Teil der Bühnenfront des Theaters in Ephesos zugewiesen, der in domitianischer Zeit erbaut wurde; Keil, Führer durch E. 3. Aufl. 1955, 74. Der Stil läßt diese Datierung fraglich erscheinen. Er weist eher in die erste Hälfte des 2. Jahrhunderts n. Chr. — Dasselbe Motiv, seitenverkehrt, auf dem Bruchstück von der Ns. eines Sarkophags, Gütschow, Praetextat 187/215 Nr. 6 Taf. 9, 3.
4. Satyr, nach r., mit Weinschlauch auf der l. Schulter, aus dem er ausgießt, bacchische Sarkophage, Cambridge, Fitzwilliam Museum, bisher nur abgebildet nach Pashley, Travels in Crete 2, 1837 Taf. zu S. 7 bei RR. 2, 443. — München, Glypt. 365 F. AZ. 1859 Taf. 130. RR. 2. 75, 2. Hundert Tafeln 41f.
5. Eros, nach l., mit Wasserkrug auf der r. Schulter, Aktaionsarkophag des Louvre, ASR. 3 Nr. 1 Taf. 1.
6. Dasselbe statuarisch, München, Glypt. 232 F. RS. 1, 417, 6. Valencia, Poulsen, Sculptures Ant. de Musées Espagnols, 1933, 69f. Taf. 74, 118. Dasselbe mit vertauschten Seiten, RS. 1, 439, 2f. 2, 436, 6—8. 437, 1.

[92] Schreiber, V. Ludovisi 165. Foto DAInst. 57.17 nach alter Aufnahme.

7. Pan, nach r., mit Keule des Herakles, Architektonische römische Terrakottareliefs, v. Rohden-Winnefeld 44. 279 Taf. 78. RR. 2, 261, 2.
8. Träger von Steinen beim Mauerbau, nach l., Fresko aus einem Columbarium vom Esquilin im Thermenmuseum mit Darstellungen aus der römischen Sage. MI. 10 Taf. 16. RP. 177, 1. Helbig-Amelung, Führer 3. Aufl. 1913, 2, 190ff., 1451/54. Pfuhl MuZ. 2, 906.
9. Eros, nach r., mit Keule des Herakles, bacchische Sarkophage, Rom Museo Capitolino, Colombe 81, Stuart-Jones Taf. 40. RR. 3, 184, 1. — Lyon, Palais des Arts, Espérandieu 3, 1910, 24f. Nr. 1770. RR. 2, 227, 1ff.
10. Eros, nach r., mit Keule des Herakles, Bronzerelief, Brit. Mus. Cat. Bronzes 155 Nr. 857. Gaz. Arch. 11, 1886, Taf. 6. RR. 2, 477, 4.
11. Eros, nach r., mit Keule des Herakles, Gallisches Sigillata-Emblem, Gaz. Arch. 6, 1880 Taf. 30. Déchelette, Vases Cér. 2, 1904, 264, 52.
12. Eros mit dem Panzer des Mars, Altar aus Ostia im Thermenmuseum 221/324 (Aurigemma). Toynbee 230ff. Taf. 57, 4. RR. 3, 332, 1ff.
13. Grieche nach r., mit der Leiche des Patroklos auf der r. Schulter, Sarkophag Woburn Abbey, ASR. 2 Nr. 47 a Taf. 22f. RR. 2, 537, 2.

Sieht man von dem Sonderfall 13 und von den kleinen, in ihrer Form unscharfen Beispielen 9 bis 12 zunächst ab, so unterscheiden sich die unter 1 zusammengestellten Bilder zusammen mit 7 durch die Betonung der Parallelität zur Bildfläche von 2 bis 6 und 8, die mit den verglichenen Eroten die diagonale Richtung der Bewegung gemeinsam haben. Der Eber oder Löwe auf der l. Schulter des Herakles erscheint ohne Verkürzung seiner Längsachse im Profil. Die Brust des Helden ist bisweilen stärker verkürzt als in den anderen Beispielen, weil der Rumpf nicht nach vorn gedreht ist, sondern, wie die für alle diese Figuren verbindliche Ausfallstellung der Beine erkennen läßt, sich im rechten Winkel zur Blickrichtung des Beschauers bewegt. Das Greifen der R. hinter dem Kopf zur anderen Seite hinüber wird meist mit Hilfe einer Öffnung der Armbeuge in der Richtung der Bewegung ausgedrückt. Das ist eine folgerechte Weiterbildung des für das gleiche Thema schon durch viele archaische und klassische Beispiele belegten Typus, bei dem freilich die Biegung des vorderen Armes verschieden sein kann [93]. Auf der Poulydamasbasis aus Olympia stimmt der starke Mann mit dem persischen Leibwächter auf der Schulter in den herausgehobenen wesentlichen Zügen mit dem Herakles von Nr. 1 überein [94]. Diese Ausgestaltung des Typus ist also spätklassisch, vielleicht sogar lysippisch (Unten S. 70 A. 108).

Die beiden Beispiele von 4 erweisen sich dagegen durch ihre Übereinstimmung mit einer Gestalt der pergamenischen Reliefkeramik als Wiedergaben einer Erfindung des hohen Hellenismus [95]. Hier ist, wenigstens in dem einen Beispiel, das Gießen aus einem Schlauch das Motiv. Das verlangte das Senken des rückwärtigen Armes. In dieser Beziehung stellen 5 und 6 eine Vermittlung zu unseren Eroten mit den Götter-

[93] Brommer, Herakles, 1958, 18f., 23ff. Taf. 1. 12. 14a.

[94] Olympia 3, 209ff. Taf. 55, 1—3. Zuletzt v. Salis, 112. BWPr. 1956, 32f. Abb. 19.

[95] Courby VGR. 460, 11c. H. Thompson, Hesperia 3, 1934, 423, 111d. Zur Datierung unten S. 111 A. 314.

attributen her. Beide Arme zu gleicher Höhe erhoben wie diese haben aber nur 2, 7 und 8. Im Unterschied von den Eroten, deren vorderer Arm einen in der Richtung der Bewegung geöffneten Winkel hat wie 1 und 3 bis 6, weisen aber bei 2, 7 und 8 beide Ellenbogen nach vorn. Bei 2 ist durch die schräge Lage, in die auf diese Weise das auf der Schulter getragene Kalb versetzt wird, die Überschneidung der diagonalen Achsen bereichert. So kommt eine ausdrucksvolle und echt hellenistische Tiefenwirkung zustande. Der hellenistische Charakter des ganzen Bildes ließ sich bereits durch den Hinweis auf den hellenistischen Brauch der Πομπή δειπνοφοριακή sichern. Das Kalb, das dieser Satyr trägt, ist nicht das Opfertier, sondern der Festbraten[96].

Das Fresko 8 schließt sich trotz seiner der römischen Sage entnommenen Thematik in der Form nicht der Triumphalmalerei an, sondern den erzählenden hellenistischen Friesen von der Art des pergamenischen Telephoszyklus. Klar ist vor allem, daß seine Kampfszenen hellenistische Typen verwenden[97]. Wenn in 7 die schräge Stellung schwächer ist, so wird man das auf den klassizistischen Charakter dieses Werkes zurückführen. Umgekehrt läßt sich jetzt feststellen, daß auf den Heraklessarkophagen von 1 die verhältnismäßig wenigen Fälle mit der gleichen Haltung der Arme sich als Beeinflussungen des spätklassischen Typus durch die hellenistische Form verstehen lassen[98]. Eine etwas andere, auch wohl klassizistisch bedingte Kontamination liegt vor in 3. Das auf der rückwärtigen Schulter getragene Tier ist bildparallel behandelt, während der Träger dieselbe schräge Stellung einnimmt wie die Eroten mit dem Blitz, dem Dreizack und dem Köcher. Diese stellen sich jetzt mit Entschiedenheit auf die hellenistische Seite. Die Beuge ihres vorderen Armes behält zwar die Öffnung in der Richtung der Bewegung. Aber die Verkürzung des Unterarmes unterstützt wirkungsvoll die räumliche Schräge.

In dem stiertragenden Herakles, der einige Male dem Reigen der neuattischen Horen angeschlossen wird, hat E. Simon bereits eine neuattische Umbildung von 1 erkannt[99]. Das wird bestätigt durch seine Ansicht schräg von hinten. Es ist eine der beliebten neuattischen Inversionen (S. 114 A. 123). Das tiefere Halten des Stiers findet seine Erklärung darin, daß dieser Herakles die übrigen Glieder des Frieses nicht so wesentlich überragen durfte. In seiner reliefmäßig bildparallelen Bildung beleuchtet er den hellenistischen Charakter der schräg gestellten und ebenso bewegten Ausgestaltung.

Dieser Zusammenhang, der die kleinen Träger des Donnerkeils, des Dreizacks und des Köchers als hellenistische Erfindungen erweist, wird durch folgende Beobachtung ergänzt und bestätigt.

Auf den beiden unter 9 genannten Sarkophagen gehört der Eros mit der Keule zu der Gruppe des trunkenen Herakles, der einem Mädchen das Gewand vom Leibe ziehen will. In der originalen Fassung dieser Gruppe, die Lippold in den hohen Hellenismus datiert, Kübler in den späten[100], bemühen sich zwei Satyrn, den tau-

[96] Verf., Abh.Mainz 1952, 5, 399/13.
[97] Andreae 56 ff. [98] ASR. 3 Nr. 104—106. [99] RM. 60/61, 1953/54, 214 ff.
[100] Lippold, Abh. München NF. 33, 1951, 122. Kübler RM. 44, 1928, 103 ff.

melnden Herakles zurückzuhalten. Der eine schlingt von hinten beide Arme um seine Hüften. Der andere faßt mit seiner R. den r. Arm des Helden, während er mit der L. die hinter seiner Schulter hängende Keule hält. Aus Raumgründen ist der zweite Satyr auf den beiden Sarkophagen fortgelassen. Von dem ursprünglichen Paar ist nur der von hinten kommende übriggeblieben. Der andere ist durch den Eros mit der Keule ersetzt. Daß dieser keine Erfindung der Sarkophagwerkstätten ist, geht aus 10 und 11 hervor. Zwei andere bacchische Sarkophage mit dieser Gruppe des trunkenen Herakles, die auch den Satyr mit der Keule durch einen Eros mit ihr ersetzen[101], verwenden für diesen eine andere, weniger originelle Form. Natürlich ist es nicht ausgeschlossen, daß die Dekoration eines der kaiserlichen Paläste das mit Recht beliebte Muster für den keulentragenden Eros bot. Aber selbst dann könnte man nicht von einer stadtrömischen Erfindung sprechen. Der Zusammenhang mit den übrigen Gliedern der Reihe von Beispielen erweist die hellenistische Natur des Typus nicht nur im allgemeinen, sondern speziell in seiner Verwendung für Eros. Selbst wenn dieser Eros wirklich zum ersten Male in der frühen Kaiserzeit erschienen wäre, bliebe er doch eine Bildung im Sinne der hellenistischen Form. Der vorgelegte Zusammenhang ergibt, daß er tatsächlich älter war. Damit bestätigt sich auch die Beurteilung des Motivs 1 der Girlandenträger (S. 48), mit dem dieser Typus engstens verwandt ist.

Rechts neben dem Thron Saturns sind zwei Eroten mit dem Szepter des Gottes beschäftigt. Zwei eigentlich nur im Erhaltungszustand verschiedene Fassungen, eine im Louvre und eine in Venedig (Taf. 9b) geben über sie Auskunft[102]. Der nach rechts gewandte Eros ist eine wenig charakteristische Profilfigur. Um so reicher und interessanter ist das Motiv des anderen. Seine Beine sind gespreizt. Er stemmt sich auf das linke Bein, das die ganze Last des Körpers trägt, während der andere Fuß nur mit dem Ballen den Boden berührt. Um das Szepter aufrichten zu können, faßt er es mit beiden nach links gestreckten Händen, indem er den Rumpf mit scharfem Knick über dem gestemmten linken Bein nach der anderen Seite beugt und den Blick seinen Händen folgen läßt. So überkreuzen sich die Achsen der Körperteile und der Bewegung in sehr komplizierter Weise. Die Bewegung geht nach rechts, aber die Form öffnet sich nach links. Charakteristisch ist die Haltung beider Arme in entgegengesetzter Richtung zu dieser Neigung und zur Bewegung des Beines, das die Last des Körpers trägt. Der linke greift vor der Brust vorbei. Der vom Szepter unterstützte Chiasmus der Glieder beschränkt sich also nicht auf die Fläche und damit auf die Dimensionen der Höhe und der Breite, sondern wirkt sich auch nach der Tiefe aus. Die von der rechten Ferse durch den Rumpf bis zum Scheitel verlaufende Achse ist von unten links hinten nach oben rechts vorne gerichtet. Umgekehrt, von unten rechts vorne nach oben links hinten, verläuft die zweite, durch das linke Bein, das Szepter und die Verbindung der beiden Hände bestimmte Achse. So löst sich der obere Teil des Körpers mit Ausnahme der rechten Schulter vom Grund und wirkt wie vorgebeugt. Der linke Flügel unterstützt dies. Freilich ist im Verhältnis zur

[101] Bolsena, Gerhard AD. 112, 2f., hier Taf. 22a, und V. Doria, MD. 2297.

[102] Ausonia 4, 1910, 254ff., 5. 7.

Entfaltung dieser Form in der Breite die Illusion der Tiefe gehemmt. Die flache Raumbühne, auf der die Handlung spielt, ist nicht nur durch die Pilasterarchitektur des Hintergrundes gekennzeichnet, sondern auch durch den bildparallelen rechten Arm des Eros, dessen räumliche Funktion in der Profilfigur daneben sich fortsetzt. Wesentlich ist die Art des Raumaufschlusses.

Nach Eroten in diesem Motiv auf Denkmälern, die der Kaiserzeit vorauf liegen, hält man vergebens Umschau. Sieht man aber von dem Thema ab und faßt nur Motiv und Bewegung des Körpers an sich ins Auge, d. h. die Struktur der Gestalt, so finden sich nahe Parallelen in der hellenistischen Kunst.

Der Mann, der Helena auf zwei pompeianischen Bildern 4. Stils[103] beim Betreten des zum Schiff hinüberführenden Laufstegs behilflich ist, bewegt sich zwar, dem Thema entsprechend, weniger heftig. Er ist auch noch entschiedener in die Diagonale gestellt und hat das Knie des vorgesetzten Beines nicht gespannt, sondern leicht gebeugt. In seiner Beziehung auf den Raum ließe sich aber das Verhältnis der Glieder zueinander mit fast denselben Worten beschreiben. Der Knick in der Hüfte über dem stützenden linken Bein, das Vorhängen der Schulter darüber und das Überschneiden des Leibes durch den linken Arm, die rückwärtige Lage der erhobenen rechten Schulter und des rechten Arms, alles stimmt überein. Mit der versammelteren, durch die Handlung geforderten Bewegung hängt auch die andere Haltung des Kopfes zusammen.

Die Gruppe ist kürzlich als die Nachbildung einer Erfindung der spätklassischen Malerei erklärt worden[104]. Schon ihre Wiedergabe auf etruskischen Urnen spricht dagegen[105]. Hier sind freilich die Seiten vertauscht, die Gruppenverbindung ist aufgelockert, und das Gewand ist bewegter. Aber die schräge Richtung der Bewegung, der vorgesetzte Fuß Helenas auf der dem Beschauer näheren Seite und die Haltung

[103] 1. Casa del Poeta Tragico, VI 8, 5. H. 1308. HBr. 12. RP. 165, 6. L. Ghali-Kahil, Les enlève ments et le retour d'Hélène, 1955, 238f. Nr. 189. Taf. 39, 2. Schefold, Die Wände Pompeis 1957, 105- — 2. Ins. V 2, 14, RM. 5, 1890, 269f. RP. 165, 4. L. Ghali-Kahil a.O. Nr. 190 Taf. 39, 3. Schefold a.O. 74

[104] Lippold, Gemäldekopien, 1951, 82f. Schefold, Pompeianische Malerei, 1952, 144. — Lippold begründet seine Datierung mit dem Hinweis auf die Ähnlichkeit der Figur Helenas mit Gestalten auf attischen Grabreliefs. Dem schließt sich Schefold, der keine Begründung gibt, offenbar stillschweigend an. Wenn es aber ein sicheres Ergebnis der Forschung nach den Vorbildern der pompeianischen Wandmalerei gibt, so ist es die Unbrauchbarkeit von einzelnen figürlichen Motiven für diesen Zweck. Es hat sich klar herausgestellt, daß auf diesem Wege gültige und eindeutige Ergebnisse nicht zu gewinnen sind. Soll die Forschung nicht in ein planloses Hin und Her abgleiten, so muß also entweder auf die Frage nach den Vorbildern überhaupt verzichtet werden oder man muß sich nach einem neuen Weg umsehen. Ein solcher bietet sich in der Untersuchung der Struktur von Figur, Gruppe und Raum. Er wird auch hier beschritten. In einer Anzahl anderer Arbeiten habe ich ihn schon seit Jahren zur Diskussion gestellt. Rumpfs Versuch, Hdb. d. Arch. 6, 1953, 170ff., von der Frage nach den Vorbildern möglichst abzusehen, ist deswegen interessant, weil er einerseits zeigt, daß es ohne Ausnahmen doch nicht geht, und andererseits in der Statuierung augusteischer und flavischer Bilder deswegen unbefriedigend bleibt, weil sich die schöpferische Seite dieser Leistungen erst dann wirklich beurteilen ließe, wenn das überlieferte klassische oder hellenistische Formengut in ihnen dagegen abgegrenzt werden könnte. Der Hinweis auf den Eklektizismus der römischen Maler dispensiert nicht von dieser Aufgabe.

[105] Brunn 1, 17ff. L. Ghali-Kahil a.O. 274ff. Nr. 231ff. Taf. 96ff.

des Geleitenden stimmen überein. Die Unterschiede beeinträchtigen also nicht die Struktur der Gruppe. Sie liegen an der Oberfläche und modifizieren sie nur im Sinne des späteren Hellenismus. Überhaupt liegt diesen etruskischen Werkstätten jeder Klassizismus so fern, daß die Annahme der ausnahmsweisen Verwendung eines klassischen Musters schwerwiegender Gründe bedürfte. Überdies läßt sich für die Gruppe und für die ins Auge gefaßte Figur die Entwicklung von der späten Klassik bis in den hohen Hellenismus verfolgen. Man muß nur wieder vom Thema absehen und statt seiner die räumliche Funktion prüfen. Dabei stellt sich die von den pompeianischen Bildern überlieferte Fassung auf die hellenistische Seite, nicht auf die spätklassische. Für die Gruppe weise ich auf bereits an anderer Stelle Dargelegtes hin[106].

Erst recht in eine lange Tradition läßt sich die Figur des Stützenden einordnen. Bei den Vertretern des 5. Jahrhunderts spielt sich der Chiasmus in mehr oder weniger extremer Weise zwischen rechts und links ab[107]. Die Schönheit dieser Figuren liegt darin, daß sie trotz ihrer unmittelbar wirkenden Körperlichkeit und Bewegung ganz und wesentlich auf die Fläche bezogen sind. Im 4. Jahrhundert geht es, im Ganzen gesehen, darum, daß die überhängenden Teile und das stützende Bein sich von den Flächenbezügen freimachen, indem sie sich schräg nach vorn schieben. Aber die gestreckte andere Seite wahrt die Bindung[108]. Die Unterschiede von der ganz diago-

[106] AA. 1944/5, 97 C. — Die Berliner Tonform, TC. 6801, Neugebauer, Führer 2, 195, Züchner, Griech. Klappspiegel 148, 6, steht, auf ihre Raumgestaltung hin angesehen, zwischen dem Karystiosmonument und den pompeianischen Bildern. Ihre Darstellung ist weniger flächenbezogen als jenes, aber in der diagonalen Richtung der Bewegung und damit im Aufschluß des Raumes zurückhaltender als diese. Daher ist Neugebauers Einordnung der Tonform unter die Werke des 2. und 1. Jhs. v. Chr. zu spät.

[107] Parthenon, Westfries 27, Nordfries 44 und 47. Nereidenmonument S. 851 = RR. 1, 474 K. S. 854a = RR. 1, 475 O. S. 904a = RR. 1, 484, 1. Gjölbaschi, Nordseite, Benndorf Taf. 16. Eichler Taf. 24f. B 1, 3. RR 1, 455, 2.

[108] Maussolleion: Nr. 1007. 1015. 1006 = RR. 1, 154f. Klagefrauensarkophag: die beiden Barbaren, die einen Hirsch an den Hörnern packen, auf dem kleinen Fries der Nordseite, Hamdy Bey-Reinach Taf. 10 = RR. 1, 408, 7f. Ephesos, Artemision: S. 1200. BrBr. 173. RR. 1, 138, 7. Lysikratesmonument: Satyr, der einen Seeräuber am rechten Bein nach links zerrt, BrBr. 488 = RR. 1, 14. Tarentiner Vasen, Herakles mit Kerberos: München, Karlsruhe und drei Stücke in Neapel, von denen zwei in der Slg. Santangelo. Das Münchner Stück: FR. 10, die Nachweise für die vier anderen: RV. 1, 108. 167. 401. 455. — Hierher gehören auch die Aias-Kassandragruppe in der Fassung des Wandbildes im Menanderhaus zu Pompei, Maiuri Taf. 6. Cr. d'A. 6, 1941 Taf. 1, sowie die Pyramidengruppe des Herakles mit dem Löwen, die rundplastisch und in Reliefs überliefert ist. Die Beweisführung, die A. v. Salis für den lysippischen Charakter dieser Gruppe eben vorlegt — Mus. Helv. 12. 1955, 173ff. 112. BWPr. 1956 — hat mich nicht überzeugen können. Dem einzigen authentischen Zeugnis, der Löwengruppe auf der Poulydamasbasis, fehlt gerade der wesentliche Zug des pyramidenförmigen Aufbaus. Beide Figuren entwickeln sich flächiger. Der Körper des Mannes hatte nicht die diagonale Ausfallstellung, sondern bewegte sich dem Angreifer entgegen, ähnlich wie auf Abb. 21 bei v. Salis, und, invertiert, auf Abb. 5—7. Den zwingenden Grund gegen einen so frühen Ansatz der in der Tat geistreichen und nicht umsonst so oft wiederholten Pyramidengruppe, den v. Salis S. 24 vermißt, sehe ich in der komplizierten achsenreichen Räumlichkeit der Komposition. Es würde allerdings hier zu weit führen, darzulegen, wie sehr sie im Gegensatz steht zu allem, was wir von der »inneren Form« nicht nur Lysipps, sondern auch des Frühhellenismus wissen. Die pompeianischen Bilder, die v. Salis heranzieht,

nalen Stellung der Figur auf dem Helenabilde sind so deutlich, daß sie weiterer Erläuterung nicht bedürfen. Die Zunahme der Raumhaltigkeit, die zu der auf diesem Bilde vertretenen Form führt, läßt sich an dem Vergleich des bogenschießenden Eros eines Spiegelreliefs mit dem von Plakettenvasen verfolgen[109]. Bei jenem haften Bein und Schulter der r. Körperseite am Grunde. Bei diesem haben sie sich davon gelöst. Die eine Form ist noch spätklassisch, die andere bereits frühhellenistisch.

Gefragt werden könnte höchstens, ob die Aussagekraft der angeführten Beispiele über die Raumform ihrer Zeit nicht eine eingeschränkte ist. Es sind Reliefs und rf. Vasenbilder. Sollte der festgestellte Sachverhalt nicht durch die plastische Natur der einen und durch die dekorative Funktion der anderen bedingt sein. so daß es doch in der monumentalen Malerei ganz anders hätte aussehen können?

Ein Kertscher Vasenbild mit unserem Motiv erweist solche Zweifel als gegenstandslos. Es stammt von einem nur in Fragmenten erhaltenen Lebes Gamikos reifen Stils der Ermitage mit dem Bilde eines Hochzeitszuges[110]. Der Oreokomos vor den Maultieren stimmt in jeder Beziehung mit den angeführten Figuren aus dem 4. Jahrhundert überein, trotz der Verkürzung der Maultiere und des Wagens. In seinen Flächenbezügen findet er in den Figuren hinten auf dem Wagen seine Entsprechung. Dies ist also der geschichtete und gestaffelte Aufschluß des Raumes, der sich schon der Hilfe diagonaler Motive bedient, diesen aber durch eingeschaltete Beziehungen auf die Bildfläche ihre Ausschließlichkeit nimmt[111]. Daß die Gruppe dieses Kertscher Gefäßes nicht in der Vasenmalerei entwickelt ist, sondern als gültige Aussage für die Malerei ihrer Zeit überhaupt angesehen werden muß, ergibt der Grad der Verkürzung, mit dem gearbeitet wird, weil er die dekorative Funktion des Bildes so gut wie ganz aufhebt. Aufschlußreich ist auch, daß dieses Bild und alle anderen aus dem 5. und 4. Jahrhundert angeführten, statt des gespannt seitwärts gestemmten Beines unter der gebogenen Hüfte die Ausfallstellung haben. Man sieht daran, wie sehr es hier auf die Bindung an die Fläche, dort auf ihre Durchstoßung in schräger Richtung ankommt. Den hellenistischen Charakter der gespreizten Stellung der Beine beleuchtet auch der gravierte Berliner Grabstein des Metrodoros aus Chios[112].

beurteile ich anders — s. S. 176ff. —. Die Einordnung der Pyramidengruppe in den Hellenismus durch Schweitzer, Das Original der sog. Pasquinogruppe, 1936, 77f., halte ich daher auch jetzt noch für richtig. Dazu kommt das oben S. 65f. über die Gruppe von Herakles und Eber Festgestellte, die auf den Sarkophagen öfter mit der anderen verbunden wird. Auch ihre Entsprechung auf der Poulydamasbasis ist getragen von Flächenbezügen. Es ist die Gruppe des starken Mannes, der einen der Allerstärksten aus der Leibgarde des Großkönigs auf den Schultern davonträgt. Die aus dem hellenistischen diagonalen Raumaufschluß abgeleiteten Weiterbildungen dieses Gruppenmotivs ließen sich verfolgen und teilweise datieren. Der Herakles der Pyramidengruppe mit dem Löwen findet nun seine Parallelen in den oben zusammengestellten hellenistischen Figuren von zwar anderer Bedeutung, aber übereinstimmendem Bau. Auch von dieser Seite bestätigt sich daher die Auffassung dieser Gruppe als einer hellenistischen Weiterbildung des uralten Typus, an dem auch Lysipp sich versucht hatte. Sie steht im Motiv des Herakles dem Eros mit dem Szepter Saturns sehr nahe.

[109] Züchner, Klappspiegel KS. 17 Taf. 16. JdI. 65/66, 1950/51, 185f., Abb. 11f.

[110] Schefold UKV. 132 Nr. 284 Taf. 29. 50. Verf. AA. 1953, 97ff. Abb. 2.

[111] Verf., MdI. 5, 1952, 112ff. AbhMainz 1952, 5, 633ff.

[112] 766 A (Conze). Rumpf, Hdb. d. Arch. 6, 157.

Ein Blick auf Lysipps bogenspannenden Eros unterstützt von der anderen Seite her diese Beurteilung. Trotz seiner plastischen Natur schließt er sich in der Bedeutung, die für seine Komposition die Flächenbezüge haben, den Beispielen unseres Motivs aus dem 4. Jahrhundert an. Von dem Eros des Reliefzyklus und von der ihrer Struktur nach verwandten Figur der pompeianischen Bilder unterscheidet er sich weniger durch seine gedämpfte Bewegung als durch das Fehlen der chiastischen Diagonalität.

Der hellenistische Charakter der ins Auge gefaßten Figur des Helenabildes wird vollends klar durch ihre Übereinstimmung mit der Figur einer Gruppe von sicher frühhellenistischer Erfindung. Es ist die Darstellung des trunkenen, von einem Satyr gestützten Dionysos, der sich einer Mainade nähert. Auf Plakettenvasen, auf tönernen Räucheraltären, auf megarischen Bechern, auf dem Boden schwarzgefirnißter Reliefschalen und auf Schalen aus der Fabrik des Canoleios ist sie überliefert[113]. In seiner Haltung und in seiner Funktion als Glied einer Gruppe ist der stützende Satyr unserer Figur überraschend ähnlich. Andererseits drückt sich in ihm gerade der hellenistisch-tiefenräumliche Charakter dieser Gruppe aus, so daß seine Ableitung aus einem Vorbilde der klassischen Kunst nicht in Betracht kommt. — Als hellenistische Parallele schließt sich an eine auch in ähnlicher Gruppenverbindung erscheinende Figur des kleinen Frieses in der Tomba del Cardinale zu Tarquinia[114].

Von den übrigen Vertretern des Motivs lohnt es sich, noch einige aus dem 1. Jahrhundert v. und n. Chr. zu durchmustern.

Auf dem kleinen Fries des vatikanischen Belvedere mit dem Thiasos, in dem Kentaurinnen von Satyrn angegriffen werden[115], ist der Satyrbube so gebildet, der den trunkenen Dionysos stützt. Das Werk setzt sich zusammen aus klassizistisch-profilmäßigen Motiven und aus überaus kühnen und singulären, offenbar hellenistischen. Es steht außerhalb der neuattischen Produktion und könnte noch der spätrepublikanischen Zeit angehören.

Das Dresdner Schauspielerrelief[116] ist eine Schöpfung der frühen Kaiserzeit. Der Knabe an seinem linken Rande steht motivisch in dem Zusammenhang, der hier verfolgt wird. Auch für ihn ist die diagonale Stellung und Bewegung bezeichnend. Er schließt sich damit der Hauptfigur, dem thronenden Schauspieler, an. Die Beziehungen dieses Reliefs zur hellenistischen Kunst sind so eng, daß es oft für ein hellenistisches Original gehalten worden ist. Für den Stil wird dies mit Recht bestritten. Zweifellos hellenistisch sind aber die Motive.

[113] Wuilleumier, Tarente, 1939, 435 mit Angabe der älteren Literatur. Schwabacher AJA. 45, 1941, 185ff. Maiuri NSc. 1951, 131ff. Weinberg, Hesperia 23, 1954, 135ff. Taf. 33 a. b. — Züchners früher Ansatz für den Beginn der Plakettenvasen, JdI. 65/66, 1950/51, 175ff., überzeugt mich nicht. Allerdings machen sie eine stilistische Entwicklung durch. Über die Stellung des bogenschießenden Eros auf einigen von ihnen innerhalb dieser ganzen Reihe s. oben S. 71.

[114] Weege, Etr. Malerei 36, 32. StEtr. 2, 1928 Taf. 21 Nr. 78.

[115] Amelung 2 Nr. 96a Taf. 24. Helbig-Amelung 1, 3. Aufl., 107 Nr. 159. RR. 3, 356, 4. Alinari 26949. Anderson 23840.

[116] H. 228. M. Bieber, Das Dresdner Schauspielerrelief, 1907. History of the Greek and Roman Theater, 1939, 160f., 119. BrBr. 628. Schreiber, Hellenist. Reliefbilder 86. RR. 2, 63, 2.

Auf dem Bilde aus der Basilica von Herculanum mit Theseus als Sieger über den Minotauros (Taf. 37a) entspricht der kleine Junge, der den r. Arm des Helden mit seinen Küssen bedeckt, in allem Wesentlichen dem Eros mit dem Szepter Saturns, dessen hellenistische Herkunft die bisherigen Vergleiche klären sollten[117]. Er ist ein integrierender Bestandteil dieser Komposition. Das Bild gehört zu den verhältnismäßig wenigen, in denen sich Kopien hellenistischer Gemälde erhalten haben. Man kann sogar seine Vorlage in die erste Hälfte des 2. Jahrhunderts v. Chr. datieren. Diese Figur trägt daher zur Bekräftigung des Beweises für die entsprechende des Reliefzyklus bei[118].

Nicht viel anders steht es mit einem Eros des Bildes 4. Stils mit Herakles und Omphale aus dem Hause des M. Lucretius in Pompei[119] (Taf. 37b. Es ist der kleine Bursche in der l. unteren Ecke, der so neugierig den Mantelsaum des Priapos lüftet. Das Vorbeugen des Rumpfes ist allerdings noch stärker als bei den anderen Beispielen, und sein Überschneiden durch den einen Arm fehlt. Sonst sind die Ähnlichkeiten mit unserem Motiv aber nicht zu übersehen. Die Umkehrung der Richtung hat dieser Eros mit den Knaben des Dresdner Reliefs und des Theseusbildes gemeinsam. Weil die Figur Omphales sich als ein Topos der campanischen Wandmalerei erweist, ist diese Komposition nicht einheitlich[120]. Aber die Gruppe von Herakles und Priapos ist es. Zu ihr gehört unlösbar dieser vorwitzige kleine Eros. Andererseits ist die hellenistische Herkunft der Gruppe kaum zu bezweifeln[121]. Das zieht das Urteil über die Herkunft dieses Eros nach sich.

Auf einem der Bruchstücke des Reliefzyklus mit den Götterthronen, das sich in Ravenna befindet, sieht man einen hintenüber gepurzelten Eros[122]. Andere Denkmäler mit demselben Motiv, drei Kindersarkophage[123], die an attische Sarkophage der hadrianischen Zeit unmittelbar anschließen[124], und ein kleines Bild aus Herculanum[125] helfen zur Erklärung. Der Schrecken über die Maske ist nicht das ursprüngliche Motiv. Zu dem Eros, der sie sich aufgesetzt hat, gehört auf dem Sarkophag in V. Albani ein Gegenüber in stehender Haltung mit einer Gebärde des Staunens. Dieser Eros hat die Ellenbogen angezogen und die Hände mit den Flächen nach vorne erhoben. Die Gruppe mit ihm erscheint auch auf einem Kindersarkophag in P. Mattei[126], auf einem provinziellen in Karthago[127] und auf einem Relief in Genf[127a],

[117] H. 1214. HBr. 81. RP. 214, 2. [118] Anhang II. S. 176ff.

[119] IX 3, 5. H. 1140. HBr. Farbtafel III und Taf. 59f. Schefold, Die Wände Pompeis, 1957, 249. RP. 191, 5.

[120] Anhang III S. 186f. Anders Herbig, Corolla Curtius, 1937, 210f.

[121] Kleiner, Tanagrafiguren 173. Schefold, Wandmalerei Pompeis 132ff. Lippold AA. 1955, 247ff.

[122] Ausonia 4, 1910, 253, 4.

[123] Pisa, Lasinio 50. D. 33. Rodenwaldt JdI. 45, 1930, 174. RR. 3, 112, 2. V. Albani, Zoega BR. 2, 90. Helbig-Amelung 2, 3. Aufl. 446, 1907. RR. 3, 138, 1. Berlin, C. 855. Kekule-Schröder, Griech. Skulptur, 1922, 379. RR. 2, 17, 4.

[124] Aquileia, Pietrogrande, Afr.It. 3, 1930, 127, 25. Toynbee 227 A. 3 Taf. 54, 3. Rom, Casa di Crescenzio, Giglioli, BullCom. 72, 1946ff./1951, 53ff. Taf. 1.

[125] H. 754. Rizzo PER. 140, 3. RP. 76, 2.

[126] MD. 2755. RR. 3, 295, 3.

[127] Musée Lavigerie, Suppl. 2, 6 Taf. 2, 1. Nilsson, Dionysiac Mysteries, 1957, 98, mit falscher Deutung. RR. 2, 3, 3. [127a] EA. 1896. Deonna RA. 1916, 1, 74ff.

wo der Purzelnde fehlt. Auf den Kindersarkophagen in Pisa und Berlin ist nur der erstaunt stehende übrig geblieben, der mit der Maske ist fortgelassen. Jener muß sich daher mit der ihm nicht ganz angemessenen Rolle eines Zuschauers begnügen. Motiviert sind auf den Sarkophagen in Pisa und in V. Albani der Schrecken und der Fall hintenüber durch die dionysische Schlange. Sie ringelt sich aus einem Korbe hervor, von dem ein anderer Eros unvorsichtigerweise den Deckel hochgehoben hat. So muß auch das ravennatische Fragment mit dem Purzelnden ergänzt werden. Denn die ganze kleine Gesellschaft dieses Zyklus ist diensteifrig bemüht, die Attribute der großen Götter an ihre Plätze zu schaffen, damit sie bei deren Erscheinen zur Stelle sind. Sie treibt keinen Unfug mit diesen Gegenständen, wie es der Knirps mit der Maske tut. Das Bruchstück gehört also zu dem verlorenen Thron des Dionysos.

Klar ist, daß die Sarkophage und das Bildchen eine gemeinsame Quelle voraussetzen, die von der Malerei trotz ihres früheren Datums bereits mehr verändert worden ist als von den Reliefs. Während bei den anderen Eroten des Zyklus die Verbindung mit den Götterattributen nicht durchaus primär ist, läßt sich hier das dionysische Kultobjekt von dem Motiv nicht trennen. Die Entstehung des Motivs kann daher zuversichtlich in den Hellenismus verlegt werden. Denn in dem ganzen riesigen dionysischen Typenschatz der Kaiserzeit fehlt es völlig an Beispielen, die sich als Neuschöpfungen erweisen lassen.

Ähnlich, wenn auch nicht ganz übereinstimmend, ist der vom Wagen Gestürzte des Frieses mit der Erotenwettfahrt auf Gazellenwagen im Vettierhause gebildet[128], dem sich ein kleines Bild aus einem anderen pompeianischen Hause mit Eroten auf Delphinwagen anschließt[129]. Auch da sind die Beine und die Arme in die Luft geworfen. Aus der Gruppe der erschreckten kleinen Männer steht am nächsten der gemalte aus Herculanum. Gesammelter und echter ist die Bewegung auf den Reliefs. Gleichwohl bedarf die Übereinstimmung im Bau und damit die Gleichzeitigkeit des Vorbildes keines Beweises. Das führt für den Gepurzelten aus dem Reliefzyklus mit den Götterthronen zu demselben Ergebnis. Die Erotenfriese des Vettierhauses haben sich mit einer Ausnahme überhaupt als hellenistische Kompositionen erweisen lassen (Anhang I, unten S. 169ff.). Dazu kommt, daß nach Ausweis z. B. eines pergamenischen Relieffrieses[130], einer gemalten Schale der »Hessengruppe«[131] und megarischer Becher[132] die Erotenwettfahrt ein hellenistisches Thema ist. Ihre Verbindung mit dem römischen Zirkus wurde erst nachträglich vollzogen[133].

Auf einem anderen ravennatischen Bruchstück, das zum Thron der Ceres zu gehören scheint (Taf. 12a), steht ein mit Früchten über und über gefüllter Korb, mit dem sich zwei Eroten zu schaffen machen[134]. Der l. vom Beschauer hat sich auf die Zehenspitzen gestellt, um den Korb besser plündern zu können. Er ist in Profil-

[128] MA. 8, 1898, 347f., 50. HBr. 23. RP. 80, 3.
[129] S. 361. AZ. 31, 1874 Taf. 3, 1. RP. 81, 6.
[130] AvP. 7, 2, 294 Nr. 384 Taf. 39.
[131] Annali 1871 Taf. A. Zahn BM. 55, 1934, 5, 4. Beazley EVP. 208f. Rumpf Hdb. d. Arch. 6, 156.
[132] Courby VGR. 382, 77, 15. Parlasca JdI. 70, 1955, 135. 142,
[133] Dragendorff-Watzinger 111f. Rodenwaldt JdI. 55, 1940, 22.
[134] Ausonia 4, 1910, 252, 3.

ansicht wiedergegeben. In einem pflückenden Eros, der sich auf einen umgestülpten Korb gestellt hat, findet er auf dem Fries des Vettierhauses mit der Weinlese eine so genaue Parallele, daß man an zufällige Konvergenz nicht denken kann (unten S. 171). Das gleiche, offenbar hellenistische Vorbild hat hier und dort dem Künstler vorgeschwebt. Auf dieses geht auch der Knirps zurück, der auf den drei genannten Kindersarkophagen auf den Rücken eines gebückten Gefährten gestiegen ist, um sich die Früchte aus einem großen Korb holen zu können.

Von den übrigen Eroten des Zyklus mit den Thronen ist der vordere von den beiden Trägern der Sichel Saturns eine Modifizierung des Dreizackträgers (Taf. 9a). Die Änderung besteht darin, daß auf der vorderen Körperseite der Oberarm nicht erhoben, sondern nach hinten gestreckt ist[135]. Das Gegenüber des Szepterträgers (Taf. 9b) vertritt einen Typus, der auch auf attischen Erotensarkophagen vorkommt. Er wird sich von dort aus verstehen lassen (unten S. 90). Der hintere von den beiden Trägern der Muschel[136] und der r. neben dem Fruchtkorb der Ceres stehende[137] lassen sich sonst nicht belegen. Es sind sehr einfache, wenig bezeichnende Motive. Ein ἅπαξ λεγόμενον scheint der Eros neben dem Throne Dianas auf einem Mailänder Fragment zu sein[138]. Auch gegen seine hellenistische Herkunft wird man nichts einwenden wollen.

Damit sind die Bestandteile dieses hadrianischen Werkes durchmustert. Das Ergebnis ist eindeutig: Nicht nur der bildliche Typus als Ganzes ist hellenistisch, auch die einzelnen figürlichen Typen sind es. Sie sind Erfindungen der Zeit zwischen dem Ende des 3. Jahrhunderts und der Mitte des 2. Dagegen sind diese Zusammensetzungen erst von den Künstlern des frühen 2. Jahrhunderts n. Chr. vollzogen.

Nun läßt sich auch das Friesbruchstück aus dem Tempel der Venus Genetrix auf dem Caesarforum beurteilen (oben S. 46 A. 9, Taf. 7, b). Von den sieben Eroten darauf gehören vier zu einem Typus, der auch auf dem Zyklus mit den Thronen vertreten ist. Sie bilden die Paare mit dem Schild und dem Köcher, die beide fast symmetrisch gebaut sind. Nur der eine Eros mit dem Köcher streckt den vorderen Arm abwärts. Sonst entspricht er symmetrisch seinem Partner und fast völlig dem l. Halter des Schildes. Von den beiden, die sich über den Krater bücken, findet wenigstens der eine, dessen Unterkörper wesentlich von dem Gefäß verdeckt ist, Parallelen auf den Friesen des Vettierhauses mit der Weinlese und den Walkern und auf dem einen Bilde mit der Kranzflechterei[139].

L. von ihm steht, arg zerstört, ein nach r. gewandter Eros mit l. Stand- und r. Spielbein. Er neigt leicht den Kopf nach r. und faßt mit der in Schulterhöhe erhobenen L. den einen Henkel einer Amphora, die waagerecht auf seinen Schultern liegt, offenbar, um ihren Inhalt in den Krater zu gießen, den die beiden anderen aufstellen. Dieser Eros ist bis auf die Stellung seiner Beine und die Haltung seines Kopfes eine seitenverkehrte Wiederholung des »Winters« des runden Altars aus den Sallustischen Gärten (oben S. 41, Taf. 6. 7, a). Der r. Arm muß, wie dort der l., herabgehangen haben.

[135] Ausonia 4, 1910, 254, 5. [136] Ausonia 4, 1910, 250f., 1f. [137] Ausonia 4, 1910, 252, 3.
[138] Ausonia 4, 1910, 259, 9. [139] S. 364. RP. 92, 2, oben S. 171. 174.

Eros mit einer Spitzamphora, dem Gefäß für die Aufbewahrung des Weines, ist ein aus der alten und spontanen Verbindung von Aphrodite und Dionysos heraus wohl verständliches Motiv der hellenistischen Kunst. Es ist in mehreren Varianten vertreten. Auch ein Satyr oder ein kleiner Negerknabe erhält gelegentlich dieses Attribut. In ihrer Aussage über die Haltung und Handhabung des Gefäßes stimmen die Bilder überein. Entweder wird die Amphora an ihrer Spitze von der L. gefaßt, so daß sie sicher im Ellenbogen und an der Schulter ruhen kann[140], oder die R. faßt den einen der beiden Henkel, wenn das Gefäß auf dem Nacken liegt[141]. Die verschiedene Funktion der Hände beim Benutzen der Spitzamphora ergibt sich aus der Aufgabe. Regiert wird sie mit Hilfe des Henkels. Dafür muß die R. freibleiben, wenn sie im Arm getragen wird. Dementsprechend verteilt sich die Rolle der Hände auf den Bildern, die darstellen, wie aus einer solchen Amphora Wein ausgeschenkt wird[142]. Die Umkehrung des Seitenverhältnisses bei diesem Motiv auf dem attischen Erotensarkophag in Sparta[143] ist kein Gegenbeweis, weil diese Werkstätten überhaupt mit solcher Vertauschung der Seiten unbedenklich arbeiten[144]. Auf dem Sarkophag in Sparta verlangt die Symmetrie der Komposition an dieser Stelle eine nach r. gewandte Figur. Um sie zu gewinnen, hat man mit dem eigentlich nach l. gerichteten Motiv die Inversion vollzogen. Das auf einem hellenistischen Grabrelief erhaltene typologische Vorbild hat denn auch die umgekehrte Richtung[145].

[140] 1. Attasche einer Bronzekanne aus Südrußland, AA. 1903, 84, 4. — 2. Tönerner Reliefskyphos, Delos, BCH. 37, 1913, 421, 707 Fig. 3 = Courby VGR. 458, 100, 6c. — 3. Tarentiner Reliefamphora, Baltimore, Walters Art Gallery, D. K. Hill, Hesperia 16, 1947, 248ff. Taf. 17, 1; s. unten S. 96 A. 219. — 4. Reliefamphora, wohl 3. Jh. v. Chr., unpubliziert, Iraklion, Museum. — 5. Fries des Dionysostempels in Teos (zweimal), EA. 1347f. Hahland ÖJh. 38, 1950, 76ff. Abb. 28, 33, 45. RR. 1, 422, 1. 5. — 6. Terrakotten aus Griechenland, Winter, Typen 2, 491, 4, aus Myrina, ebenda 8, 10 und aus Tarent, JHS. 1886, 37f. Taf. 64 (Negersklave). Wuilleumier, Tarente Taf. 36, 3. — 7. Terrakottarelief der Slg. Barberini in V. Giulia, Rom, Satyr, 13546, Della Seta 467. — 8. Pompeianisches Wandbild, Erotengelage, H. 759. HBr. 64. RP. 93, 3. — 9. und 10. Hellenistisch-römische Gemmen, Furtwängler AG. 35, 46. 50, 34. Lippold, Gemmen und Kameen Taf. 26, 15. 30, 2. — 11. Tarentiner Kalksteinkapitell, ehem. Slg. Scheurleer, Wuilleumier TdT. 78, 5.

[141] Neben dem »Winter« des Rundaltars aus den Sallustischen Gärten, oben S. 41ff., zeigt dies der hellenistische Silberkantharos der Slg. Rothschild aus Tarent, Wuilleumier TdT. 1930 Taf. 6, 1. Ders., Tarente, 1939 Taf. 22, 1, oben S. 52. Hier bereichert dieses Motiv das Spiel der Achsen. Der r. Arm ist erhoben, so daß die Amphora die schräge Lage, in der sie gewöhnlich getragen wird, fast behalten hat und ihr Ende in der l. Hand des Eros ruht. Das Gegenstück dieses Eros auf der anderen Seite des Kantharos hat die L. erhoben und bewegt sich in der entgegengesetzten Schräge. Statt der Amphora, die dieser Haltung des l. Arms nicht angemessen wäre, trägt dieser Eros einen Krater auf seiner l. Schulter. Damit entspricht er dem tanzenden Eros hinter dem Bockswagen auf dem Fries des Vettierhauses mit der bacchischen Prozession, unten S. 169, 1. Auch die Fackel in der gesenkten R. haben beide gemeinsam. In derselben Weise trägt das Gefäß der Triton eines pompeianischen Bildes 4. Stiles, IX 5, 14, Spinazzola, Le Arti Decorative in Pompei, 1928, 126. Alinari 39155.

[142] Erotenfries des Vettierhauses, MA. 8, 1898, 359f., 56. HBr. 25 unten. RP. 86, 7. — Wandbild aus dem Farnesinahaus in Rom und dessen Replik als Mosaik in Wien: MI. 12, 8, 5. Pfuhl MuZ. 690. Rodenwaldt RM. 25, 1910, 257f., 1f. RP. 267, 1. 326, 9. — Fragment eines attischen Sarkophags, Istanbul 36 M.

[143] AZ. 38, 1880 Taf. 14. Baumeister, Denkmäler 3, 1883, 1593, 1618. Tod u. Wace, Catalogue 163f. Nr. 307. Toynbee 226 Taf. 53, 1f. RR. 2, 407, 1f. unten S. 82, 2.

[144] Verf., MarbWPr. 1956, 21ff.

[145] Pfuhl, JdI. 20, 1905, 123, 2. 50, 1935, 13. 2. Vgl. unten S. 93.

Allerdings gibt es einen spätklassischen Satyr, der, im Tanzschritt nach r. sich bewegend, eine Spitzamphora auf der l. Schulter trägt und sie mit der L. an einem Henkel faßt. Er ist überliefert durch einen apulischen Glockenkrater in Bologna[146], ein neuattisches Relief[147] und Campanareliefs[148]. Die Übereinstimmung zeigt, daß die klassizistischen Fassungen dieser Figur keine Umbildungen oder Neuschöpfungen sind, sondern Kopien nach einem berühmten Original. Den kleinen Eimer in der gesenkten R., wie auf der apulischen Vase, hat der Satyr auch auf einer etruskischen Nachbildung[149]. Das setzt ebenfalls ein bekanntes gemeinsames Vorbild voraus. Trotzdem ist dies zwar ein formal wirksames und elegantes Motiv, aber kaum ein überzeugendes. Denn die andere Hand ist nicht frei, um das Gefäß ungefährdet von der Schulter nehmen zu können. Aber die geforderte Richtung nach r. verbot die Verbindung der r. Hand mit der Amphora. Nicht von ungefähr ist daher in anderen Wiedergaben der Kaiserzeit die Amphora durch einen Schlauch ersetzt[150]. Als einfaches Motiv des Tanzens kennt den Typus schon die pergamenische Reliefkeramik in der Wendung nach l. und mit einem Lagobolon in der erhobenen Hand[151]. Dieser Zusammenhang verdient Beachtung, weil er zeigt, daß auch da, wo ein Typus verwandt wird, den schon die hellenistische Kunst kennt, die Neuattiker auf die klassischen Vorgänger zurückgreifen.

Auch die arretinische Reliefkeramik kennt einen nach r. bewegten Eros, der eine Spitzamphora so trägt, wie der Satyr auf dem rf. Krater in Bologna und seinesgleichen[152]. Wegen der Gemeinsamkeit der Richtung gilt für ihn dasselbe wie für jenen. Hinzu kommt, daß die Analogie mit dem Krater und mit dem Schlauch diese Form nahelegte. Denn diese beiden werden allerdings natürlicherweise so getragen. Der Satyr mit einem Krater auf einem Berliner Glockenkrater der Gnathiagattung macht daher den mit der Spitzamphora auf der apulischen Vase in Bologna verständlicher[153].

Für den »Winter« auf dem Rundaltar und für seine invertierte Replik auf dem Fries des Genetrixtempels zeigt der Überblick über das Motiv, wo die originale Fas-

[146] CVA. IV D r Taf. 26, 1 = It. 585. Er fehlt noch in der Zusammenstellung von Vertretern des Typus, die ich in der Festschrift für A. Oxé, 1938, 10, gab. [147] Puteal in Tegel, EA. 2992ff.

[148] v. Rohden-Winnefeld 39ff., 289f. Taf. 101. RR. 2, 254, 1.

[149] Reliefgefäß aus Bronze in Krakau, Annali 1883 Taf. K. Martha AE. 2, 1889, 525, 360. RR. 2, 124, 6. Der Satyr trägt hier statt der Amphora auf der l. Schulter ein Tier, offenbar zum Opfern. Dies ist eine Kontamination mit dem oben erwähnten Satyr, der ein Kalb zum Festmahle heranschleppt: S. 65ff. Nr. 2.

[150] Sarkophage in Kopenhagen, 777, Billedtavler 66. Toynbee 191 Taf. 39, 3, und Verona, D. 435 Verf. AbhMainz 1952, 5, 390 10 Taf. 4.

[151] Deubner AA. 1939, 343, 1. Vgl. unten S. 111, Taf. 19a. Neuattische Fortsetzungen: Marmorkrater in Pisa, D. 132. Lasinio Taf. 61. Merlin-Poinssot 24.RR. 3, 108, 2f. — Reliefs: Vatikan, Chiaramonti, Amelung 1 Taf. 86, 708; Fragmente in Adolphseck, unpubliziert, und in New York, Metropolitan Museum, EA. 2032. — Sarkophag, Vatikan, Belvedere, Amelung 2 Taf. 6, 28. RR. 3, 359, 2. — Gemme, Furtwängler AG. 57, 24. Lippold, Gemmen und Kameen 18, 1. — Goldschale aus Rennes, RR. 2, 233. — Provinzialrömisches Grabrelief, Arlon, Esp. 5, 231. Strong, Apotheosis, 1915 Taf. 26. RR. 2, 161, 3.

[152] Chr. Alexander, CVA. Metropolitan Mus. 14 Taf. 8. 36. Dragendorff-Watzinger 128, 9.

[153] F. 3453. Neugebauer, Führer 169.

sung liegt. Erstens: Die für die hellenistischen Eroten charakteristische Haltung der Spitzamphora in der l. Armbeuge verlangt das Halten mit der r. Hand, wenn das Gefäß auf den Nacken emporgehoben wird und dort ruht. Zweitens: Auf dem Fries ist die Inversion kompositionell begründet. Die dreiteilige Gruppe verlangte an ihrem l. Flügel eine Figur, die entschiedener nach r. gewandt war als das gewählte Muster. Außerdem war für die Mündung der Amphora die Richtung auf den Krater wünschenswert. Dies führte zu der Veränderung des Motivs. In seiner ursprünglichen Fassung hat es der Altar bewahrt.

Für die Jahreszeiteneroten ergibt sich aus dem Erscheinen des »Winters« von dem bescheidenen hadrianischen Rundaltar auf einem Staatsdenkmal derselben Zeit nun das Folgende.

1. Die aus der Formengebung im allgemeinen abgeleitete Zusammenstellung dieses Jahreszeitenzyklus mit den traianisch-hadrianischen Eroten überhaupt wird durch einen konkreten Fall bestätigt. Eines seiner Glieder ist hier mit anderen Typen aus diesem Bereich in einem Bilde vereinigt.
2. Das Staatsdenkmal entstellt den Typus. Er ist also in einem anderen Kreise geschaffen.
3. Auch abgesehen von der Ähnlichkeit mit den anderen Typen von Eroten, die sich als hellenistische Erfindungen erweisen ließen, kann die Entstehung dieses Jahreszeitenzyklus nicht erst in diese Zeit verlegt werden, weil die Entstellung bereits eine Verflüchtigung der gegenständlichen Bedeutung seiner Typen und des Bewußtseins von ihr voraussetzt. Auf die frühere Kaiserzeit weist nichts, alles dagegen auf den Hellenismus.

Ergänzend tritt dazu die Beobachtung, daß auch ein zweites Glied dieses Jahreszeitenzyklus sich in leicht modifizierter Form und ebenfalls mit veränderter Bedeutung auf einem gemalten Bilde der frühen Kaiserzeit wiederfindet.

Dasjenige von den drei pompeianischen Bildern mit der Kranzflechterei, in dem man eine römische Umformung des hellenistischen Musters sehen muß (unten S. 174f.) wird an seinem l. Ende nicht von einer diagonal gestaffelten Zweifigurengruppe abgeschlossen wie das des Vettierhauses, das am besten die hellenistische Form bewahrt hat. Dies würde nicht zu der Figurennische in der Mitte gepaßt haben. Es sind daher zwei im Ganzen frontal gesehene Figuren an diesen Platz gestellt, die durch ihr Agieren allgemein aufeinander bezogen sind. Der l. stehende Eros ist nur eine leichte Modifikation des »Frühlings« von dem runden Altar. Das Standmotiv, die Blütenschnur in der gesenkten R., die gebogene L., die ausgebreiteten Flügel und die hinten bis zu den Kniekehlen hängende Chlamys stimmen überein. Die Haltung des Kopfes geht aber nach der anderen Seite. Sonst fehlt nur der Blütenkorb in der L., die auch weniger fest an den Leib gezogen ist. Eine beabsichtigte Kopie dürfte dies freilich nicht sein. Es genügt schon anzunehmen, daß dem Maler bei dieser Figur der Zyklus nur als Anregung diente. Deutlich wird auch hier, selbst wenn man mit Zwischengliedern rechnet, daß der Zyklus ein berühmtes Werk war.

Den Eroten mit Götterattributen sei das Bild des von zwei Eroten getragenen Pan angeschlossen, weil es durch ein Motiv mit ihnen verbunden ist. Es ist auf den Nss. von drei Sarkophagen und in der Mitte der nur teilweise erhaltenen Vs. eines Girlandensarkophags zu sehen. Der letztere[154] und von den drei anderen die beiden stadtrömischen können noch hadrianisch sein[155] (Taf. 10b). Der dritte von ihnen, der noch nicht publiziert ist und sich in S. Scolastica zu Subiaco befindet, gehört zu der südkleinasiatischen Gruppe[156]. Weshalb dem bocksfüßigen Gott die Lust am Hüpfen vergangen ist, wird leider nicht deutlich. Auf dem einen Bild hat er die R. aufs Haupt gelegt (Cambridge). Es kann also gemeint sein, daß er singt. Dann wäre das Bild als Gegenstück zu dem berauschten Silen erfunden, den zwei Satyrn gelegentlich so auf einer aus einem Fell improvisierten Bahre transportieren müssen[157]. Auf dem Sarkophag in Subiaco sind tatsächlich beide Gruppen so verwandt. Die mit Pan bildet den Anfang des bacchischen Zuges auf der r. Ns., die mit Silen den Beschluß auf der l. Wie kommen die Eroten zu diesem Dienst, der ihnen eigentlich zu schwer ist? Auf drei von den Bildern werden sie auch von einem Satyr unterstützt (Sarkophage im Brit. Mus., in Neapel und in Subiaco). Wenn aber Pan seine Beine deshalb nicht benutzen kann, weil er sich bei der Verfolgung einer Schönen einen Dorn in den Fuß getreten hat, und wenn der über den Kopf gelegte Arm eine Gebärde des Schmerzes ist, dann haben die Eroten ihren Sinn. Auch das Ausziehen des Dornes pflegt ja einer von ihnen zu besorgen.

Der vordere von diesen beiden kleinen Männern ist auf den drei stadtrömischen Sarkophagen kein anderer als der wohlbekannte Girlandenhalter (oben S. 48f., Motiv 1, 51ff.), der auch in dem Zyklus mit den Götterthronen mehrfach erscheint (oben S. 64). Der andere, dessen Motiv auf dem Sarkophag in Subiaco in seinem Vordermann mit leichter Veränderung noch einmal verwandt ist, schreitet etwas vorgebeugt. Den Arm der vorderen Körperseite hat er stützend mit geringer Beugung etwa waagerecht erhoben. Der hintere von den beiden Trägern der großen Muschel neben dem Thron Poseidons ist offenbar eine Weiterbildung dieses Typus (oben S. 75). In genauer Übereinstimmung mit den beiden hier ins Auge gefaßten Eroten findet er sich auch in der hellenistischen Reliefkeramik bei einem Eros, der mit einem Löwen spielt[158]. Auch diese Figur ist damit als hellenistische Erfindung erwiesen.

Dieses Paar zusammen mit den Trägern der Muschel und der Sichel aus dem Reliefzyklus mit den Thronen erinnert schwerlich von ungefähr an eine Gruppe auf dem Bilde mit der Hochzeit des Alexander und der Roxane, das Lukian als ein Werk des Aëtion (SQ. 1938. Luk. Herod. sive Aëtion 4) beschreibt: δύο μὲν (scil. Ἔρωτες) τὴν λόγχην αὐτοῦ φέροντες, μιμούμενοι τοὺς ἀχθοφόρους ὁπότε δοκὸν φέροντες βαροῖντο.

Auf die Schwierigkeit, diese Überlieferung mit der monumentalen in Übereinstimmung zu bringen, hat G. Kleiner bereits hingewiesen[159]. Den Eroten des 4. Jahr-

[154] Neapel N.Mus.Inv. 6677. Foto des Museums; Zeichnung Eichlers beim Material für das Corpus der Sarkophagreliefs. Altmann, Archit. 79, mit falscher Angabe des Motivs und zu später Datierung.

[155] Cambridge, Michaelis 252f., 31. RR. 2, 443, 3. Brit. Mus. Cat. 2298. RR. 2, 467, 3. (Taf. 10b).

[156] Rodenwaldt, JHS. 53, 1933, 204, 73.

[157] J. Colin, BullCom. 72, 1946—48/51, 149ff.

[158] Hobling, BSA. 26, 1923/25, 301, 9c, aus Sparta.

[159] Tanagrafiguren, 1942, 173.

hunderts haftet fast immer noch etwas von dem poetischen Reiz von schönen Knaben an, und den wenigen Beispielen, in denen sie kindlicher gebildet sind, fehlt der possierliche Gegensatz zu den Erwachsenen. Es ist allerdings unmöglich, das Bild, das Lukian beschreibt, für ein Werk des 4. Jahrhunderts zu halten. Kleiner neigt zu einer Herabsetzung der Datierung des Aëtion in das 2. Viertel des 3. Jahrhunderts. Angesichts der Denkmäler scheint auch dies noch reichlich früh. Es fragt sich daher, ob die Beschreibung Lukians nicht überhaupt als rhetorische Ekphrasis zu verstehen ist. Denn stilistisch angesehen ist diese ganze Erotengesellschaft hochhellenistisch.

Unter den traianisch-hadrianischen Eroten mit Attributen von Göttern bilden eine kleine Gruppe die drei mit den Waffen des Mars auf sieben marmornen Kandelaberbasen[160]. Die öfter hinzugefügte Grundlinie ist eine Entstellung. Gemeint sind schwebende Eroten. Sie tragen die Waffenstücke — Schild, Helm, Schwert — mit erhobenen Armen auf der Schulter oder hinter dem Rücken. Den Girlandenträgern entsprechen sie nicht nur darin. Die Haltung ihrer Beine stimmt überein mit den girlandenhaltenden Eroten der Motive 2 und 3 (oben S. 49f.). Dazu kommt das Schweben, das in Verbindung mit der Girlande schon hellenistisch zu belegen war (oben S. 54ff.). Schwebende Eroten mit Götterattributen lassen sich allerdings über die campanische Wandmalerei hinauf nicht verfolgen[161]. Auf den Bildern von Ares und Aphrodite fehlt es dort auch nicht an solchen, die mit den Waffen des Kriegsgottes spielen. Dazu kommt das Bildchen mit dem Thron des Mars und den Eroten daneben (oben S. 64). Die Elemente der Eroten auf den Kandelaberbasen sind also hellenistisch. Trotzdem wird man mit Lippold an die »Nachbildung bestimmter griechischer Originale nicht denken« wollen[162]. Der enge Anschluß an die Girlandenträger, die stereotype, fächerartige, von dem Gewand gebildete Folie und die Profilhaltung der Köpfe, selbst bei dem Träger des Helmes, dessen Entsprechungen unter den Girlandenhaltern tordierter zu sein pflegen, warnen davor. Diese drei Eroten sind also aus hellenistischen Bestandteilen zusammengesetzte neuattische Schöpfungen ihrer Zeit.

3. Kinderkomos

Am problematischsten sind nach Herkunft und Bedeutung unter den traianisch-hadrianischen Eroten diejenigen, die auf den »Erotensarkophagen« im Komos sich

[160] Über sie zuletzt Lippold, Vatikankatalog 3, 2, 1956 zu Gall. Cand. IV 46 Taf. 141. Zusammenstellung der sieben Kandelaberbasen EA. 2481/83.

[161] Viele Beispiele RP. 70ff. Besonders ähnlich ist H. 677, RP. 74, 5 dem Eros mit dem Helm auf den Basen. Ein schwebender Eros, der ein Böcklein als Opfertier auf den Schultern trägt, bildet die Mitte des Erotenthiasos auf der einen von den beiden polychromen Reliefamphoren der Walters Art Gallery in Baltimore, die D. K. Hill, Hesperia 16, 1947, 248ff. Taf. 67, 2, veröffentlicht hat. Die Herausgeberin weist auch darauf hin, daß ein gleiches Stück sich in New York, im Metr.Mus. befindet, und daß möglicherweise das bei Froehner, Coll. Tyszkiewicz, 1898 Taf. 4, abgebildete Exemplar identisch ist mit dem einen in Baltimore. Die fünf Eroten auf diesen zwei oder drei Amphoren stimmen aber Zug für Zug überein mit fünf von den Eroten auf den kleinen Medaillonbildern aus der »Villa des Cicero« bei Pompei: H. 673. 679. 700. 726. 680. RP. 73, 1, a. b. 2, a. 4, a. b. HBr. 1 Text 121, 32f. Sie scheiden daher als gefälscht aus. Vgl. oben S. 59 A. 63.

[162] a.O. 3, 2, 311.

tummeln. Am Anfang dieser Klasse von Sarkophagen stehen die frühen Stücke der stattlichen attischen Gruppe. Sie vor allem müssen ins Auge gefaßt werden, weil sich stilistisch ihre Eroten den hier untersuchten unmittelbar anschließen. Ohne die späteren lassen sie sich aber nicht verstehen. Mit den dionysischen attischen Sarkophagen gehören sie zu den frühesten Sarkophagen des 2. Jahrhunderts überhaupt, die wir kennen. Eine stadtrömische Gruppe schließt sich bald an. Von ihr mögen einige Vertreter noch hadrianisch sein. In der frühantoninischen Zeit trennen sich die stadtrömischen Erotensarkophage von den attischen. Den übernommenen Typenschatz, der sich vorwiegend aus Darstellungen des Komos zusammensetzt, halten sie fest. Andere Themen fügen sie hinzu: Zirkusrennen, Szenen der Palaestra, Spielen mit den Waffen des Kriegsgottes. Das Halten eines Clipeus in der Mitte wird schließlich das häufigste Motiv. Die letzten Vertreter der attischen Gattung gehören schon in das erste Viertel des 3. Jahrhunderts. Ihr Typenschatz ist noch derselbe wie auf den frühen. Aber aus dem klassizistischen Stil ist ein barocker geworden[163].

Die Ordnung dieses ganzen Materials bleibt dem Sarkophagcorpus vorbehalten. Seine Abteilung V 2 soll den Eroten und den Jahreszeiten gewidmet sein. Dies ist wohl der Grund, weshalb die Frage nach der Herkunft und nach der Bedeutung der Erotenkomoi noch nicht geklärt ist (die bisherigen Meinungen darüber s. u. S. 95). Um hierfür eine möglichst breite Basis zu gewinnen, stelle ich in einer vorläufigen Liste das jetzt bekannte Material zusammen. Damit die ganze Gattung beurteilt werden kann, bleibt die Liste nicht auf die Komosbilder beschränkt, sondern erfaßt alle jetzt bekannten attischen Sarkophage und Sarkophagfragmente, auf denen Knaben oder Eroten in der Handlung Erwachsener dargestellt sind mit Ausnahme derer mit der Weinernte, die es in der frühen Gruppe noch nicht gibt[164].

[163] Rodenwaldt JdI. 67, 1952, 41. — Die Vermutung von J. M. C. Toynbee, Coll. Latomus 6, 1951, 28f., diese jüngere Gruppe sei in Rom gearbeitet, wird durch die Menge von Sarkophagen in Griechenland widerlegt, die zu ihr gehören. Allein schon die Bestände des Museums in Saloniki machen das eindrucksvoll klar. Im Athener Nationalmuseum, in Sparta und in Theben gibt es Fragmente bacchischer Sarkophage, die genau übereinstimmen mit denen der Praetextatkatakombe und im Capitolinischen Museum. Eine ähnliche Vermutung wie J. M. C. Toynbee hatten schon Lehmann und Olsen 68f. geäußert. Rodenwaldt hat, zuletzt RM. 58, 1943, 14 und JdI. 67, 1952, 31 A, 4, diese Auffassung mit großer Entschiedenheit abgelehnt. — W. Perkins JRS. 46, 1956, 20ff. vermutet, daß die attischen Sarkophage in der Regel erst am Bestimmungsort von dorthin geschickten Handwerkern aus Attika fertiggestellt wurden. Dadurch wird m. E. der Sachverhalt noch verwickelter. Entsprechendes müßte man für die kleinasiatischen Säulensarkophage annehmen, die in den Westen gelangten. Der stadtrömische Sarkophag in Jerusalem, Hanfmann Nr. 463 Fig. 36, unten S. 156. 168 D. a würde die umgekehrte Voraussetzung fordern. Stil und Typenüberlieferung bleiben in den beiden östlichen Gruppen geschlossen. Daß sie sich westlichen Einflüssen öffneten, ist nicht zu bemerken. — Übrigens ist der Hippolytos-Sarkophag aus Trinquetaille in Arles nicht das einzige attische Stück in Gallien. Der unten S. 84 unter Nr. 32 aufgeführte Erotensarkophag aus La Gayolle kommt dazu. S. außerdem Rodenwaldt JdI. 55, 1940, 48 A. 7 und die dort angegebenen vorangehenden Äußerungen.

[164] Von den zwölf »griechischen« Erotensarkophagen, die Matz AZ. 30, 1872, 16, 37, zusammenstellen konnte, sind L und M nicht aufgeführt. Die Aufnahmen von L, die ich der Freundlichkeit H. Sichtermanns und K. Vierneisels verdanke, ergeben, daß dieses Stück ein stadtrömisches ist. M, Villa Carpegna = MD. 2208, ist nach einer mir vorliegenden älteren Aufnahme schwerlich attisch. — Zuletzt hat sich K. Kübler mit dieser Gruppe von Sarkophagen beschäftigt: JdI. 67, 1952, 105ff.

Attische Erotensarkophage

1. Athen NM. 1181, aus Anaphe. Vs. Kinderkomos, r. Ns. Sphinx, l. Ns. Bellerophon, Rs. Fruchtgirlande, an zwei Bukranien und einem Adler aufgehängt. — Papaspyridi, Guide 171. Rodenwaldt JHS. 53, 1933, 185, 2. Toynbee 225 Taf. 52, 3. Alinari 24 339. DAInst. NM. 3819 (Taf. 11a).
2. Athen NM. 1183, gef. 1836 in Athen »beim Bau der Münze«. Vs. Kinderkomos, r. Ns. tanzender Knabe mit Thyrsos und Kantharos, l. Ns. desgl. mit Palmzweig, Rs. zwei Löwen und ein Krater. — Stephani, Der ausruhende Herakles, 1854, 101 Taf. 2. JHS. 28, 1908 Taf. 19. Papaspyridi a. O. 171. Toynbee 226 Taf. 53, 3. Alinari 24 341. DAInst. NM. 5 Aufnahmen (Taf 12c.d).
3. Athen NM. 1187, aus Patras. Vs. fünf Knaben, Nss. je ein Knabe mit Jagdbeute, Lagobolon und Hund, Rs. zwei Greifen und eine Amphora. — Matz AZ. 30, 1872, 11ff. Taf. 59. Stais, Guide 194. Toynbee 224 Taf. 52, 1f. RR. 2, 404, 2ff.
4. Athen NM., gef. 1847, ehem. im Garten Soutzos. Vs. acht Knaben beim Opfer, r. Ns. Clipeus mit Gorgoneion, l. Ns. Oidipus und Sphinx, Rs. Girlande, an drei Bukranien aufgehängt. — Le Bas, MonFig. Taf. 86f. (89f.). Robert ASR. 2, 189 Nr. 181 (L. Ns.). Robert, Oidipus 1, 1915, 509, 68. Cumont, Syria 10, 1929, 223. 228 Abb. 3. RR. 2, 405.
5. Athen, beim Hephaisteion, unveröffentlicht. Vs. Thiasos, in der Mitte Jüngling und Psyche opfernd, l. Ns. zwei Eroten mit Palmzweig, r. Ns. zwei Panther mit Krater.
6. Athen NM. 1178. Kinder auf Löwen- und Pantherbiga. — Stais a. O. 191. Rodenwaldt JdI. 55, 1940, 22.
7. Kephisia, gef. 1866. Vs. Eros und Psyche opfernd, zwei Paare von Eroten, zwei tanzende Knaben, r. Ns. Sphinx, l. Ns. Clipeus, Rs. drei Eroten mit Girlanden, in deren Bögen Tierkampfgruppen. — Benndorf AZ. 26, 1868, 35ff. Struck Griechenland 1, 186 Abb. 214. Toynbee 224 Taf. 51, 3. Tschira AA. 1948/49, 84. Giuliano ASAtene 33/34, 1955/56, 201. DAInst. Athen 17—19.
8. Sparta, Museum Nr. 307. Fragmentierte Vs., Kinderkomos von ursprünglich zehn Figuren, die alle bis auf die Figur an der l. Ecke vorhanden sind. — Dressel u. Milchhöfer AM. 2, 1877, 401 Nr. 228. M. Fraenkel AZ. 28, 1880, 163 Taf. 14. Baumeister, Denkmäler des klass. Altert. 3, 1888, 1553, 1618. Tod u. Wace, Cat. of the Sparta Museum, 1906, 163. Toynbee 226 Taf. 53, 1f. RR. 2, 407, 1f.
9. Korone (Petalidi). Palaestra (?). Verschollen. — Beschr. von Schoell, Kunstbl. 5, 1840, 306. Matz AZ. 30, 1872, 16 A. 37 C.
10. Saloniki, Museum, unveröffentlicht, Klinenform, zweizonig, oben Erotengelage, unten Komos von Eroten.
11. Saloniki, Museum 1248, Kindersarkophag, mit Giebeldach, unveröffentlicht. Vs. Erotenkomos, r. Ns. zwei Eroten mit Bock, l. Ns. zwei Eroten mit Kampfhähnen, Rs. an drei Bukranien aufgehängte Girlande.

12. Istanbul, Museum M. 23, aus Saloniki. Vs. Kinderkomos, Eros und Psyche, r. Ns. Knabe mit Fackel und Kranz, l. Ns. Sphinx, Rs. Girlande mit Adlern und schwebendem Eros (Taf. 11 b).
13. Andros, Fragment. Knabe nach r. mit Fackel in der gesenkten R. — Th. Sauciuc, Untersuchungen zur Geschichte und Topographie der Insel Andros, Sonderschr. d. Österr. Arch. Inst. 8, 1914, 26 und A. 17.
14. Anaphe, Kindersarkophag. Vs. Komos von sechs Knaben. Ns. Bellerophon. — Ross, Archäol. Aufs. 2, 1861, 531 Taf. 18 C. Hiller v. Gärtringen, Thera 1, 1899, 358, 9. Toynbee 227 Taf. 51, 4 (Taf. 14a).
15. Iraklion (Kreta), Magazin des Museums, Fragment. Zwei Eroten mit Palmzweig.
16. Aus Xanthos. Nur Fragmente erhalten. Brit. Mus., Cat. 958. Vs. Erotenjagd, Nss. Erotenspiele, Rs. antithetische Tiergruppe. — Rodenwaldt JHS. 53, 1933, 184ff. Fig. 3f. Taf. 10.
17. Antalya, Fragment, Erotenjagd (?). — Lanckoronski, Die Städte Pamphyliens und Pisidiens 1, 1890, 16. Rodenwaldt JHS. 53, 1933, 212.
18. Side, gef. 1956. Klinensarkophag mit Kinderkomos auf Vs. und Nss., unveröffentlicht. Die Kenntnis verdanke ich A. Müfid Mausel und J. Inan.
19. Korykos (Kilikien), Keil-Wilhelm MAMA. 3, 121. 209 Nr. 152 Taf. 47. Rodenwaldt a. O.
20. Bengasi, Museum, aus Tolmetta. Fragmente. L. Ns. zwei Eroten mit Palmzweig, Rs. Girlande, hängend über schwebendem Eros und zwei bärtigen Hermen. — Pietrogrande, Afr It. 3, 1930, 109ff. Fig. 3—5. Vgl. 132.
21. Barce (Kyrenaika). Fragment einer Ns. Zwei Eroten mit Palmzweig. — Pietrogrande a. O. 122 Nr. 18 Fig. 20. Vgl. 132.
22. Kyrene, Museum. Kindersarkophag. Vs. Erotenkomos zwischen zwei Hermen des Herakles, r. Ns. Sphinx, l. Ns. Tierkampfgruppe, Rs. antithetische Löwen und Krater. — Pietrogrande a. O. 114ff. Fig. 9—12. Vgl. 132.
23. Rom, V. Medici, Fragment einer Vs. Fünf Figuren eines Kinderkomos. — MD. 2209. Cagiano de Azevedo, Le Antichità di V. M. 1941, 111 Nr. 271 Taf. 49. Giglioli, BullCom. 72, 1951, 54, 1.
24. Rom, V. Medici, Vs. Erotenkomos. — MD. 2741. Cagiano de Azevedo a. O. 75 Nr. 64 Taf. 33. RR. 3, 309, 3.
25. Rom, Casa di Crescenzio, Fragment, Kinderkomos. — Giglioli a. O. 53 Taf. 1. Nach Cagiano de Azevedo paßt dieses Stück an den l. Rand von Nr. 24 dieser Liste. Giglioli bestreitet, nicht ganz überzeugend, die Zusammengehörigkeit.
26. Ehem. Rom, Fresko Ghirlandaios in Florenz, S. Maria Novella, abgebildet z. B. Giglioli a. O. 53. Toynbee Taf. 55, 1. Vgl. Colasanti, Riv. d'Arte 16, 1934, 45. — Vs. Kinderkomos.
27. Rom, Praetextatkatakombe, Klinensarkophag. Vs. und Nss. Kinderkomos, Rs. Eroten auf Löwen- und Pantherbiga. — AA. 1930, 369. Rodenwaldt JdI. 45, 1930, 160, 40. Toynbee 227 Taf. 54, 4. M. Gütschow, Das Museum der Praetextatkatakombe, Mem. Pont. Acc. S. 3, 4, 1938, 142/114ff. Taf. 24ff.

28. Ehem. Rom, Palazzo Giustiniani, jetzt verschollen. Palaestra. — Gall. Giust. 2, 124.
29. Porto, jetzt Ostia, Museum. Kindersarkophag (Kline). Vs. und Nss. Kinderkomos, Rs. Kinderpalaestra. — Calza NSc. 1931, 517ff. Taf. 15. Calza, La Necropoli del Porto di Roma, 1940, 211ff., 112ff. Calza, BollStM. 2, 5, 1931, 12 Taf. 4. 6. Technau AA. 1932, 468, 5f.
30. Aquileia, Museum, Fragment einer Vs. Kinderkomos. — Brusin, Aquileia e Grado, 1956, 146f., 84. Pietrogrande, Afr It. 3, 1930, 126f., 25. Toynbee 227 Taf. 54, 3. Giglioli, BullCom. 72, 1946/48, 53 Taf. 1. Alinari 20 906.
31. Split, Museum. Fragmente aus Salona, Erotenjagd. — Rodenwaldt JdI. 45, 1930, 157, 32. 165, 38f. 178 A. 5. M. Gorenc, Antikna Skulptura u Hrvatskoj, 1952, 59, 61.
32. La Gayolle, Klinensarkophag, verschollen. Kinderkomos. — Espérandieu 10, Suppl. 1928, 123, 7436 nach Zeichnung von Peiresc (Vgl. Chaillan, Bull. Arch. 1913, 317 Taf. 26). v. Schoenebeck ARW. 34, 66, 6.
33. Brit. Mus., früher Slg. Cook, Richmond, Fragment, Kinderkomos. — JHS. 28, 1908, 27 Nr. 40 Taf. 19. Toynbee 227 Taf. 54, 1. Foto Züchner 1953 V 3 3453.
34. Oxford, Ashmolean Museum, Fragmente. Kinderkomos. — Michaelis 565 106/108. Toynbee 227 Taf. 54, 2. RR. 2, 526, 5. Foto Züchner 1953 V 3 76 (Taf. 12b).
35. München, Glyptothek 518, früher Antiquarium. Mittelstück einer Vs. Vier Figuren eines Kinderkomos und Altar. — Christ, Führer, 1901, 33 Nr. 610. Sieveking AA. 1929, 6, 518. Foto Kaufmann 223. Nach freundlicher Auskunft H. Diepolders bereits 1785 im Antiquarium der Residenz nachzuweisen. S. Nachtrag unten S. 191 (Taf. 14b).
36. Apollonia, Illyrien (Koli Kondasi). Fragment vom r. Ende der Vs. eines Sarkophags. Zwei Figuren eines Kinderkomos, Altar, Bukranion. — L. Rey, Albania, Cahiers d'Arch. d'Hist. et d'Art, 1955 Nr. 5, 55 Taf. 16, 1. Den Hinweis auf dieses Stück verdanke ich H. Diepolder, der ihn den Notizen von Wolters zu Nr. 35 entnahm.

Der Name »Erotensarkophage« hat sich für die Gruppe eingebürgert. Es empfiehlt sich aus praktischen Gründen, ihn beizubehalten. Mit dem Sachverhalt deckt er sich nur zum Teil. Das Kriterium für Eros ist die Beflügelung. Sie findet sich nur bei gut einem Drittel dieser Bilder. Von dieser Art sind die vier mit zwei Eroten, die sich einen Palmzweig streitig machen (5. 15. 20. 21). Auch bei den drei Darstellungen der Jagd (16. 17. 31), bei dem Hahnenkampf (11) und bei der einen Opferszene (7) handelt es sich nur um Eroten. Von den beiden Bildern mit der antithetischen Löwen- und Pantherbiga hat das eine Eroten (27), das andere (6) Kinder. Nur Kinder stellen die drei Palaestraszenen dar (9. 28. 29). Von den Komoi haben aber nur vier (10. 11. 22. 24) die Beflügelung, während achtzehn Kinderkomoi sind (1. 2. 3. 4. 8. 12. 14. 18. 23. 25. 26. 27. 29. 30. 32. 33. 34. 35). Nicht nur wegen dieses Verhältnisses der Zahlen, sondern auch weil die vier Erotenkomoi einer fortgeschrittenen Stilstufe angehören, während unter den anderen die frühen Stücke vorherrschen, ist auf diesen Bildern die Beflügelung sekundär. Ihre Erklärung muß daher von der Frage ausgehen, was der Komos von Kindern bedeutet. Aber weil ihrer Form nach diese Kinder sich von den traianisch-hadrianischen Eroten nicht trennen lassen und weil die Frage nach der Herkunft, bzw. nach der Originalität dieser ganzen Gesellschaft uns zu diesen Sarkophagen geführt hat, muß zuerst die typologische Seite geprüft werden.

Zwei Typen, die als Eckfiguren verwandt werden, lösen sich auf den ersten Blick von den übrigen, weil ihre Bewegung nicht zu einem am Beschauer vorüberströmenden Zuge paßt. Ein Tanzender, der eigentlich ein Laufender mit zurückgeschwungenem Arm und Bein auf der einen Körperseite ist, kommt auf drei frühen Exemplaren vor (1. 11. 12). Er hat sich in der Werkstatt gehalten aber nicht ohne bedeutende Entstellungen (18). In seiner anfänglichen Form ist er so übereck angeordnet, daß die Hälfte mit den zurückgeschwungenen Gliedmaßen auf der Vs., die andere auf der Ns. erscheint. Im Körpermotiv übereinstimmende Gestalten finden sich als Träger von Girlanden auf stadtrömischen Grabaltären[165] (Taf. 13a) und Sarkophagen[166]. Dem tordiert Tanzenden (2. 7. 14. 27. 29. Vgl. Toynbee Taf. 51, 1, hier Taf. 16) begegnet man wieder ebenfalls auf Grabaltären (Altmann a. O. 55, 10. 47, 107, 96, 87) (Taf. 13b) und auf Sarkophagen stadtrömischer und östlicher Herkunft (oben S. 49f. Motiv 3 und 4), hier wie dort auch in der Funktion eines Girlandenträgers. Ob diese Figuren tanzend (Motiv 3) oder schwebend (Motiv 4) dargestellt sind, macht für das Motiv keinen Unterschied. Daß die Übereinstimmung keine zufällige ist, ergibt sich auch aus dem Verhältnis zur Ecke auf den Grabaltären. Bei den tordiert Tanzenden und bei den Laufenden stimmt dieses Verhältnis mit den attischen Sarkophagen überein, von denen wir ausgingen. Diese lassen sich weder von den Girlandensarkophagen, noch von den Grabaltären ableiten. Die Girlandensarkophage entwickeln sich selbständig neben ihnen. Von den stadtrömischen Grabaltären zu den attischen Sarkophagen führt erst recht keine Verbindung. Vielmehr sucht die stadtrömische Sepulkralkunst der hadrianischen Zeit ihre Motive im Osten. Die frühen attischen Sarkophage gehen zeitlich und motivisch den ersten in Rom selber gefertigten voran. Auch das umgekehrte Verhältnis der Abhängigkeit kommt für die beiden Typen von Tänzern, mit denen wir es zu tun haben, nicht in Frage, weil die Grabaltäre, jedenfalls als Gattung, älter sind als die attischen Sarkophage, und weil die Girlandenträger der Sarkophage in dem überlieferungsmäßig bedingten Zusammenhang stehen, der oben aufgezeigt wurde, während auf den attischen »Erotensarkophagen« diese beiden Figuren von Hause aus nicht zu dem Kinderkomos gehören, mit dem sie nur äußerlich verbunden sind.

Der Grund für die Ähnlichkeit zwischen ihnen und den Girlandenträgern muß also weiter zurückliegen. Verantwortlich für sie können bei dieser Sachlage nur die Musterbücher sein, die in den Werkstätten hier wie dort benutzt wurden. Das führt wieder auf hellenistische Vorbilder dieser beiden Eroten. Am wahrscheinlichsten bleibt es,

[165] Altmann, Grabältare 104, 87, 86. Lippold, Vatikankatalog 3, 3, 607a Taf. 33. EA. 3630.

[166] oben S. 49 Motiv 2a Nr. 2, 3 und 5.

anzunehmen, daß bereits sie Girlandenträger waren. Die an sich zeitlich mögliche direkte Ableitung von den Grabaltären würde im Widerspruch stehen zu dem, was wir von der Geschichte und Entwicklung der Gattungen wissen.

Abgesehen von diesen Eckfiguren hat der Zyklus neben seinen einzelnen Figuren einige zweifigurige Gruppen. Diese wie jene werden rechtsläufig und linksläufig verwandt. Auf solche Weise können die Langseiten fast ausnahmslos symmetrisch gestaltet werden. In ihrem Verhältnis zur Vs. werden die Nss. meist in diese Symmetrie einbezogen.

Zweifigurengruppen von einem berauschten Knaben und einem anderen, der ihn stützt, kommen in vier Fassungen vor.

In dem einen Falle erscheint der Berauschte in tordierter Haltung. Das Bein der vorderen Körperseite ist vorgesetzt, der Arm darüber auf das Haupt gelegt, der andere um den Nacken des Gefährten. Dieser, der die Ausfallstellung hat, schlingt seinen einen Arm von hinten stützend um den Leib des anderen (1. 8. 23. 26. 32). Zwei Beispiele, in denen der Berauschte seine vordere Hand nicht auf das Haupt legt, sondern senkt (3. 29), stellen sich als Modifikationen dar, während in einem anderen Falle (18), wo diese Figur ohne die stützende als eine tanzende vorkommt, die ursprüngliche Form durch Fortlassen des einen Bestandteils der Gruppe verändert ist.

Die Gruppe, die von einer stützenden und einer gestützten Figur gebildet wird, kommt in thematisch verschiedenen Fassungen vor. Besonders oft ist es Dionysos, den ein Satyr geleitet. Motivisch ist die Mannigfaltigkeit groß. Sie bedarf einer Untersuchung, die hier nicht geführt werden kann[167]. Auch unabhängig von der Frage, wieweit sich diese Entwicklung in der Plastik oder in der Malerei abgespielt hat, ist es aber klar, daß die hier ins Auge gefaßte Ausgestaltung dieses Gruppenmotivs eine hellenistische Erfindung ist. Es wird genügen, an die Dionysos-Satyrgruppe einer Ciste aus Palestrina[168], an calenische Reliefgefäße[169] und an ein Bild der V. dei Misteri[170] zu erinnern.

Die Erfindung der zweiten Fassung unserer Zweifigurengruppe mag noch in das späte 4. Jahrhundert zurückgehen. Hier überschneiden sich der Stützende und der Gestützte chiastisch. Dieser wird meist im Körpermotiv nur durch den rückwärts hängenden Rumpf und den auch hängenden Kopf von der anderen Fassung unterschieden. Der stützende Knabe greift von vorn um seinen Rumpf herum und wendet das Haupt im Gegensinne zur Bewegung seiner Beine (10. 18. 27. 29. 30. 34). Reliefs von bronzenen Spiegeln und Hydrien mit Boreas und Oreithyia oder mit Pan und einem Satyrknaben zeigen die Prototypen[171]. Auf den Spiegelreliefs sind die flächigen

[167] Vorläufig: Arndt, Text zu BrBr. 620. Lippold, Kopien und Umbildungen griechischer Statuen, 1923, 175. 276. XVI 11. Sieveking JdI. 56, 1941, 78ff. Amandry ASAtene 24/26, 1946/48, 185ff.

[168] Della Seta, Museo di V. Giulia, 1918 Taf. 62. RS. 2, 131, 2.

[169] Pagenstecher 30, 13. 35, 23 Taf. 7, 13a.

[170] Maiuri, V. dei Misteri, 1931, 179, 67. RP. 108,3.

[171] Spiegel: Berlin 7457. Züchner, Griech. Klappspiegel, KS. 45 Taf. 11. Athen NM. 7416, Züchner KS. 87, 170 Abb. 83. — Hydrien: Den drei von Züchner a. O. 62 zusammengestellten hat G. M. A. Richter AJA. 50, 1946, 365 eine weitere hinzugefügt. Alle vier sind von ihr auf Taf. 28 abgebildet. Vgl. D. v. Bothmer BMetrMus. 1955, 191ff.

Bezüge am stärksten, weil der übergreifende Arm der stützenden und der zum Haupt geführte Arm der gestützten Figur fehlen. Beides kommt auf den Hydrien vor. Hier sind aber die Beine beider Gestalten nach den entgegengesetzten Richtungen gewandt. In jüngerer, zugleich invertierter und komplizierterer Fassung findet sich die Gruppe auf einem glasierten Reliefbecher der Kaiserzeit[172].

In der dritten dieser Zweifigurengruppen auf den attischen Sarkophagen mit dem Kinderkomos ist der Gestützte insofern invertiert, als er sich vornüber beugt, um aus einem Krater zu trinken, der am Boden steht, während ein Gefährte ihn entweder zu stützen oder von dem Krater fortzuziehen versucht, indem er beide Arme um seinen Leib schlingt (22. 23. 25). Es verdient Beachtung, daß der Stützende dieser und der vorigen Gruppe im Motiv weitgehend übereinstimmen mit dem einen Eros aus dem Paar, das sich in dem Zyklus mit den leeren Götterthronen um das Szepter Saturns bemüht (oben S. 68ff.). Das Ganze ist ein hellenistisches Gruppenmotiv, das in zwei Fassungen bekannt ist. Die eine stellt dar, wie dem berauschten Silen der Kantharos entglitten ist. Indem er sich bückt, um ihn aufzuheben, verliert er das Gleichgewicht, wird aber von einem Satyr durch einen kräftigen Griff um den Leib vor dem Fallen bewahrt. Der Krater Borghese mit seinen Repliken aus Mahdia und der Fries des Dionysostempels in Teos bieten späthellenistische Beispiele. In der Reliefkeramik läßt sich die Gruppe mindestens schon im hohen Hellenismus belegen[173]. In der anderen Fassung dieser Gruppe handelt es sich um eine erschöpft zusammenbrechende Mainade, die von Silen betreut wird. Sie kommt vor auf neuattischen Marmorgefäßen von der Art des Kraters im Campo Santo zu Pisa und auf den Ikariosreliefs. Die Muster gehören spätestens dem ausgehenden Hellenismus an[174].

Nur die vierte und letzte dieser vier Stützungsgruppen läßt sich vor dem frühen 2. Jahrhundert n. Chr. und außerhalb dieses Themas nicht nachweisen. Ein Knabe oder Eros in Ausfallstellung hilft einem rückwärts taumelnden, dem die Beine nach vorn geglitten sind, während ihm das Haupt weinschwer auf die Brust sinkt (2. 4. 11. 12. 14. 18. 24. 33. 35). Diese Gruppe findet sich sonst nur auf südkleinasiatischen Sarkophagen der zweiten Hälfte des 2. Jahrhunderts[175]. Weil von den übrigen Typen des attischen Kinderkomos ein großer Teil auch auf diesen Sarkophagen vorkommt, könnte man daran denken, daß überhaupt die Bilder der attischen Sarkophage die Quelle für die andere Gruppe waren und daß nur zufällig die anderen Stützungsgruppen hier fehlen. Tatsächlich zeigt ein Vergleich dieser attischen und kleinasiatischen Sarkophage, daß eine gemeinsame Quelle anzunehmen ist. Auf den Langseiten der attischen Sarkophage ist Symmetrie der Komposition angestrebt. Eine

[172] D. C. Spitzer, Hesperia 11, 1942, 184, 16 m.

[173] Merlin-Poinssot 84. 92.

[174] Merlin-Poinssot 102. Watzinger JdI. 61/62, 1946/47, 84. Auf einem glasierten Reliefskyphos der frühen Kaiserzeit aus Südarabien, den B. Segall veröffentlichen wird und dessen Kenntnis ich ihr verdanke, findet sich dieselbe Gruppe.

[175] Ehem. Rom, P. Fiano, ungedeutet, Robert ASR. 3, 435 Taf. 140. Rodenwaldt JHS. 53, 1933, 206ff. AA. 1938, 398.—Erotensarkophage: Rom, P. Mattei, Rodenwaldt AA. 1938, 407ff., 13, und Side, A. Müfid Mansel AA. 1956, 75f., 31. Auch auf der einen Langseite dieses Sarkophags begegnet man der Gruppe wieder. Eine Aufnahme verdanke ich der Freundlichkeit A. Müfid Mansels und Jale Inans.

Mittelgruppe wird auf beiden Seiten von Figuren eingefaßt, die sich auf sie zu bewegen. Gerade die frühen Stücke sind in dieser Beziehung am entschiedensten. Auch die relativ lockere Aufreihung der Figuren auf Nr. 8 ordnet sich im Grunde nach diesem Prinzip. Ergänzt man am linken Ende einen Knaben im Gegensinn von dem am rechten Ende, so ergeben sich zwei symmetrisch auf eine Mitte zu bewegte dreifigurige Flügel. Die vier Figuren zwischen ihnen fügen sich dieser Anordnung in der Weise, daß je ein Paar nach rechts, bzw. nach links gewandt ist. Auf den späteren Sarkophagen (27. 29) verschiebt sich die Mitte der symmetrischen Figurengruppe zwar etwas nach der Seite. Aber an dem Prinzip der symmetrischen Komposition hält man fest. Die oben (S. 13) erläuterte Rücksicht auf die tektonische Funktion der Bilder führte zu diesem Verfahren. Es läßt sich überhaupt für die späteren attischen Sarkophage als charakteristisch erweisen. Beachtung verdient es auch, daß auf den Nss. unserer Sarkophage die Richtung der schwärmenden Kinder sich dieser Symmetrie anschließt (2. 3. 18. 27. 29).

Den drei südkleinasiatischen Erotensarkophagen, die Rodenwaldt zusammengestellt hat (Beyrouth, hier Taf. 15a—c, P. Mattei, Kunsthandel Rom. Vgl. Cumont, Symb. 341 ff.) schließt sich der noch unveröffentlichte, 1956 in Side gefundene als vierter an. Daß auf diesen Sarkophagen Eroten den Komos begehen, während auf den attischen die Beflügelung erst im Lauf der Entwicklung sich durchsetzt, bedeutet, wie schon zu zeigen war, keinen charakteristischen Unterschied (S. 84 f.). Die Typen, die dieser Gruppe mit der attischen gemeinsam sind, kommen hier aber nur rechtsläufig vor. Der Sinn für die Symmetrie ist zwar weniger entschieden. Aber das Bemühen, dem rechtsläufigen Teil des Komos im Interesse der tektonischen Funktion des Bildes durch nach links gewandte Figuren ein Gegengewicht zu geben, ist unverkennbar. Auf dem Sarkophag des P. Mattei ist die Stützungsgruppe eingerahmt von einer nach links und einer nach rechts gerichteten Figur. Die nach links gewandte tritt auf dem Sarkophag in Beyrouth von rechts her dem dreifigurigen rechtsläufigen Zug entgegen. Auf der einen Langseite des Sarkophags in Side übt sie, verdoppelt, dieselbe Funktion aus. Diese zwei Figuren nehmen hier die rechte Hälfte des Bildes in Anspruch, der dreifigurige Zug füllt die linke. Auf der anderen Langseite dieses Sarkophags hat eine symmetrische zweifigurige Gruppe den Platz in der Mitte. Den attischen Sarkophagen ist sie fremd; sie findet sich sonst nur noch auf der einen Ns. dieses Sarkophags und auf dem Kindersarkophag aus Sinope in Istanbul[175a]. Links von ihr erscheinen auf dem Sarkophag in Side zwei rechtsläufige kleine Thiasoten, die dem auf den attischen Sarkophagen verwandten Zyklus angehören. Der entsprechende Teil rechts von der Mittelgruppe wird von zwei stehenden, einander zugewandten Figuren eingenommen, deren eine im Typus mit dem nach links gewandten Paar der anderen Langseite und ihren Entsprechungen auf den Sarkophagen in Beyrouth und in P. Mattei übereinstimmt. Auch auf den Nss. dieser südkleinasiatischen Sarkophage findet man die Typen des attischen Zyklus nur rechtsläufig in der Weise, daß diese Richtung sich in den Gestalten jenseits der Ecke am linken

[175a] Mendel 41.

Ende der Langseite fortsetzt. Die andere Ns. wird auf den Sarkophagen in Beyrouth und aus dem römischen Kunsthandel von der nach links gerichteten Figur eingenommen, die den attischen Sarkophagen unbekannt ist. Man sieht, wie in beiden Fällen die Langseiten mit den Eroten als Vorderseiten behandelt sind, die anderen Langseiten mit dem sitzenden und stehenden Paar als Rückseiten. Unentschieden in dieser Beziehung ist der Sarkophag im P. Mattei, dessen Nebenseiten je einen rechtsläufigen Eros in einem Typus der attischen Reihe haben. Er hat aber auch die Eroten auf allen vier Seiten und füllt nicht die eine Langseite mit der Darstellung des Verstorbenen und von Mitgliedern seiner Familie. Von dem Sarkophag in Side gilt das Entsprechende, obwohl die eine Nebenseite ein symmetrisches Motiv hat[176].

Wesentlich ist, daß auf allen diesen südkleinasiatischen Sarkophagen der Bedarf nach linksläufigen Motiven nicht wie auf den attischen aus demselben Zyklus bestritten wurde, dessen Typen in diesen Fällen einfach in invertierter Fassung verwandt wurden, sondern daß man die gewünschten linksläufigen Figuren anderen Zusammenhängen entnahm. Die viermal zu beobachtenden stehenden Eroten mit einem blumengefüllten Korb oder mit Früchten im Bausch ihres Gewandes auf der linken Körperseite entstammen einem Jahreszeitenzyklus (S. 122). Mit dem Träger von Keule und Löwenfell, der zweimal vorkommt, ist ein hochhellenistisches Motiv aufgenommen, das im Bauornament ungefähr gleichzeitig auch in Perinth erscheint (S. 52, 1). Eine indifferente Figur ist der im Profil gesehene Eros mit einer Blumenschnur in beiden Händen auf der einen Langseite des Sarkophags in Side.

Wenn die südkleinasiatischen Werkstätten diesen Kinder- oder Erotenkomos nur in der rechtsläufigen Richtung kennen, während die attischen, die für uns bereits vor ihrem Beginn einsetzen, ihn sowohl rechts- wie linksläufig verwenden, so ist die Vorliebe der neuattischen Werkstätten für die Inversion überhaupt[177] natürlich kein ausreichender Grund dafür. Es ist zumal angesichts des Bedürfnisses auch der südkleinasiatischen Werkstätten nach Symmetrie der Bildgestaltung jetzt klar, daß dieser Kinderkomos für die Sarkophage nicht erfunden worden ist. Er war schon vorhanden, und zwar nur in der rechtsläufigen Richtung. Wenn von den vier Typen von Eroten auf den attischen Lampen der Kaiserzeit einer linksläufig ist[178], so bekräftigt das nur die von Kübler bereits vermutete Abhängigkeit der Lampen von den Sarkophagen (unten S. 92). Ein gemeinsames Muster muß also für beide Reihen von Sarkophagen angenommen werden. Das schließt die Beeinflussung der südkleinasiatischen Sarkophage durch die attischen nicht völlig aus[179], macht sie aber für diesen Fall äußerst unwahrscheinlich. Daß nach dem gemeinsamen Muster in der hellenistischen Kunst zu suchen ist, liegt im Hinblick auf das an den übrigen traianisch-

[176] Cumont, Syria 10, 1929, 220ff. und Symb. 341 behandelt die Langseiten mit den Darstellungen aus dem Menschenleben als die Fronten. Gründe dafür gibt er nicht an.

[177] S. 92. 93 A. 210. 114 A. 321. Festschr. f. A. Oxé, 1938, 20. MarbWPr. 1956, 21ff.

[178] Kübler JdI. 67, 1952, 111, 10.

[179] Rodenwaldt AA. 1938, 415. JdI. 67, 1952, 41. Ähnlich W. Perkins JRS. 46, 1956, 15f. Auf dem Erotensarkophag aus Tripolis in Istanbul, M. 1169, sind die typologischen Unterschiede von den attischen Sarkophagen größer als die stilistischen Ähnlichkeiten: Rodenwaldt JdI. 45, 1930, 170. 186.

hadrianischen Eroten Beobachtete nahe genug. Die aufgezeigten strukturellen Übereinstimmungen von drei der Stützungsgruppen aus diesem Komos mit hellenistischen wiesen auch schon in diese Richtung, nicht weniger die entsprechenden Feststellungen über die Eckfiguren (oben S. 83). Nur der Vollständigkeit zuliebe seien für die anderen Typen des Kinderkomos einige Hinweise angeschlossen, die zu dem gleichen Ergebnis führen. Der Typus mit ungefähr waagerecht über die Schulter gelegtem Thyrsos oder Palmzweig und zurückgeschwungenem Bein der vorderen Körperseite (2. 14. 36), der sich im Neuattischen auch für einen Satyr[180] und für eine Mainade[181] belegen läßt, findet in einem tönernen Schalenemblem aus Athen[182] eine nahe, frühhellenistische Parallele. Daß er eine Erfindung des 4. Jahrhunderts nur leicht modifiziert, zeigt der Vergleich mit Mainaden auf unteritalischen Vasen[183] und von ausgeschnittenen Goldreliefs aus einem südrussischen Grabe derselben Zeit[184], die ihrerseits attischen Mainaden des frühen 4. Jahrhunderts folgen[185]. Nicht identisch, aber verwandt sind zwei Gestalten auf den kleinen zweifigurigen Tafelbildern aus Herculanum mit schwärmenden Eroten[186].

Bis auf die Beinstellung und das Fehlen des geschulterten Gegenstandes geht mit diesem Typus der Sarkophage ein zweiter zusammen. Dieser Tänzer, der in der erhobenen Hand einen Kranz oder einen Schmetterling hält, hat zurückgesetztes Bein auf der inneren Körperseite (2. 3. 4. 13. 24. 36). Er entspricht in seinen Grundzügen einer beliebten Figur des neuattischen Thiasos, die freilich sich weniger ekstatisch gebärdet. Es ist Hausers Typus 22[187]. Daß auch er auf eine Schöpfung des 4. Jhs. zurückgeht, erweisen zwei dekorativ verwandte Tänzer attischer Grabreliefs[187a], der Dionysos auf einem Glockenkrater des Python[188] und ein Satyr auf einer bronzenen Reliefsitula aus Bolsena in Florenz[189], denen sich ein Satyr auf einer Praenestiner Ciste anschließt[190]. Die Verwendung des Motivs auch im Hellenismus wird be-

[180] Mustilli, Museo Mussolini 49,4 Inv. 884 Taf. 13,139, 4.

[181] Kandelaberbasis, Louvre Fr. 297. RS. 1, 34,2. Weege, Der Tanz im Altertum 226.

[182] AM. 26, 1901, 57. 14. Courby VGR. 242f., Fig. 44.

[183] Krater des Assteas, Madrid, Trendall, Paestan Pottery 31 Taf. 8. Vgl. Brit. Mus. F. 149, Trendall Taf. 19a. — Gnathiakrater, Lecce CVA. IV D 3 Taf. 4 = It. 193. — Apulischer Krater, Lecce CVA. IV D 1 Taf. 22,7 = It. 261.

[184] CR Petersb. 1869 Taf. 1, 6.

[185] Krater des Meleagermalers, Madrid 11012. Ann. 1864 H. Beazley ARV. 871,5.

[186] H. 763. 765. RP. 72,3. 87,3. Anderson 23 447. Unten S. 99f.

[187] Zu den von Hauser aufgeführten Beispielen kommen hinzu: 1. Marmorscheibe, ehem. Slg. Campana, MI. 1, 29. — 2. Relief, Dresden H. 230. AA. 1889, 100. RR. 2, 62, 4. — 3. Relief, Berlin C. 850. RR. 2, 16. 3. Oben S. 60 A. 69. — 4. Doppelseitiges Relief, Budapest, Hekler, Museum der Bildenden Künste in Budapest. Die Sammlung antiker Skulpturen, 1919, 102. — 5. Attischer Sarkophag in Ianina, Kallipolitis, Ephem. 1956, 14ff., 1ff. — 6. Bruchstück eines attischen Sarkophags im Museum zu Sparta; der Hinweis auf das Stück und eine Aufnahme wird G. V. Kallipolitis verdankt.

[187a] Stele des Aristokles, Piraeusmuseum, Conze 284, 1354, Foto Marburg 135060f. RR. 2, 409, 4. Vgl. Nat. Mus. 938, Foto Marburg 134920.

[188] Louvre K. 243. Trendall a. O. Nr. 144 Fig. 47.

[189] Amelung, Führer durch die Antiken in Florenz, 1897, 197 Nr. 220. Giglioli AE. 1935, 315, 7. RR. 3, 30, 1.

[190] Slg. Castellani, MI. 10, 45. Furtwängler Kl. Schr. 1 Taf. 1.

legt durch Scherben von Reliefgefäßen in Delos[191] und durch das auf hellenistische Vorbilder zurückgehende Relief mit Orpheus in Ince Blundell Hall[192]. Von dieser hellenistischen Stufe des Typus sind die übrigen Vertreter aus der späteren Kaiserzeit abgeleitet[193]. In dem hohlen Kreuz und dem in den Nacken geworfenen Haupt ist ein schwärmender neuattischer Satyr diesem Typus des Kinderkomos der attischen Sarkophage noch ähnlicher[194]. Wie der zuletzt besprochene Typus von den attischen Erotensarkophagen mit dem rückwärts geschwungenen Bein der vorderen Körperseite läßt sich auch dieser, namentlich mit Hilfe seiner weiblichen Fassungen, in die spätklassische Kunst zurück verfolgen[195]. Daß von ihm direkte hellenistische Zwischenglieder fehlen, fällt angesichts der Existenz von solchen des eng verwandten Satyrtypus Hauser 22 (S. 90f.) nicht ins Gewicht, zumal wenn man berücksichtigt, daß es für die ebenso bewegte Mainade Belege aus dem 2. Jahrhundert v. Chr. gibt[196].

Für die Umkehrung unseres Satyrs in einen Rückenakt ist es im Hinblick auf die räumliche Funktion weniger wichtig, auf welcher Körperseite das Bein zurückgeschwungen ist. Vorstufen gibt es aus der frühen, der hohen und der späten Klassik[197].

In den neuattischen Werkstätten und auf ihnen nahestehenden Werken ist der Typus beliebt[198]. Von da gelangt er auf die stadtrömischen Sarkophage der Kaiser-

[191] Courby VGR. 391, 82, 7.

[192] Ashmole, Cat. 1929 Nr. 290 Taf. 45. RR. 2, 453, 1.

[193] Bema des Phaidros im Athener Dionysostheater, Herbig, Das Dionysos-Theater in Athen 2, 1935 = Antike griech. Theaterbauten 6, 36ff. Taf. 13, 3. RR. 1, 44, 2. — Bronzegefäß im Brit. Mus., Kübler RM. 43, 1928, 107, 2. — Sarkophage: Newby Hall, Michaelis 533 Nr. 34. EA. 3127. Dresden 293. RR. 2, 62, 1. Bolsena, Gerhard AB. 112, 2f. Hier Taf. 22a.

[194] Von den drei Oscilla, die Hauser 90 Nr. 8—10 zusammenstellt, ist Nr. 9 gut abgebildet bei Schreiber, Hellenist. Reliefbilder Taf. 102, 2 und Pesce RIA. 5, 1935, 79, 13. Ähnlich eines in Dresden, Ann. 1851,E .AA. 1889, 99. RR. 2, 60, 7, und der Grabaltar der Vibia in Kopenhagen 795. RR..2, 181, 3. — Rs. einer Silensmaske, ehem. Slg. Cook. Richmond, echt? JHS. 28, 1908, 40, 92. — Campanarelief, v. Rohden-Winnefeld 42 Taf. 76. RR. 2, 275, 2. — Arretinische Reliefkeramik, Dragendorff-Watzinger 124. 16 Beil. 4, 27. Studi Romani nel Mondo 2, 280. — Gemmen, Furtwängler AG. 36, 33. 41, 26. 27. 29. Brit, Mus. 1593, 1595. 1607 Taf. 21. 3513 Taf. 35. Paris, Bibl. Nat. 1648. Lippold, Gemmen und Kameen 15, 7. Pesce RIA. 5, 1935,.

[195] Mainaden auf der Rs. einer frühen apulischen Amphora mit Maskenhenkeln in der Ermitage, St. 350. CRPetersb. 1862, 5, und an der rechten Schmalseite des großen Dionysosmosaiks, Olynthus 12 Taf. 1. — Satyr auf der attischen Lekanis in Odessa, Nicole, Meidias 103, 24. MemAmAc. 6 Taf. 17, 2. Metzger, Les Représentations dans la Céramique attique du IVe siècle Taf. 1, 3. und dreimal unter den ausgeschnittenen Goldreliefs aus Südrußland oben S. 90 A. 84.

[196] Mainade mit Thyrsos und Schlange auf der silbernen Pyxis aus Thessalien, AM. 37, 1912, 4f. unten S. 104ff. Taf. 18a. b. — Schleiertänzerin, Courby VGR. 458, 100, 10f. Deubner AA. 1939, 343, 1, Pergamenische Reliefkeramik. Vgl. unten S. 111 Taf. 19a.

[197] Frühklassisch: Skyphos, Bologna, Pellegrini 193 Nr. 318 Fig. 116. Beazley ARV. 548, 20, School of Makron, Painter of Louvre G 456. — Hochklassisch: Hydria des Amykosmalers, Neapel H. 3241. Trendall, Frühitaliotische Vasen, 1938, 35, 155. MB. 6, 6. Dragendorff-Watzinger 123. — Spätklassisch: Apulischer Askos, Ruvo, Slg. Jatta. FR. 80.

[198] Krater Borghese und seinesgleichen, Merlin-Poinssot 83f., wo aber zwischen der Vorderseite und der Rückseite der Figur nicht unterschieden wird, Taf. 1. 2a. 5. Vgl. Matz, Festschr. A. Oxé 20. Kandelaberbasis V. Albani, Zoega BR. 2, 86. Hauser 86, 2b.Puteal der Königin Christine, Madrid EA. 1692. A. Garcia y Bellido, Il Puteal Baquico del Museo del Prado, 1951. Campanareliefs, v. Rohden-Winnefeld

zeit[199]. Man beobachtet, wie die Durchbiegung des Rückens, die schon mit den spätklassischen Vertretern einsetzt, an organischem Charakter gewinnt und wie die Verkürzungen auch der Glieder und des Kopfes sich bemächtigen, so daß sich das Ganze dem hellenistischen Bildraum einfügt. Dieser bestimmt auch auf dem Krater Borghese die Komposition. Die zentrale Gruppe in der Mitte der Vs., Dionysos und die Lyraspielerin, werden in freier, aber spürbarer Symmetrie durch zwei vom Rücken gesehene Figuren eingefaßt, deren konvergent nach hinten weisende Tiefendiagonalen den Raum nach vorne öffnen. Noch entschiedener auf die Tiefe bezogen ist die nach hinten rechts weisende Diagonale, über der die drei Figuren zur L. dieser Hauptgruppe angeordnet sind. Erst der Rest des Frieses, der aus dem Satyr mit dem berauschten Silen (S. 87) und einer Krotalistria besteht, ist dann bildparallel und im engeren Sinne reliefmäßig gebaut, so daß dieses Drittel nur vermittelnde, den Blick auf die Hauptseite führende Funktion hat. Es braucht nicht ausgeführt zu werden, wie hellenistisch diese Komposition ist (S. 171 ff.). Der in Rede stehende Typus des vom Rücken gesehenen tanzenden Satyrs, der eine, freilich intensivere, Umkehrung des Tänzers auf den attischen Erotensarkophagen ist, von dem wir ausgingen[200], wirft aber auch auf den trotz der klassischen Vorstufen hellenistischen Charakter dieser Figur Licht.

Erst recht hellenistisch ist als Erfindung auch der Knabe mit dem Saiteninstrument auf den attischen Erotensarkophagen (1. 22. 26. 29). Dieses weite Ausschreiten in Verbindung mit einer Wendung nach rückwärts, die den Leib wesentlich von vorn sichtbar macht, bringt eine radiale Konvergenz der Tiefenachsen zustande, die der klassischen Raumvorstellung zuwiderläuft, um so besser aber dem hellenistischen Prinzip der diagonalen Öffnung entspricht. Ein übereinstimmender Eros auf attischen Lampen ist nach K. Küblers Nachweis zusammen mit drei anderen Eroten dieses Zyklus von den Sarkophagen abgeleitet und lehrt daher für die Herkunft des Typus nichts[201]. Der Erfindung ganz nahe steht der Eros eines Stuckmodells für ein Silbergefäß aus dem späteren 3. Jahrhundert v. Chr. (S. 61 A. 73). Trotz des Fehlens anderer unmittelbarer und hellenistischer Parallelen[202] ist es aber leicht, hellenistische Figuren aufzuzählen, die so gebaut sind. Es genüge zu erinnern vor allem an Motiv 1 der girlandenhaltenden Eroten und an alles, was oben damit in Verbindung zu bringen war (S. 51 ff.), an den Dionysos der in der Kleinkunst verbreiteten Gruppe, in der er trunken sich einem Mädchen zum Kusse zuneigt, während ein Satyr ihn zu

46. 247 Taf. 16. RR. 2, 274, 1. Arretiner Reliefkeramik, Sèvres CVA. 52 = Fr. 581. Dragendorff-Watzinger 123, 5a. 148, 4. Gemmen, Brit. Mus. 2977 Taf. 30. Silberbecher aus Vicarello, Paris, Slg. Rothschild, AZ. 1867 Taf. 225. RR. 2, 301, 3. Wandmalerei, Pompei, Villa des Cicero HBr. 99. RP. 122, 1.

[199] Vatikan, Belvedere, Amelung 2, 76 ff. Nr. 28 Taf. 6. RR. 359, 2. — Thermenmuseum, aus V. Bonaparte, Lehmann-Olsen Fig. 30. RR. 3, 326, 5, auf der noch nicht veröffentlichten rechten Ns. — V. Doria MD. 2313. — Ehem. Uwaroff, jetzt Moskau, Puschkin-Museum, BrBr. 490. Lehmann-Olsen Fig. 42.

[200] Zurückgeschwungenes Bein vorne: 2, 14. 36. Zurückgeschwungenes Bein hinten: 2, 3. 4. 24.

[201] Kübler JdI. 67, 1952, 104 ff. Abb. 6. 32. Dazu noch: Froehner, Coll. J. Gréau, Terrecuites Gr. 1891, 179 f. Nr. 790.

[202] Entsprechend gestaltete Eroten der campanischen Wandmalerei: Sogliano 555. HBr. 73. — RP. 195, 7. — H. 784. RP. 80, 8. Anderson 23 447. O. Elia, Pitture di Stabia, 1957 Taf. 24.

stützen versucht (S. 72), an den Apoll der Gigantomachien von Pergamon und Lagina, der im Schreiten nach links zum Schuß nach rechts anlegt, sowie an den Helios der Gigantomachie aus Priene[203]. Ein dunkel gefirnißter Reliefteller des Athener Nationalmuseums[204] liefert schon für das frühe 3. Jahrhundert einen Beleg in den Eroten des äußeren der beiden konzentrischen Friese. Das Erotenpaar auf dem oben erwähnten silbernen Alabastron aus Thessalien ist bereits späthellenistisch (S. 59 A. 62). In seiner zeitlichen Nachbarschaft findet sich der Typus ferner bei zweien von den Eroten auf dem oben behandelten Pilasterkapitell des oberen Gymnasiums zu Pergamon (S. 55) und bei einigen der Kämpfer am Friese des Artemisions zu Magnesia[205]. Dies zieht die Beurteilung des Knaben mit Fackel und Kranz auf der r. Ns. des attischen Sarkophags 12 nach sich. Er entspricht überdies im Gegensinn dem trunkenen Herakles, den Pan und ein Satyr stützen müssen, auf der Ns. eines kleinasiatischen Sarkophags[206], also einer sicher hellenistischen Erfindung.

Kaum wird es nötig sein, die Typen dieses Zyklus der attischen Sarkophage systematisch durchzugehen. Es fehlt nicht an solchen, die über die Zeit ihrer Erfindung nichts oder wenig aussagen, wie der Flötenbläser, der mit verschiedener Haltung der Beine erscheinen kann[207], im übrigen aber den girlandenhaltenden Eroten des Motivs 2 entspricht, oder der Knabe, der in Ausfallstellung einen Bock an den Hörnern nach sich zieht (11. 14). Diese ganz reliefmäßig komponierte Gruppe findet sich schon in der Vasenmalerei des 4. Jahrhunderts[208], tritt aber auch sonst in der Kaiserzeit immer wieder auf, zumal auf klassizistischen Werken[209]. Dagegen darf der tordierte Tänzer (S. 85) nicht nur wegen seiner Ähnlichkeit mit den Girlandenträgern der Motive 3 und 4 unbedenklich als hellenistisch angesprochen werden. Das Entsprechende gilt von dem Knaben, der den Inhalt einer Amphora in einen Krater gießt (8) wegen seines entschieden chiastischen Baus[210]. Ein Kymbalistrios, der zwei-

[203] ÖJh. 30, 1936, 34, 9. RR. 1, 229, 5.

[204] Nicole Cat. 1186. Pagenstecher, 10. 21 Abb. 4. Courby VGR. 250 Nr. 250. Sichtermann, Ganymed 38 Nr. 125.

[205] RS. 1, 17. Istanbul Nr. 178. 186.

[206] Robert ASR. 2, 147 Nr. 138 Taf. 50. Die Fassung dieser Gruppe auf einem Girlandensarkophag in Ince Blundell Hall ist eine hadrianisch-klassizistische Umbildung. Michaelis 391 Nr. 275. Ashmole Taf. 47. In anderem Gruppenzusammenhang findet sich die originale Fassung des Herakles wieder auf einem der bacchischen Reliefs in V. Borghese, denen hellenistische Erfindungen zugrunde liegen: RM. 24, 1909 Taf. 5, 4. ÖJh. 15, 1912, 111, 75. RR. 3, 168, 4.

[207] 1. 2. 8. 10. 22. 24. 27. 29. Dazu der gleiche Typus auf den attischen Lampen: Kübler JdI. 67, 1952, 111, 10.

[208] Trendall, Paestan Pottery 119, 115 Taf. 20b.

[209] Brendel RM. 48, 1933, 157ff. Vgl. den hadrianischen Sarkophag München Glypt. 240. RR. 2, 74, 3, die stadtrömischen Erotensarkophage Florenz, Uff., D. 449. RR. 3, 28, 1, und Rom, P. Mattei, MD. 2756, RR. 3, 294, 1, sowie den von Brendel a. O. 181, 9 abgebildeten bacchischen Sarkophag in Genua, P. Bianco, W. Suida, Genua, 1906 Fig. 1. Hackin, Nouv. Recherches à Begram 1954, 112 Abb. 387. Alinari 30 268.

[210] Vgl. die entsprechende Figur eines hellenistischen Grabreliefs, Pfuhl JdI. 20, 1905, 123, 2. 50., 1935, 13, 2, die auch zeigt, daß der Knabe auf dem Sarkophag aus kompositionellen Gründen invertiert ist, s. o. S. 76.

mal vorkommt (8.26), findet in dem einen Fall (8) in einem Fackeltänzer ein invertiertes Gegenstück. Die Zusammenstellung zeigt, daß das Körpermotiv bis auf die Veränderung der Richtung mit dem einen der Beckenschläger auf dem Mosaik des Dioskurides übereinstimmt[211]. Diese Knaben erweisen sich damit auch als Erfindungen des 3. Jahrhunderts v. Chr.

Schon der erste Überblick über diese Gruppe attischer Sarkophage ergab, daß es sich ursprünglich nicht um Eroten handelte, sondern um einen Komos von Knaben. Die tordierten oder diagonal gerichteten Eckfiguren stellten sich als Fremdkörper heraus gegenüber den anderen Typen, die alle entweder nach rechts oder nach links an der Relieffläche entlang bewegt sind. Es zeigte sich, daß sie Typen von allgemeiner Bedeutung sind und aus dekorativen Zusammenhängen stammen. Der Vergleich mit den kleinasiatischen Erotensarkophagen lehrte ferner zweierlei: Einmal, daß die ursprüngliche Richtung des Zuges nach rechts ging, daß die linksläufigen Teile also zu den Umkehrungen des Seitenverhältnisses gehören, die überhaupt in den neuattischen Werkstätten an der Tagesordnung sind, — und zweitens, daß dieser Kinderkomos nicht für die Sarkophage erfunden wurde. Seine typologische Durchmusterung hat jetzt ergeben, daß zwar die Prägung seiner meisten Motive in ihren Grundzügen bereits eine Leistung der späten klassischen Kunst ist, daß aber ihre Ausgestaltung nur unter den Voraussetzungen der Formvorstellung des Hellenismus zu verstehen ist, und daß der Figurenzyklus auch solche Teile enthält, die ausgesprochen hellenistische Schöpfungen sind. Die Vergleiche erstreckten sich bis in die späthellenistische Kunst. Gleichwohl verbietet bereits die Bildung der kindlichen Körper, die Schöpfung des Zyklus so spät anzusetzen, weil die späthellenistischen Kinder und Eroten entweder zierlicher (S. 55) oder babyhafter (S. 54) gestaltet waren. Dazu kommt der Klassizismus überhaupt und die Nähe der meisten dieser Figuren zu spätklassischen Bildungen. Unter das späte 3. Jahrhundert kann man also mit der Schöpfung dieses Zyklus nicht wesentlich hinabgehen. Es zeigt sich, daß auch frühhellenistische Motive von den späteren Phasen des Hellenismus nicht ganz abgelehnt wurden, wie denn die dekorative Kunst des Hellenismus überhaupt viel mehr klassisches Formengut auf ihren klassizistischen Nebengeleisen mit sich führte, als man gemeiniglich annimmt.

Immerhin könnte gefragt werden, ob nicht dieser Sachverhalt doch die Möglichkeit offen läßt zur Annahme einer gleichzeitigen, uns verlorenen Quelle für diese Bilder auf den Sarkophagen. Denn die beobachteten formalen Beziehungen zu hellenistischen Figuren liegen fast alle im Bereich der Formstruktur, d. h. sie sind mittelbar. Nur daß alle diese Typen nach dem Muster hellenistischer Schöpfungen gebaut sind, ließ sich erweisen. Übereinstimmende hellenistische Kinder oder Eroten fehlten bis auf den einen Fall des mit geschultertem Thyrsos tanzenden Eros (S. 90 A. 182). Die Annahme eines hellenistischen Vorbildes für diesen Kinderkomos ist also durch den Gang der Untersuchung bis hierher zwar möglich, ja sogar wahrscheinlich geworden, aber noch nicht erwiesen. Könnte nicht beispielsweise für einen kaiserlichen Palast

[211] Pernice, Die hellenistische Kunst Pompeis 6, 1938 Taf. 71.

ein solcher Kinderkomos mit mehr oder weniger freier Verwendung älterer griechischer Bestandteile in der Zeit Hadrians geschaffen sein?

Dagegen spricht schon die Überlegung, daß die attischen Sarkophage mit dem dionysischen Thiasos, die gleichzeitig in denselben Werkstätten gearbeitet wurden, längst geprägte neuattische Typen, nicht Neuschöpfungen oder auch nur Umbildungen ihrer Zeit, verwenden. Die Entscheidung muß aber von der thematischen Seite her kommen, nachdem der typologische Weg bis an sein Ende verfolgt ist. Gibt es Gründe zu der Annahme, daß die Darstellung dionysisch schwärmender Knaben erst aus der Vorstellungswelt der Kaiserzeit verständlich ist, oder haben wir Anhaltspunkte für die Existenz älterer Voraussetzungen?

Der Stand der Forschung erlaubt nicht, mit allgemeinen, mehr oder weniger gefühlsmäßigen Überlegungen zu antworten, wie es gewöhnlich geschieht, wenn die Rede auf das Verhältnis zwischen Kaiserzeit und Hellenismus kommt. Zwar machen die maßgebenden Religionshistoriker keinen Unterschied zwischen beiden Epochen in dieser Beziehung. Cumont und Nilsson sagen übereinstimmend[212], daß diese Bilder Kinder meinen, die in die dionysischen Mysterien eingeweiht wurden, und daß in ihrer sepulkralen Verwendung der Glaube an das selige Dasein der Mysten nach ihrem Tode sich ausdrückt[213]. Die Einweihung der Kinder wird von Nilsson zusammen mit dieser ganzen jüngeren Form des dionysischen Kultes trotz des fast völligen Fehlens unmittelbarer hellenistischer Zeugnisse auf den Hellenismus zurückgeführt[214]. Man muß aber doch fragen, ob die damit verbundene Auffassung, dieser Kultus und die ihn tragenden Vorstellungen seien in der Kaiserzeit wesentlich dieselben geblieben, der römischen Welt wirklich gerecht wird. Dasselbe gilt gegenüber der Beweisführung Cumonts. Denn für sie ist es selbstverständliche und stillschweigende Voraussetzung, daß die bildlichen, inschriftlichen und literarischen Äußerungen der Kaiserzeit vollgültige Zeugen auch für den Hellenismus sind.

Der Auffassung Cumonts und Nilssons steht die Meinung der beiden einzigen Archäologen gegenüber, die überhaupt diese Frage gestellt haben. J. M. C. Toynbee leitet zwar die traianisch-hadrianischen Eroten ihrem allgemeinen Typus nach von hellenistischen Vorbildern ab (Hadrianic School 215). Aber gerade für die auf den attischen Sarkophagen vermutet sie römische Muster (221), was sich doch höchstens mit einer mittelbaren hellenistischen Deszendenz in Einklang bringen läßt und jedenfalls eine neue thematische Motivierung voraussetzt. Rodenwaldt vollends spricht von »den Opferreigen dionysischer Eroten, die auf attischen Sarkophagen entstanden

[212] Cumont, Syria 10, 1929, 224ff. Symb. 341ff. 471, 101f. Nilsson, The Dionysiac Mysteries, 1957, 106ff. Vgl. auch Marrou, Ἀνὴρ Μουσικός 197ff. 243, 267, und Picard, Statues Ptolémaiques du Sarapieion, 1955, 250ff.

[213] Dies ist eine Abklärung und Weiterbildung der älteren, von Petersen, Ann. 1860, 408, formulierten Auffassung, daß unter den schwärmenden Kindern der Verstorbene in seinem seligen Dasein nach dem Tode dargestellt sei. Gegenüber den vorangegangenen symbolisierenden Spekulationen, mit denen Petersen sich auseinanderzusetzen hatte, war schon dies ein wesentlicher Fortschritt. Vgl. dazu die von V. Müller AJPh. 62, 1941, 497, zusammengestellten Äußerungen.

[214] The Dionysiac Mysteries 1957, 120, 143ff.

sind«[215], obwohl er grundsätzlich Cumonts Meinung von dem 'Zusammenhang mit den Jenseitsdarstellungen dionysischer Mysterien' einleuchtend fand[216].

Was allerdings mit dem Ausdruck Opferreigen gemeint ist, wird nicht klar. Denn von einem Reigentanz kann nicht die Rede sein. Wohl findet sich nicht selten ein Altar (4. 7. 12. 35. 36). Auch der herangeschleifte Bock auf 11 und 14 weist auf ein Opfer hin. Aber der Genuß des Weines pflegt dem Vollzug des Opfers zu folgen[217].

Hier gibt die Darstellung des Rausches dem Ganzen seine Note durch die Bedeutung der so motivierten Zweifigurengruppen in ihm. Dazu kommt die Häufigkeit des Kraters (2. 8. 10. 11. 22. 25. 26. 27. 29. 30). In den Darstellungen des richtigen Thiasos erscheint wohl der Gott selber gelegentlich ὑποπεπωκώς oder οἰνωμένος (Xen. Symp. 9, 2. Athen. 428e). Besonders gern läßt man in ihnen Silen so auftreten. Aber für das Verständnis der Satyrn und Mainaden erscheint es wesentlich, daß sie gerade nicht vom Wein überwältigt, sondern im eigentlichen und mystischen Sinn durch die Macht des Gottes vom Enthusiasmus ergriffen sind.

Nun fehlt es gerade an Prozessionen von Eroten, deren Ziel ein Opfer ist, in unserer Überlieferung nicht. Auf den Calener Schalen aus der Werkstatt des Canoleios schreitet und tanzt die kleine Gesellschaft auf ein Heiligtum zu. Einige musizieren, andere tragen ein Böcklein zum Opfer auf den Schultern. Auch Amphoren mit Wein werden im Zuge mitgeführt. Der Gott selber ist anwesend[218]. Diese Schalen sind als Kunstwerke von bescheidenem Rang, um so bemerkenswerter aber wegen ihrer Motive. Sie werden in das 3. Jahrhundert datiert. Es ist klar, daß berauschte Eroten in diesem Zusammenhang keinen Sinn haben würden.

Auch von den tönernen Tarentiner Amphoren mit Relieffriesen hat eine einen Zug von fünf Eroten. Ihre Bewegung ist als eine schwebende zu verstehen. Die Attribute sind Lyra und Flöte, Fackel, Spitzamphora, Situla und Thyrsos. Das könnte die Nachahmung eines dionysischen Komos sein. Wahrscheinlicher ist, daß es sich um einen Opferzug handelt, weil den Motiven die ekstatische Note fehlt[219]. Auch diese Gefäße führen in das 3. Jahrhundert.

Sicher handelt es sich um Eroten beim Opfer auf den kleinen gemalten späthellenistischen Friesen aus Häusern auf Delos[220]. Ein Altar kommt mindestens zweimal vor. Namentlich das Liknon, das ein Eros trägt, und die Böcke bringen das dionysische Milieu zum Ausdruck. In schwärmendem oder berauschtem Zustande sind aber auch diese Eroten nicht dargestellt. Entsprechendes gilt von der kleinen Gesellschaft, die auf

[215] AA. 1938, 415.

[216] JdI. 45, 1930, 176. 55, 1940, 22 A. 6.

[217] Philon, De plant. vit. 39, ἀπὸ τούτου γέ τοι φασὶ τὸ μεθύειν ὠνομάσθαι, ὅτι μετὰ τὸ θύειν ἔθος ἦν τοῖς πρότερον οἰνοῦσθαι. Das Philochoroszitat bei Athen. 14, 628a = FHG. 328 III B fr. 172 Jacoby, das besagt, daß man dem Dionysos ἐν οἴνῳ καὶ μέθῃ, dem Apollon aber μεθ' ἡσυχίας καὶ τάξεως spendet, bezieht sich, wie der Zusammenhang bei Athen. ergibt, auf die Spende beim Mahl.

[218] Pagenstecher 76f. Nr. 117 Abb. 35. Maiuri NSc. 1951, 131ff. Vgl. oben S. 72 A. 113.

[219] D. K. Hill, Hesperia 16, 1947, 248ff. Taf. 67, 1. Weshalb die zwei oder drei anderen Gefäße dieser Art, die dort behandelt sind, auszuscheiden haben, wurde oben S. 80 A. 161 gesagt. Vgl. auch oben S. 59 A. 63.

[220] Bulard, MPiot. 14, 1908, 141ff. Taf. 9, C. RP. 89, 1.

dem Fries eines runden Altars unbekannter Herkunft in Istanbul[221] der Tyche opfert. Das Werk gehört in die Kaiserzeit, aber die Motive sind hellenistisch.

Die Funktion, die nach Ausweis vieler Weihreliefs und der Silberschale aus Aquileia in Wien die Kinder beim Opfer, zumal beim privaten in den Häusern, als Ministranten ausübten, gab zu solchen Bildern den Anlaß. Die Bildchen in Pompei und Herculanum mit Eroten, die am Altar ein Opfer vorbereiten[222] oder ein Opfertier herbeischleppen[223], entstammen demselben Bereich von Vorstellungen. Auf den attischen Sarkophagen wird zwar zweimal gespendet (14. 35), und das Halten von Trauben oder Kränzen über der Altarflamme ist auch als Opfer gemeint (4. 12). Die Gebärde ist aber auch ohnedies bei einem Taumelnden zur Rettung des Gleichgewichts wohl verständlich (2. 11. 24. 33).

Dazu kommt, daß der Altar auf den südkleinasiatischen Vertretern der Gattung fehlt. Dort ist das Opfer also nicht als wesentlich für diesen Komos angesehen worden. Anzunehmen, daß der Altar auch auf den attischen Sarkophagen eine nicht organische, nachträgliche Zutat zu dem Figurenzyklus ist, liegt nahe schon wegen des willkommenen zentralen Motivs, das er lieferte[224]. Auf zwei frühen dionysischen Sarkophagen aus derselben Werkstatt läßt er sich als einen solchen Einschub erweisen.

Die Vorderseite des Sarkophags mit der Inschrift des Gymnasiarchen Gerostratos aus Beirut in Istanbul[225] hat in der Mitte einen Altar. Von den vier Thiasoten, die sich in zwei Paaren von rechts und von links auf ihn zu bewegen, entstammen drei bekannten neuattischen Zyklen. Die Mainaden sind Hausers Typen 24 und 25. Der Silen ist namentlich von den Ikariosreliefs bekannt[226]. Der schräg vom Rücken gesehene Satyr links vom Altar kommt nur hier vor. Berücksichtigt man seine Ähnlichkeit mit den Waffentänzern neuattischer Reliefs[227], und mit deren spätklassischem Vorbild[228], so sieht man, daß er sich stilistisch seiner Gesellschaft anpaßt. Die Chimairophonos hat in merkwürdiger Weise ihr Muster entstellt[229]. Nicht nur, daß die ekstatische Bewegung schleppend geworden ist, weil der rechte Fuß mit ganzer Sohle den Boden berührt, und daß durch die Öffnung des Chitons über dem linken Bein das Gewandmotiv sich als mißverstanden erweist. Vor allem ist es nicht der Rest des zerrissenen Böckleins, was die Mainade in ihrer Linken hält, sondern ein zwar unverhältnismäßig kleines, aber vollständiges Tier, das sie mit den Hinter-

[221] M. 564. [222] H. 770. RP. 88,6. — H. 775. RP. 89,2. — H. 776. RP. 94, 1. — H. 773. RP. 94, 2. [223] H. 791. RP. 88,7.

[224] S. 87ff. — Sieveking, Gnomon 7, 1931, 19. Schon die Sosibiosamphora des Louvre hat den Altar in dieser dekorativen Funktion: Hauser 7 Nr. 1. BrBr. 60. Alinari 16 804. Giraudon 18 296. RS. 1, 24, 2f., 28, 1, ebenso ein arretinischer Kelch mit dem Thiasos in Sèvres, CVA. IV B f. 52 = Fr. 581.

[225] M. 33. Vgl. Merlin-Poinssot 79 A. 4. 81 A. 14. Watzinger JdI. 61/62, 1946/47, 84 A. 2.

[226] Merlin-Poinssot 101 f. Watzinger a. O. 84.

[227] Hauser 22ff. Nr. 30—32. Lippold, Vatikankat. 3, 1, 4 Nr. 489 Taf. 28. W. Fuchs 55ff.

[228] Athen, Walter, Die Reliefs des Kl. Akrop. Mus. Nr. 402.

[229] G. Caputo, Lo Scultore del Grande Bassorilievo con la Danza delle Menadi in Tolemaide, 1948, S. 14 A. 13. W. Fuchs 96ff. Zu den von Hauser zum Typus 25 gesammelten Beispielen kommen hinzu, abgesehen von ein paar Marmorreliefs, die W. Fuchs zusammengestellt hat, namentlich arretinische Reliefgefäße: Dragendorff-Watzinger 148,1.

beinen am Boden schleifen läßt. Verständlich ist diese Änderung nicht nur als Ausdruck dafür, daß der ursprüngliche Sinn des Motivs verlorengegangen war. Offenbar ist das Opfertier gemeint, das zum Altar geschleppt wird. Angeregt wurde diese Umbildung sichtlich von der Frühlingshore des neuattischen Horenzyklus[230]. Ein etwas jüngerer attischer Sarkophag ohne Darstellung eines Altars hat auch diesen Mainadentypus, aber ohne ganzes oder halbes Böcklein[231]. Die rasende Bakche ist zur Schleiertänzerin geworden. Der Schluß, daß der Altar erst von den Verfertigern der Sarkophage eingeführt wurde, wird bestätigt durch die Gestalt des schräg vom Rücken sichtbaren Satyrs auf dem Stück aus Beirut, der sich durch seine ruhige Haltung von den schwärmenden Thiasoten dieses Zyklus unterscheidet und sichtlich gewählt wurde, weil für die Stelle neben dem Altar von diesen Typen keiner geeignet schien.

Auch einen Altar in der Mitte der Vorderseite hat der erst kürzlich zutage gekommene Kindersarkophag, der westlich vor dem Hephaisteion in Athen aufgestellt ist (oben S. 82 Nr. 5). Psyche und ein Jüngling stehen opfernd zu beiden Seiten dieses Altars. Den Rest des Frieses füllt jederseits ein Paar neuattischer Thiasoten. Links sind es die oben schon behandelte Umkehrung von Hausers Typus 22 (S. 91 f.) und der bärtige Doppelflötenbläser, der auf einem zweiten Sarkophag dieser Werkstatt[232] und auf einem stadtrömischen Exemplar vorkommt[233]. Er ist eine Modifizierung des Silen mit der Doppelflöte aus dem Zyklus der Ikariosreliefs, den schon der Sarkophag aus Beirut in Istanbul bot (S. 97 A. 225). — Auf der anderen Seite des opfernden Paares bilden der neuattische Beckenschläger, Hauser Typus 19[234] und eine Mainade ein Paar, die sich zweimal auf frühen stadtrömischen Sarkophagen in Verbindung mit neuattischen Typen nachweisen läßt[235]. Die beiden Opfernden sind den Zyklen fremd, denen die anderen Figuren entnommen sind. Dadurch, daß sie und der Altar eine geschlossene Gruppe bilden, ist der Altar neben den Tänzern notdürftig motiviert. So erweist auch dieses Relief, daß die Verbindung des Thiasos mit einer Opferhandlung erst in den Sarkophagwerkstätten vorgenommen wurde. Das zieht die Beurteilung des Altars auf den Bildern mit dem Kinderkomos nach sich. Es ist von Bedeutung, daraus zu lernen, daß sein vermutetes hellenistisches Vorbild nicht als ein Opferzug gemeint war.

Endlich sei noch daran erinnert, daß auf dem Sarkophag des Magnos Eryades in Athen[236] (Taf. 16) zur Vervollständigung der Darstellungen eines dionysischen

[230] Über ihn zuletzt E. Simon RM. 60/61, 1953/54, 212f.

[231] Kallipolitis, Ephem. 1956, 20, 4f.

[232] Athen NM. 1150/52. Papaspyridi, Guide 169f., 29. Matz, Ber. 9. Intern. Kongr. f. Arch. Berlin 1939, 502 Taf. 55a.

[233] Ehem. Florenz, Pal. Peruzzi, von Robert 1903 dort in V. Bardini, einst Caponi, bei Torre del Gallo gesehen, jetzt verschollen, D. 340.

[234] Auch auf drei attischen Sarkophagen: Athen NM. 1150/52, oben A. 232; Istanbul, aus Saloniki, M. 32; Fragment in Palaestrina: O. Marucchi, Descr. del Museo Prenestino Barberiniano, 1917 Nr. 23. Dazu auf arretinischen Gefäßen: Dragendorff-Watzinger 113, 12. 122, 2.

[235] Vatikan, Belv. Amelung 2, 76, 28 Taf. 6. RR. 3, 359, 2 und Sclafani, Houel, Voyage Pittoresque des isles de Sicile etc. 3, 1782ff. Taf. 164, l. Ns. Jetzt bei V. Tusa, Sarc. Rom.-della Sicilia, 1957. Dazu das spätere Stück Dresden H. 271. RR. 2, 61, 2.

[236] NM. 1185. Papaspyridi, Guide 172. Toynbee 221 Taf. 51, 1. RR. 2, 406.

Opfers außer den Tänzern von allgemeiner Bedeutung, die wir oben schon als Eckfiguren einiger der Sarkophage mit dem Kinderkomos kennenlernten (S. 85), eine in neuattischen Zusammenhängen beliebte Mainade[237] neben völlig andersartigen Figuren verwandt wurde. Man erkennt wieder, daß sich in diesen Werkstätten das Bestreben geltend macht, den Thiasos als einen »Opferreigen« zu motivieren, weil offenbar das Verständnis für seinen eigentlichen Sinn verlorengegangen war, daß er aber als solcher nicht auf den Sarkophagen entstanden ist.

Ist es richtig, daß die Verbindung von Altären mit dem Zyklus schwärmender Knaben nicht ursprünglich ist und daß sie in diesen Komos einen Fremdkörper einführt, so ist damit der erste Teil der oben als Ergebnis der Untersuchung über den Zyklus formulierten Alternative (S. 94) negativ entschieden. Wenn sein Ausdruck im frühen 2. Jahrhundert n. Chr. im Sinne einer Verallgemeinerung verschoben werden konnte, so ist er aus der Vorstellungswelt dieser Zeit nicht erwachsen. Es muß also auch nach den thematischen griechischen Voraussetzungen Umschau gehalten werden. Die Auswahl ist nun allerdings nicht mehr groß. Es ist nämlich mit dieser Feststellung schon gesagt, daß jetzt der Frage nach der Möglichkeit von Verbindungen mit dem altattischen Choenfest nicht mehr auszuweichen ist. Denn an ihm beteiligen sich die Kinder am dionysischen Treiben der Erwachsenen.

Seltsamerweise ist bisher die Frage noch nicht gestellt. Nilsson, der ausdrücklich auf die Ähnlichkeit zwischen diesen Bildern und dem attischen Fest hinweist[238], erklärt kategorisch: »There cannot be any connexion«. Er hält es für ausgemacht, daß die schwärmenden Knaben kindliche Mysten sind. Aber der Beweis dafür ist durch die Zusammenstellung der Zeugnisse über die Einweihung von Kindern in die dionysischen Mysterien noch nicht erbracht, wie sie Nilsson (a. O. S. 106ff.) im Anschluß an Cumont vornimmt. Es soll kein Gewicht darauf gelegt werden, daß keiner der inschriftlichen und bildlichen Belege so frühes Alter der Eingeweihten sichert, daß vielmehr in den Fällen, die überhaupt ein Urteil erlauben, das sechste Lebensjahr das Minimum ist[239]. Entscheidend erscheint, daß auf den Sarkophagen die eigentliche Motivierung der Ekstase der Weingenuß ist. Es war schon festzustellen, daß dies für den richtigen Thiasos aus triftigen Gründen nicht oder höchstens bedingt zutrifft[240].

So fehlt denn auch dieser Zug auf den kleinen Bildern aus Herculanum mit je einem Paar von Eroten im Motiv des Thiasos[241]. Sie verwenden ebenfalls hellenisti-

[237] Zwei attische Sarkophage: Istanbul M. 32. Athen NM. 1150/52, Papaspyridi, Guide 169, 29. Arretinische Reliefkeramik, Chase, Loeb Coll. Taf. 9, 3. Dragendorff-Watzinger 148 III 2f. Lampen, Winter 50. BWPr. 1890, 111. S. Loeschcke, Lampen aus Vindonissa, 1919, 362, 27 Taf. 5. Philippart, Iconographie des Bacchantes d'Euripide, Rev. Belge de Philol. et d'Hist. 9, 1930, 43 Nr. 112 Fig. 5—7. Gemmen: Walters, Brit. Mus. Cat. 1926, 288 Taf. 31. Philippart a. O. 67 Nr. 157 Taf. 11, 1. Florenz, Furtwängler AG. Taf. 41, 28. Lippold, Gemmen und Kameen Taf. 17, 1, Parallelstücke von Furtwängler im Text zusammengestellt; dazu Kibaltchich 18, 486. — Ähnlich ist Hausers Mainadentyp 31.

[238] The Dionysiac Mysteries, 1957, 111.

[239] A. Oepke, Festschr. f. L. Ihmels, 1928, 92f.

[240] S. 96. — Boyancé, Le Culte des Muses, 1937, 72, hebt mit Recht hervor, daß nur bei diesem Fest das Gelage dem Opfer vorangeht.

[241] H. 761—765. RP. 72, 2. 3. 87, 3—5. Rizzo PER. 140. Anderson 23 447.

sche Typen (Taf. 17a). Die Figur mit der Fackel[242] stammt aus dem Jahreszeitenzyklus des oben behandelten Rundaltars (S. 41 ff.). Der Doppelflötenbläser[243] stimmt mit Figuren der attischen Erotensarkophage Nr. 1. 2. 8. 10. 22. 24. 27 und 29 überein. Sein Gegenstück mit dem geschulterten Thyrsos findet nicht nur dort auf Nr. 2 und 14 seine Parallelen, sondern auch in dem Eros des schon herangezogenen tönernen hellenistischen Schalenemblems aus Athen (oben S. 90 A. 182). Der Krotalistrios[244] ist einer hellenistischen Mainade nah verwandt[245].

Von ernsthaften Beziehungen auf den dionysischen Kult oder gar auf die kindlichen Mysten kann schon deshalb nicht die Rede sein, weil diese kleinen Bilder auch thematisch keine andere Beurteilung zulassen als die von denselben Malern stammenden mit Eroten, die so spielen, als seien sie erwachsene Menschen[246]. Diese Eroten ahmen den bacchischen Thiasos nach. Daß trotz des Fehlens der Trunkenheit Vorstellungen mit im Spiele sind, die von den Choen stammen, wird im Hinblick auf die beiden oben herausgehobenen Typen, die mit dem Kinderkomos der attischen Sarkophage zusammengehen (Doppelflötenbläser und Tänzer mit Thyrsos), nahegelegt durch das Bild mit dem Erotengespann[247] und das mit dem sich bekränzenden Eros[248]. Denn die Wagenfahrt der Kinder in den verschiedensten Formen ist schon ein beliebtes Motiv auf den attischen Kannen[249], und der Agon gehört auch seit

[242] H. 763. RP. 72, 3. Anderson a. O. obere Reihe, 2. Bild von links.

[243] H. 765. Rizzo a. O. 140, 2. RP. 87, 3.

[244] H. 764. Rizzo a. O. 140, 1. RP. 87, 4.

[245] Originale hellenistische Vertreter fehlen. Die Vorstufen des 5. und 4. Jahrhunderts veranschaulichen einige rotfigurige Vasen und ein Tarentiner Reliefgefäß:

1. Omphalosschale, Boston Mus. FA. 97. 371 Caskey 62 Taf. 29. Beazley ARV. 658, 108. Phialemaler.
2. Hydria, Kopenhagen. CVA. IIIi 154,3. 155,2. Beazley ARV. 656, 56. Phialemaler.
3. Verschollene Pyxis. Stackelberg, Gräber der Hellenen Taf. 24, 4. Weege. Der Tanz im Altertum 112.
4. Terrakottarhyton, Neapel, A. Levi, Le Terrecotte Figurate del Mus. Naz. di N. 332.

Unter den Beispielen aus der Kaiserzeit sind solche von mehr flächiger Fassung: Wandmalerei der V. des Cicero bei Pompei, H. 1907. HBr. 90, 1. RP. 139, 8. Arretinische Reliefkeramik, Chase Loeb Coll. 5, 125. New York, MetrMus. CVA. 1 Taf. 23. Weege a. O. 12. Dragendorff-Watzinger 104, 13. Attischer Sarkophag in Mistra, l. Ns. Gerhard AB. 106, 1—3. Schuchhardt-List, Licht über Hellas, 1954, 127. Kameo, Furtwängler AG. 65, 45. Goldschale aus Rennes, Babelon, Cab. des Méd. 7. Gusman 61. RR. 2, 233, — und solche mit Ausnutzung aller Chancen zur Torsion und zu diagonalem Raumaufschluß, die das Motiv bietet: Relief in Brescia, D. 4, 368. RR. 3, 12, 3. Relief in Neapel, Guida Ruesch 526. Anderson 23 233. RR. 3, 68, 4, und die Sarkophage: Newby Hall, Michaelis 533, 34. EA. 3127. Lateran, BS. 408. MI. 6/7, 80, 1. Alinari 6395. RR. 3, 274, 5. Moskau, Puschkin-Museum, ehem. Uwaroff, BrBr. 490. Lehmann-Olsen 42. P. Borghese (?), aus Torre Nova, Rizzo NSc. 1905, 16, 7. Cambridge, Fitzwilliam Museum, Michaelis 263 f., 77. Louvre, aus Bordeaux, F. 240. Etienne REA. 1953, 361 ff. RS. 1, 26. (Hier Taf. 23a).

Die erste Gruppe, zu der auch das oben erwähnte Bildchen aus Herculanum sich stellt, wird gebildet von klassizistischen Werken, für die zweite lassen sich jeweils hellenistische Muster der ganzen Komposition erweisen. Die erste Gruppe ist also eine klassizistische Rückbildung. Die Kymbalistria des Frieses in der V. dei Misteri, auch eine hellenistische Figur, stellt dasselbe Motiv in Rückenansicht dar.

[246] Z. B. H. 753. RP. 76, 1. H. 755. 782. RP. 76, 5. 4. H. 804—806. RP. 86, 4. 6. 9. Dazu Maiuri, Ercolano, Itinerari, Taf. 33, 59 f.

[247] H. 782. Rizzo PER. 140, 5. RP. 76, 4. Hier Taf. 17a Mitte.

[248] H. 761. RP. 72, 2.

[249] Deubner, Attische Feste 115 Taf. 24 b. Van Hoorn, Choes and Anthesteria 44.

alters zur Choenfeier[250]. Ohne diese Beziehung wäre es schwer zu sagen, weshalb der sich Kränzende in diese Gesellschaft geraten ist. Aber das bleiben Vermutungen, die nur am Rande diese Untersuchung berühren.

Für den beim Choenfest selber vorliegenden Sachverhalt können wir uns auf die Ergebnisse der Forschungen L. Deubners und G. van Hoorns stützen[251]. Gewonnen sind sie vor allem durch Kombination der geschriebenen Zeugnisse mit den Bildern auf den bei der Feier benutzten oder zur Erinnerung an sie gefertigten Kannen und Kännchen, die auch Choes hießen.

Sieht man von der noch strittigen Pompe mit dem Schiffswagen ab, so waren die Hauptereignisse dieses zweiten Tages des Anthesterienfestes das allgemeine Wetttrinken und der auch wohl mit einer Prozession verbundene Hieros Gamos von Basileus und Basilinna, der im Bukoleion vollzogen wurde. Der offizielle Teil des Wetttrinkens spielte sich im Thesmotheteion ab. Für die Menge der Bürger hatte diese Feier aber privaten Charakter. Man fand sich dazu in den Häusern zusammen. Gegen Abend zog man dann von allen Seiten zum Διονύσιον ἐν Λίμναις, um dort die Neige aus dem Chous dem Gott als Spende darzubringen. Den Zug dorthin und gewiß auch den heimwärts meinen die vielen Bilder auf den erhaltenen Kannen mit Motiven des Komos[252]. Es bedürfte nicht einiger ausdrücklicher Zeugnisse aus dieser Reihe[253] und der noch eindeutigeren Bezeugung der Komödie[254], um zu wissen, daß es dabei nicht gerade nüchtern zuging. Wie die Kinder auf ihre Weise sich beteiligten, berichten die Vasenbilder. Auch sie bekamen einen kleinen Chous, der natürlich nicht leer war. Eines der ausdruckvollsten Bilder mit berauschten Komasten auf einer solchen Kanne stellt als Hauptgruppe zwei Knaben dar, die umschlungen einem kleinen Fackelträger mehr taumelnd als laufend folgen und von denen der eine einen Chous hält[255]. Ein paar Einzelheiten, die den attischen Sarkophagen und den Bildern der Choes gemeinsam sind, kommen bestätigend hinzu. Einige Male hält ein Knabe auf den Sarkophagen eine Traube empor (2. 4. 23. 35). Das erinnert an die Bedeutung der Traube auf den Kännchen[256]. Auch dem Kranz, den die attischen Kinder an diesem Tage tragen[257], begegnet man wieder auf den Sarkophagen als ihrem Schmuck (2. 3. 4. 11. 12. 24. 26. 35). Es dürfte ferner kein Zufall sein, daß einmal einer der Knaben eine Kanne hält (23). Allgemeinere Attribute, Kantharos, Fackel, Teller mit Früchten, sind allerdings häufiger. Die Verwendung von Fackeln und Musikinstrumenten, die sich ebenfalls hier wie dort findet, gehört zum Komos sowohl wie zum Thiasos. Daß die attische Werkstatt der Sarkophage selber diese Bilder als einen Komos verstanden hat, der auf ein Gelage folgt,

[250] Deubner a. O. 116. Van Hoorn a. O. 33ff.
[251] Deubner, Attische Feste 1932. Van Hoorn, Choes and Anthesteria, 1951.
[252] Deubner JdI. 42, 1927, 172. Attische Feste 99f. 244f. Van Hoorn a. O. 32, 121.
[253] Deubner a. O. Taf. 8, 3. 31, 2. 33, 1. Van Hoorn a. O. 2, 26. 35. 210f. 503.
[254] Aristoph. Ran. 215ff.
[255] Berlin F. 2658. FR. 3, 331, 156. Neugebauer, Führer 67,2. Van Hoorn a. O. 328/8/503.
[256] Deubner a. O. 240. Van Hoorn a. O. 43.
[257] Deubner a. O. 99.

nicht als Opferzug, lehrt die noch nicht veröffentlichte Vorderseite eines Sarkophags aus dem Ende des 2. oder dem Anfang des 3. Jahrhunderts im Museum zu Saloniki, auf der das Polster einer Kline die Darstellung in zwei Zonen gliedert (oben S. 82 Nr. 10). Oben sieht man Eroten und Psychen beim Symposion. Von den Eroten des unteren Streifens füllen zwei in der Mitte ein großes Gefäß. Sie bedienen also die Zechenden ebenso wie die Eroten auf einem etwa gleichzeitigen attischen Relief[258]. Die übrigen elf Eroten dieses Teils geben sich komastisch. Von ihnen gehören sechs zu den hier untersuchten Typen des Kinderkomos. Als berauscht sind auch drei von den anderen fünf gekennzeichnet.

Tatsächlich findet also der Kinderkomos der attischen Sarkophage als Darstellung des Choenfestes seine Erklärung. Die Anstöße, die seine Beziehung sowohl auf Opferhandlungen wie auch auf kindliche Mysten enthält, sind damit aufgehoben. Der typologische Teil der Untersuchung hat zur Erschließung hellenistischer Muster geführt. Der bedeutende Einschlag spätklassischer Formen verleugnet sich selbst hinter dem Schleier der mittelbaren Überlieferung nicht. Erinnert sei nur an die an erster und zweiter Stelle behandelten von den vier »Stützungsgruppen«, an die Tänzer mit dem geschulterten Thyrsos und dem erhobenen Kranz und an die Doppelflötenbläser. Späthellenistisches war weniger spürbar und wurde eher als Ergebnis einer jüngeren Schicht dieser Überlieferung verständlich, so daß es als sekundär beurteilt werden muß. Von dieser Art war beispielsweise die dritte der »Stützungsgruppen«. Für die Datierung der Erfindung dieser Motive ergibt sich also ein Ansatz in die Zeit des Übergangs vom frühen zum späten Hellenismus. Abgesehen von dem Kindertypus überhaupt führen zu dieser Auffassung namentlich die Typen des Leierspielers und des Kymbalistrios. Hier handelt es sich um integrierende Bestandteile des Zyklus und gleichzeitig um strukturell eindeutige, also datierbare Formen. Rund um 200 v. Chr. muß man sich daher die attischen Werke entstanden denken, die die Muster lieferten. Reliefs sind wahrscheinlicher als Malereien. Natürlich kann es sich mindestens ebensogut um toreutische Werke handeln wie um Marmorreliefs.

Damit begibt sich die Untersuchung nun allerdings in ein dunkles Gebiet. Die Überlieferung der hellenistischen Kunst Athens ist spärlich und widerspruchsvoll. Erst am Ende des 2. Jahrhunderts v. Chr. mit dem Aufkommen der neuattischen Werkstätten erhellt sich das Dunkel ein wenig[259]. Anlaß zu der Wiederbelebung der Produktion soll nach der herrschenden Meinung das Bedürfnis des römischen Kunstmarkts gegeben haben, der in zunehmendem Maße die vornehmen Häuser der neuen Hauptstadt der Welt mit Statuen und dekorativen Werken zu versorgen hatte. Die

[258] Conze AZ. 29, 1872, 81 Taf. 49. Svoronos, Nat. Mus. Taf. 92, 1533 Cumont, Symb. 291 ff. Taf. 25, 1. Vgl. Devambez BCH. 70, 1946, 165 ff.

[259] Das Bild der spätpergamenischen Kunst, das v. Schoenebeck, ΜΝΗΜΟΣΥΝΟΝ Th. Wiegand, 1939, 63 ff., skizziert, hat der Kritik nicht standgehalten. Nicht berechtigt sind auch seine Zweifel an dem Aufkommen der neuattischen Werkstätten in Athen, für das Hauser sich in seinen letzten Arbeiten erklärt hatte. Es ist das Verdienst der Tübinger Dissertation von W. Fuchs, Die Vorbilder der Neuattischen Reliefs, 1953, diesem Sachverhalt wieder zu seinem Recht verholfen zu haben. Das maschinenschriftliche Exemplar der noch nicht veröffentlichten Arbeit wurde mir durch die Freundlichkeit des Verf. zugänglich gemacht. Anders noch Lippold, Kopien und Umbildungen gr. Statuen, 1923, 59.

politischen, wirtschaftlichen und soziologischen Motive des kunstgeschichtlichen Wandels überhaupt und der endgültigen Wendung zum Klassizismus sind damit gewiß getroffen. In der Annahme, daß der hieraus sich ergebende Eklektizismus die Erscheinung in ihrer stilistischen Eigentümlichkeit wirklich erkläre, scheint aber die neuere Forschung reichlich optimistisch zu sein. Auf Vorboten des Klassizismus in der ersten Hälfte des 2. Jahrhunderts ist seit geraumer Zeit aufmerksam gemacht worden[260]. Spätestens in diese Epoche gehört auch das erschlossene Urbild des untersuchten Kinderkomos. Seine klassizistische Natur wird nicht so sehr durch seine Beliebtheit in den späten neuattischen Werkstätten des beginnenden 2. Jahrhunderts n. Chr. beleuchtet, wie durch seine typologische Durchsetzung mit spätklassischen Motiven. Erlaubt überhaupt die Situation in Athen in diesem Zeitraum die Hervorbringung toreutischer Werke, vielleicht auch die dekorativer Steinreliefs, mit dem Thema des Choenfestes von so klassizistischer Formengebung anzunehmen?

Ausreichend bezeugt ist die Begehung der Choen in Athen nicht nur für den Hellenismus[261], sondern auch für die Kaiserzeit. Gerade die späten Belege[262] lassen ihre Bedeutung als Kinderfest erkennen. Bei den ersten Choen nach Vollendung ihres 3. Jahres durften die Kinder zum ersten Male mitfeiern. Das bedeutete ihre förmliche Aufnahme in den Verband der Familie. Schon die rotfigurigen Kannen und Kännchen wurden nach Ausweis ihrer Bilder zur Erinnerung daran hergestellt, meist wohl als Geschenke, im Anschluß daran aber auch als Grabbeigaben für früh verstorbene Kinder.

Die vermuteten hellenistischen Reliefgefäße werden ebenfalls der Erinnerung gedient haben und als Geschenke gemeint sein. An so kostbare Grabbeigaben damals wird man nicht ohne weiteres denken. Auch die Annahme eines monumentalen Grabschmucks in Form von Steinreliefs verbietet sich durch das, was von den hellenistischen Gräbern Athens bekannt ist. Kein Einwand gegen unsere Vermutung wäre aber der Hinweis auf das Versiegen der attischen Produktion während des hohen Hellenismus und auf das Fehlen kaufkräftiger Abnehmer für so wertvolles Kunstgewerbe.

Daß das attische Kunsthandwerk keineswegs zum Erliegen gekommen war, haben die Beobachtungen an seinen Erzeugnissen bei den Grabungen auf der Agora und im Kerameikos erwiesen. Es hat sich beispielsweise bestätigt, daß es in Athen blühende Töpfereien gab, in denen »megarische Becher« hergestellt wurden[263]. Schwerlich war dies der einzige Zweig des Kunsthandwerks, der damals von Athenern gepflegt wurde. Und was die Abnehmer betrifft, so darf man die großen und kleinen hellenistischen

[260] v. Salis, Der Altar von Pergamon, 6. 22. 23 u. a. Schweitzer FuF. 6, 1930, 414f. Lippold, Hdb. d. Arch. 5, 349.

[261] Kallim. fr. 178 Pf., Aitia. Eratosthenes bei Athen. 276c. Krates v. Mallos bei Athen. 495b. Vgl. Verf. AbhMainz 1952, 10, 18. AA. 1953, 97ff.

[262] Deubner a. O. 115: Philostr., heroic. 12, 29, 187, 20 K. Iobakcheninschrift. Grabrelief Deubner Taf. 16, 1.

[263] H. Thompson, Hesperia 3, 1934, 451ff. Schwabacher AJA. 45, 1941, 182ff. Byvanck-Quarles van Ufford, BAntBeschav. 28, 1953, 1ff.

Höfe nicht vergessen, schon wegen der Bedeutung, die Athen für ihre Kulturpolitik haben mußte. Auch in dieser Beziehung sind nachher die römischen Großen mit ihren Aufträgen und mit ihren Kunstsammlungen nur in die Fußtapfen der hellenistischen Herrscher getreten. Zu berücksichtigen ist auch, daß die inschriftlich und literarisch bezeugte Beteiligung von Athenern an der Bildung der hochhellenistischen Plastik Pergamons eine noch immer lebendige und leistungsfähige attische Tradition voraussetzt[264]. Das bestätigt auch die verhältnismäßig große Zahl inschriftlich und literarisch überlieferter Namen attischer Bildhauer des Hellenismus[265]. Gesichert ist ferner die durchgehende klassizistische Note der attischen Plastik dieser Epoche[266]. Im 3. Jahrhundert ist ihr Zusammenhang mit der späten Klassik enger und bestimmender als irgendwo. Die klassizistischen Züge der hochhellenistischen Kunst Pergamons sind ohne ihre Einwirkung nicht verständlich. Und in der 2. Hälfte des 2. vorchristlichen Jahrhunderts stechen die Reste vom Weihgeschenk des Eubulides durch ihren betonten Klassizismus zwar nicht gerade vorteilhaft, aber doch spürbar ab von den sonst bekannten Werken dieser Zeit[267].

Dies sind einige allgemeine Überlegungen, die zeigen, daß trotz des Aussetzens der zeitgenössischen Überlieferung die erschlossenen, wahrscheinlich toreutischen Werke mit Bildern, die das Choenfest darstellen, in der Zeit des Übergangs vom frühen zum hohen Hellenismus tatsächlich die nötigen Voraussetzungen finden. Es gibt aber auch dingfeste Beweise für eine klassizistische Strömung in der hellenistischen attischen Toreutik vor dem Einsetzen der neuattischen Werke. Zum mindesten hat es Reliefgefäße gegeben, auf denen der bakchische Thiasos in dieser Weise die spätklassische Überlieferung fortsetzt.

Eine silberne Pyxis aus Thessalien[268] (Taf. 18a. b) hatte auf dem Zylindermantel ihres Körpers einen Chor von vier Mainaden. Sie bilden ein nach l. und ein nach r. gewandtes Paar. Zerstört ist von allen Figuren der untere Teil, von der zweiten der beiden nach r. bewegten Tänzerinnen auch der obere bis auf den nach hinten gestreckten l. Unterarm, dessen Hand einen kleinen Bockskopf hält. Für die Datierung des Grabes, in dem die Pyxis gefunden wurde, hat der Herausgeber die Zeit um 150 v. Chr. vorgeschlagen[269]. Der Stil des mitgefundenen silbernen Alabastrons[270] läßt das als möglich erscheinen, empfiehlt aber, das ganze dritte Viertel des Jahrhunderts in Betracht zu ziehen[271]. Das Bild ist wegen seiner luftigen Komposi-

[264] Lippold a. O. 320. 349. 354f. Ders., Kopien u. Umbildungen gr. Statuen 15. Kleiner, Tanagrafiguren 214. Ders. NJb. 1938, 264. — Die Gründe gegen die von Schober vertretene Isolierung der frühen pergamenischen Kunst bei Schweitzer AA. 1939, 405ff. In seiner Replik ÖJh. 32, 1940 Beibl. 80ff. hat Schober dieser kunstgeschichtlichen Frage eine weniger radikale Fassung gegeben.

[265] Becatti RIA. 7, 1938, 13ff.

[266] Becatti a. O. 22f., Lippold a. O. 316. 338f. 349f. 365ff. Kleiner, Tanagrafiguren 151. 251ff.

[267] Becatti a. O. 52ff. Lippold a. O. 366.

[268] Arvanitopullos AM. 37, 1912, 87ff. Taf. 4f.

[269] a. O. 75.

[270] a. O. Taf. 2f. Courby VGR. 374. RR. 3, 530, 6.

[271] Die Eroten über dem Hauptbild gehören zu dem hier untersuchten Typus. Schon das schließt das dritte Jahrhundert aus; vgl. oben S. 59 A. 62.

tion und schlanken Figuren auch nicht hochhellenistisch. Diese Art, wenige Figuren mit ein paar Baum- und Felskulissen zu verbinden, ist charakteristisch für eine Gruppe kleiner Bilder, zumal in Reliefform, die vor dem Telephosfries nicht denkbar sind. Die kaiserzeitliche Toreutik, die auch auf hadrianischen und frühantoninischen Sarkophagen reflektiert wird, hat für sie eine Vorliebe. Späthellenistisch ist auch die Blattgirlande auf dem konischen Deckel der Pyxis. Diese geschlossene Form mit reicher und zierlicher Gravierung setzt in demselben Sinn die hochhellenistische Fassung eines dekorativen Motivs fort wie auf dem Alabastron die Efeuranke am Hals und der feine und flache Akanthoskelch am Boden. Für diese Motive wird die kräftigere Durchbildung der vorpergamenischen Stufe in charakteristischer Weise belegt durch die Tarentiner Silbergefäße der Slg. Rothschild[272] und die Stuckmodelle aus Ägypten in Hildesheim[273]. Die Datierung der Girlande ergibt sich aus ihrer Einordnung in den von M. Stephan[274] und A. E. Napp[275] gleichzeitig und unabhängig voneinander festgestellten Sachverhalt. Daß die Pyxis ein attisches Werk ist, bleibt freilich vorerst eine Vermutung, die sich auf die Lage des Fundortes in Griechenland und auf den klassizistischen Stil gründet, der sofort ins Auge fällt. Von vornherein ausschließen läßt sich nur die Herkunft aus Pergamon, weil wir dort durch die Reliefkeramik uns ein Bild von der Toreutik machen können, das ganz anders und entschiedener hellenistisch aussieht[276], und weil auch das spätere pergamenische Ornament überhaupt kräftiger und barocker bleibt[277].

Wie sind die spätklassischen Züge der Pyxis zu verstehen? Sind wir in der Lage zu beurteilen, ob die klassischen Formen bewußt nachgebildet wurden, ob es sich also um ihre Wiederaufnahme nach einer Unterbrechung handelt und damit um den Ausdruck einer Episode, eines kurzen Vorspiels der neuattischen Richtung, oder ob sie von einer nicht unterbrochenen Tradition getragen werden? Der Vergleich dieser Mainaden mit solchen des 4. Jahrhunderts führt vielleicht einer Antwort entgegen. Bis dahin wird auch das Urteil über den Ort der Entstehung der Pyxis am besten zurückgestellt.

Für die Tympanistria (Taf. 18a) ist, abgesehen von der Profilstellung überhaupt, kennzeichnend das an die linke Schulter gelegte Tympanon, das in den Nacken geworfene Haupt bei rückwärts gebogenem Leib und der abwärts nach hinten gestreckte Arm der vorderen Körperseite.

Seltsam, daß unter den unzähligen nach rechts bewegten schwärmenden Tympanonschlägerinnen der rotfigurigen Vasenmalerei des 4. Jahrhunderts keine sich finden lassen will, die, auch abgesehen von der Gewandung, eine wirkliche Parallele wäre. Ähnliche gibt es viele. Am nächsten stehen ein paar, die in der Körperhaltung

[272] Wuilleumier TdT. 5ff.

[273] Rubensohn, Hellenist. Silbergerät, 1911 Taf. 7, 20. 8, 25. 13, 44.

[274] Die griech. Girlande, Diss. Berlin 1931, 35ff.

[275] Bukranion und Girlande, Diss. Heidelberg 1930, 4ff.

[276] Courby VGR. 451ff. Deubner AA. 1939, 340ff.

[277] v. Schoenebeck, Mnemosynon Th. Wiegand, 1939, 54ff. Th. Kraus, Die Ranken der Ara Pacis, 1953. J. M. C. Toynbee, Gnomon 27, 1955, 289f.

übereinstimmen, das Tympanon aber nicht an die Schulter legen, sondern es mit gebeugtem Arm von der Linken emporgehalten sein lassen[278]. Einige attische und apulische Stücke verändern dies durch Beugen und Erheben des rechten Arms. Gemeint ist der Schlag auf das Schallbecken. Dieses bleibt aber frei gehalten, muß es auch sein, weil ihm durch den Druck an die Schulter die Vibration verlorengehen würde. Für die Mainade des Silbergefäßes ist das Tympanon nur Attribut. Sie benutzt es nicht. Ihre Verzückung ist nicht von seinem Tönen begleitet. Entsprechend attributive Verwendung vermeidet die spätklassische Vasenmalerei bis auf einige sinnentstellende Ausnahmen. Auf dem großen Dionysosmosaik in Olynth ist es dreimal sinnloser Weise mit einem Thyrsos in der anderen Hand verbunden[279]. In der gesenkten Hand gehalten läßt es sich in Großgriechenland nachweisen und dort auch nur einmal bei einer nach rechts bewegten Bakche[280], sonst in der umgekehrten Richtung[281]. Häufig ist aber in Athen und dort das Schlagen des Tympanons in der Weise dargestellt, daß es auch von der Rechten berührt wird. Es kommt also an auf die Darstellung der rauschenden bacchischen Musik. Dafür sind zwei Formen ausgebildet, die sich durch die Haltung des Kopfes unterscheiden. Er folgt entweder, ins Profil gestellt, der Richtung der Bewegung[282], oder er wendet sich, sei es aus dem Bilde heraus, sei es nach hinten[283].

[278] Attisch: Teller, Kopenhagen VIII 838, CVA. Taf. 169 = Dänemark 171. Metzger 137, 54. Glockenkrater, Bonn 80a, CVA. 21. Apulisch: Stangenkrater, Bologna M. Civ. CVA. IV D r Taf. 16 = It. 575. Glockenkrater, Lecce 609, CVA. IV D i Taf. 21,5 = It. 260. Glockenkrater, Louvre G 529, CVA. III Ie Taf. 7 = Fr. 383. Schefold UKV. 17, 136. Deckelschale, Ermitage St. 2007. Schefold UKV. 8, 18 Taf. 3. Metzger Taf. 9. Kelchkrater, Athen 12 543. Schefold 26, 225 Abb. 54. Glockenkrater, Olynth 5, 86f. 142. Amphora, Neapel H. 3219, MI. 4, 16. Kelchkrater, Louvre, Millin-Reinach 1, 60.

[279] Olynthus 12 Taf. 1. Die Verständnislosigkeit für die Motive zeigt sich auch darin, daß die eine dieser drei Bakchen das Tympanon in der Rechten hält.

[280] Apulisches Deckelgefäß, Lecce, CVA. IV D i Taf. 32 = It. 271.

[281] Apulischer Volutenkrater, Berlin F. 3257, Gerhard, Apul. Vasenb. Taf. 15 FR. 149. Auf dem apulischen Krater Wien, Laborde 1,80 = RV. 2, 206, 3, erscheint diese Figur zweimal spiegelbildlich. Es ist hier also nicht auszumachen, welche Form die andere nach sich gezogen hat.

[282] Beispiele, Attisch: Volutenkrater, Bologna 283. AD. 1, 36. Pfuhl MuZ. 581. Beazley ARV. 781, 1. Maler des Berliner Dinos. Glockenkrater, Louvre G 488, CVA. III J d Taf. 33 = Fr. 374. Beazley ARV. 791, 19. Maler des Berliner Dinos. Glockenkrater, Providence, CVA. 24, 1 = USA. 77. Glockenkrater, Bologna P. 329. Beazley ARV. 871, 15. Metzger 130, 42 Taf. 15, 2. Meleagermaler. Glockenkrater, Louvre G 505, CVA. III J e Taf. 1 = Fr. 377. Beazley ARV. 871, 12. Meleagermaler. Kelchkrater, Würzburg 523. Langlotz Taf. 192. Metzger. Taf. 15, 3. Meleagermaler. Glockenkrater, Toronto 401, Cat. Taf. 73. Beazley ARV. 878,9. The Retorted Painter. Aryballos, Brit. Mus. E 695. FR. 78,3. Metzger 148, 79 Taf. 19,1. — Apulisch: Volutenkrater, Ermitage St. 355. CRPetersb. 1862, 6. Volutenkrater, Berlin F. 3264. Gerhard, Apul. Vasenb. 2. Glockenkrater, Lecce 628, CVA. 2 IV D i Taf. 18,4 = It. 257.

[283] Attisch: Aryballos, Brit. Mus. E 695. FR. 78,3. Metzger 148, 79 Taf. 19,1. Polychromer Reliefaryballos, Brit. Mus. G 22, Panofka, M. Blacas Taf. 3. Courby VGR. 140 Nr. 14. Pelike, Ermitage St. 1787. CR. 1873, 4. Schefold UKV. 39, 365. Pelike, Ermitage KP. 7634. Schefold UKV. 54, 502 Taf. 31, 2, Beide vom »Maler des Hochzeitszuges«. Reliefbasis, Akropolismuseum 1327. Foto DAInst. 692. Ann. 1862 N. Weege, Der Tanz 68, 87. Lippold Hdb. 5, 198, 12. — Apulisch: Glockenkrater, Louvre? Millin-Reinach 2, 47. — Hinzuzunehmen sind die attischen Terrakotten Winter, Typen 2, 143, 1. 3—5. Ihr Typus und seine ältesten Vertreter gehören in das 4. Jahrhundert. Von den erhaltenen Stücken sind manche jünger.

Die erste dieser beiden Formen fehlt nicht zufällig im Thiasos der pergamenischen Reliefkeramik wegen ihres entschieden profilmäßigen Baus und der fehlenden Wirbelbewegung. Aber im Neuattischen taucht sie wieder auf. Der von Hauser unter Nr. 24 behandelte Typus, der auch auf arretinischen Reliefgefäßen vertreten ist[284], unterscheidet sich von den angeführten spätklassischen Beispielen nur durch das reichere Gewand, das die vordere Körperseite offen läßt. Bei den echten spätklassischen Mainaden ist so weitgehende Entblößung freilich nicht die Regel, aber sie ist auch nicht ausgeschlossen[285]. Auch die wellenförmig wehenden Gewandfalten als Körperfolie entsprechen der Form des 4. Jahrhunderts[286]. Wenn diese neuattische Tympanistria nicht die Wiedergabe eines verlorenen spätklassischen Musters ist, so ist sie mindestens in bewußter Anlehnung an Figuren dieser Epoche gestaltet[287].

Bestätigt wird das durch die Geschichte der anderen spätklassischen Tympanonschlägerin, die sich von dieser anfangs nur durch die Drehung des Kopfes unterscheidet. Von ihr gibt es hellenistische Weiterbildungen in einer sizilischen Tonform[288], in der pergamenischen Reliefkeramik[289] und in der campanischen Wandmalerei[290]. Die Bereicherung des Gewandes ist ihnen gemeinsam. Dazu kommt, abgesehen von dem ersten Beispiel, der Ersatz der seitlichen Bewegung durch eine diagonale oder ganz nach vorn gerichtete. Die Kenntnis eines spätklassischen, nach links gewandten Typus der bereits in einer Vorstufe beim Maler des Berliner Dinos zu beobachten ist, scheint dabei mitgewirkt zu haben[291]. Dann findet man den Typus wieder auf architektonischen Tonreliefs der frühen Kaiserzeit[292] und auf einigen neuattischen Marmorwerken[293]. Auf den Sarkophagen mit dem neuattischen Thiasos kommt er ein paar Male vor in einer mit der pergamenischen Reliefkeramik über-

[284] Dragendorff-Watzinger 122, 3.

[285] Deckelschale, Ermitage St. 2007. Schefold UKV. 8 Nr. 18 Taf. 3. Metzger. Taf. 9. Pelike, Ermitage KP. 7634, Schefold UKV. 54 Nr. 502 Taf. 31. Dresdner Marmorstatuette H. 133, nach der Mainade des Skopas, Lippold Hdb. 5, 251.

[286] Beispiele: Spiegelrelief, Berlin Ant. 7928, Züchner KS. 86 Taf. 7. Sichtermann, Ganymed Nr. 140 Taf. 7, 3. Relieflekythos, Gnathiagattung, Genua 1174. CVA. IV B e Taf. 1, 2 = It. 927. Beinrelief, Rom V. Giulia, Battaglia NSc. 1933, 185, 5. Terrakottarelief, ebda., Della Seta BdA. 1909, 219 Abb. 32. Vgl. Verf. Festschr. A. Oxé, 1938, 18.

[287] Hauser, dem es auf die Vorbilder der neuattischen Figuren ankam, hat 157 mit Recht die Verwendung der Vasenbilder zu diesem Zweck abgelehnt. Vielleicht ist es nützlich, hier noch einmal ausdrücklich zu sagen, daß unser Ziel nur die Zeitbestimmung der Vorbilder ist. Unsere Vergleiche sind typologisch gemeint. Sie beziehen sich mehr auf die Struktur als auf die Erscheinung.

[288] Rizzo RM. 12, 1897, 276, 6.

[289] Courby VGR. 100, 10d.

[290] Vettierhaus, MA. 8, 1898, 377f., 65. RP. 132, 1. Vgl. NSc. 1934 Taf. 12.

[291] Stamnos, Neapel H. 2419. FR. 37. Beazley ARV. 789f. Glockenkrater, Robinson Coll. CVA. III J Taf. 46, 1 c = USA. 289. Beazley ARV. 689. Curti Painter. — Hydria, Brit. Mus. E. 228. Schefold KV. 7, b. Kelchkrater, Athen Nat. Mus. 1378. Schefold KV. 22b. — Lukanischer Volutenkrater, Vatikan, Trendall, Vasi Italioti ed Etruschi, 1953, 14 W 1 Taf. 3.

[292] v. Rohden-Winnefeld 42 Taf. 100, 1. RR. 2, 277, 3f. 3, 145, 1.

[293] Hauser 100, 30, Coburgensis. Hauser 100, 32, Wien.

einstimmenden Fassung[294]. Auf den späteren Sarkophagen hält sich die Form wie die architektonischen Tonreliefs sie boten. In dem Mantelbausch, der sich hinter dem Rücken bläht und durch alle drei Dimensionen die Figur umschreibt, bewahrt sie einen ausgesprochen hellenistischen Zug[295]. Als klassizistische Reduktion zu verstehen ist das Weglassen dieses Zuges auf dem Relief der Amphora, die auf einem der dekorativen Friese vom Traiansforum dargestellt ist[296]. Ein echt hellenistisches Zwischenglied bietet der bacchische Fries in Kos (unten S. 171 A. 20), wo die Figur freilich nach links gewandt ist.

Anders als die neuattische Tympanistria gibt also die der silbernen Pyxis nicht einen der spätklassischen Typen wieder. Sie klingt an den zuerst angeführten an (S. 106), verändert ihn aber schon durch die Haltung des Tympanons. Dazu kommt die ausdrucksvolle Biegung des Leibes nach hinten, der das zurückgeworfene Haupt und die Haltung der Arme so leidenschaftlichen Ausdruck mitteilen. Während dort die Erregung der dionysischen Stimmung durch den Schall den Künstler interessiert, ist hier die Ekstase durch ihre Motivierung aus dem Inneren von anderer Art. Dieses Mädchen hat ihre Musik und das Instrument dazu völlig hinter sich gelassen. In diesem Sinne berührt sich sein Bild nun aber mit einem anderen spätklassischen Mainadentypus, dem das Tympanon fehlt[297]. Die Übereinstimmungen liegen namentlich in der Art, wie der erhobene Arm vorn und der gesenkte hinten das Pathos der Bewegung unterstützen. Der erhobene Arm wird durch das Emporziehen des Gewandes oder durch das Schwingen eines Thyrsos motiviert. Von den Pergamenern ist dieser Typus ins Barocke gesteigert[298]. Die Wendung nach links erlaubte ihnen, der gesenkten Hand das Tympanon zu geben. Bei umgekehrter Richtung hält diese Hand eine gesenkte Fackel[299]. Auch eine nach rechts tanzende Mainade auf neuattischen Reliefs aus Stein[300] und Ton[301] und auf Gemmen[302] geht trotz des reiche-

[294] Rom, Thermenmuseum, Lehmann-Olsen Fig. 30. Florenz, Pal. Peruzzi D. 340. Sclafani s. o. S. 98 A. 235. Pisa, Camposanto D. 52. RR. 3, 106, 1. Newby Hall EA. 3127. Moskau, Puschkin-Museum BrBr. 470. Lehmann-Olsen Fig. 47.

[295] Vgl. auch MPiot. 31, 5.

[296] Lateran BS. 59. 68. Hauser 107, 43. Helbig-Amelung, Führer 2 Nr. 1148. Strong, Scultura Romana 1, 150 Taf. 33. Gusman Taf. 105. KiB. 181, 3.

[297] Attisch: Volutenkrater, Bologna 283. AD. 1, 36. Pfuhl MuZ. 581. Beazley ARV. 781, 1. Maler des Berliner Dinos. Stamnos, Neapel H. 2419. FR. 37. Beazley ARV. 789f. Maler des Berliner Dinos. Italiotisch: Kelchkrater, Syrakus 48 637. Libertini BdA. 35, 1950, 103, 9. CVA. IV E Taf. 5 = It. 847. Apulisch: Kelchkrater, Lecce, 779. CVA. IV D i Taf. 22, 7 = It. 261. Deckelgefäß 683 Taf. 32 = It. 271. — Spiegelrelief, Ermitage G 991. Züchner KS. 55. Abb 16 »Ionisch«. Bronzerelief von einem Tarentiner Eimer, Boston MFA. Pernice, Hellenist. Kunst in Pompei 4, 1925, 26 Taf. 5. In der Vasenmalerei war natürlich der Typus der Verallgemeinerung besonders ausgesetzt: Ann. 1864 H. MI. 8, 10. Nouv. Ann. 1837 B. Millingen-Reinach 5. Vgl. AG. 10, 49. CVA. Lecce IV D 3 Taf. 4 = It. 193. Trendall, Paestan Pottery 8. 19. 24. CVA. Brit. Mus. IV E Taf. 6, 36 = GrBr. 86. CVA. Syrakus IV E Taf. 6, 1 = It. 848.

[298] Courby VGR. 100, 10f. Vgl. Six JdI. 33, 1918, 40, 1.

[299] Béquignon-Laumonier BCH. 49, 1925, 320, 12, 2.

[300] V. Albani, Hauser 108, 44. Helbig, Führer 2, 2. Aufl. 1899, 14 780f. RR. 3, 144, 3.

[301] v. Rohden-Winnefeld 47, 86. Weege, Tanz 228.

[302] New York Metr. Mus. Cat. 1956, 83 Taf. 15 »Late fifth or early fourth century«. Florenz AG. 41, 28 = Lippold 17, 1. Slg. Evans AG. 66, 7.

ren Gewandes unmittelbar auf den spätklassischen Typus zurück. Das Anklingen an ihn in der Tympanistria der Silberbüchse und die Verschmelzung mit dem anderen spätklassischen Typus macht deutlich, wie verschieden der Klassizismus dieses Werkes nicht nur von der hochhellenistischen pergamenischen Form ist, sondern auch von der klassizistischen der Neuattiker. Das Verhältnis zur Überlieferung der Typen ist freier und schöpferischer. Es fehlt ihm die Note des Bewußten.

Das Mädchen, das auf der Pyxis dieser Gestalt von rechts her begegnet (Taf. 18a), streckt den rechten Arm mit dem Thyrsos nach vorn, den linken, um den sich eine Schlange windet, nach hinten. Das Bein der vorderen, linken Körperseite überschneidet das andere, indem es vorgesetzt ist. Unter der Gürtung läßt der zurückwehende Chiton die Körperform frei. Der Kopf ist auch in den Nacken geworfen. Angelegt ist diese Form bereits in einer Mainade des Malers des Berliner Dinos[303], wo aber Bewegung und Ausdruck verhaltener sind. Auf dem Reliefaryballos Blacas des Brit.Mus.[304] ist beides gesteigert. Ein apulischer Vasenmaler bemüht sich auf seine Weise um diese Wirkung[305]. Wie sehr dies überhaupt ein Typus ist, kann ein Blick auf seine Ausstattung mit einem Schleier in den beiden abgestreckten Händen deutlich machen. Diese Sonderform wird gleich noch für sich zu behandeln sein (S. 111). Auch die ausgeschnittenen Goldreliefs des 4. Jahrhunderts aus einem südrussischen Grabe[306] beleuchten die Verbindung dieser Mainade der Pyxis mit dem spätklassischen Typus. Dort ist nicht nur die Chimairophonos ähnlich gestaltet, sondern auch die männlichen Thiasoten stimmen in der Haltung, zumal in der Stellung ihrer Beine, überein, und die Funktion der Thyrsen ist die gleiche. Auch hier bewegen sich zwei Reihen aufeinander zu. Die angeführten Beispiele lassen erkennen, daß bereits im 4. Jahrhundert das Bein auf der vorderen oder das auf der rückwärtigen Körperseite das vorgesetzte sein kann. Die Entblößung des Beins ist ebenfalls keine Neuerung des Verfertigers der Pyxis. Ein Tarentiner Kalksteinrelief, vielleicht noch aus dem späteren 4. Jahrhundert, kennt schon diesen Zug[307].

Eine Erklärung verlangt die Ähnlichkeit mit einer Chimairophonos auf drei frühen attischen Sarkophagen, auf einigen stadtrömischen, die sich ihnen eng anschließen[308], auf einer Gemme[309] und auf römischen Lampen[310]. Der Typenschatz dieser Sarkophage wird beherrscht von neuattischen Elementen. Bestandteile, die als neue Erfindungen gelten könnten, fehlen. Auch diese Chimairophonos geht also auf ein spätklassisches Vorbild zurück. Nahe verwandt, aber blasser im Ausdruck, ist der

[303] Stamnos, Neapel H. 2419. FR. 37. Beazley ARV. 789f.

[304] G. 22. Panofka, Musée Blacas Taf. 3. Courby VGR. 140 Nr. 14.

[305] Volutenkrater, Ermitage St. 350. CRPetersb. 1862, 5.

[306] CRPetersb. 1869 Taf. 1, oben S. 90.

[307] Klumbach, Tarentiner Grabkunst, 1937 Nr. 37 Taf. 7.

[308] Istanbul M. 32. Athen NatMus. 1152. Papaspyridi, Guide 169 Fig. 29. Athen NatMus. 1185. Papaspyridi, Guide 172. RR. 2, 406. — Thermenmuseum, Florenz P. Peruzzi, Sclafani, Pisa s. o. S. 108 A. 294.

[309] Brit. Mus. 3008. Walters, Cat. 1926, 288 Taf. 31. Philippart, Iconographie des Bacchantes d'Euripide, Rev. Belge de Philol. et d'Hist. 9, 1930, 67 Nr. 157 Taf. 11, 1.

[310] Winter, 50. BWPr. 1890, 111. S. Loeschcke, Lampen aus Vindonissa. 1929, 362, 27 Taf. 5. Philippart a. O. 43 Nr. 112 Fig. 5ff.

Mainadentyp Nr. 31 der Hauserschen Reihe[311], der erst recht eine Wiederbelebung des spätklassischen Typus ist. Er und diese Chimairophonos unterscheiden sich von der Mainade der Pyxis durch ihre Rechtsläufigkeit. Das gezückte Messer in der rechten Hand gehört sinnvollerweise zusammen mit der nach hinten ausholenden Gebärde. Bei der Inversion der Figur ließen die Attribute sich also nicht vertauschen. Statt ihrer hat die Mainade auf der Pyxis Thyrsos und Schlange. Auch das läßt verhältnismäßig freies Schalten mit dem Typus erkennen.

Typologisch unterscheidet sich von dieser Mainade die dritte der erhaltenen (Taf. 18b), die ihr auf der Pyxis folgt, nur durch die Rückwärtswendung des Kopfes. Ihre Bewegung bekommt dadurch etwas Schwingendes und Leichtes. Zum Vergleich bieten sich vor allem die noch zu erörternden Schleiertänzerinnen (S. 111ff.). Aber keine von ihnen hat diesen Zug. Sichtlich ist es auch in diesem Falle mehr auf das Modifizieren als auf das Kopieren des Typus angekommen.

Das Studium dieser drei Mainaden und ihrer Geschichte hat die Frage nach der Art des Klassizismus, den die Silberpyxis aus Thessalien vertritt, noch nicht restlos zu einer Klärung gebracht. Nur sein anderes Verhältnis zur Überlieferung gegenüber den neuattischen Werken ist deutlich geworden. Weshalb er im Zusammenhang einer Produktion verständlicher wird, die über nicht unterbrochene Verbindungen mit den klassischen Mustern verfügt, als wenn man eine Art von bewußtem Proto-Neuattizismus annimmt, wurde auch schon gesagt. Aber dies ließ sich erst verhältnismäßig allgemein begründen. Die Frage muß daher erweitert werden. Es ist Umschau zu halten nach älteren hellenistischen Denkmälern der Toreutik, denen sich etwas über die Voraussetzungen dieses Klassizismus abgewinnen läßt.

Schon Hauser hat in der pergamenischen Kunst eine der Quellen für die neuattischen Werke vermutet (187f.). W. Fuchs hat auf Grund des erweiterten, jetzt bekannten Materials, die Frage erneut gestellt und präzisiert. Er weist nach, daß mindestens ein großer Teil der Erscheinungen, die Hauser ursprünglich auf Alexandria zurückführen wollte, aus Pergamon stammt und durch die Toreutik vermittelt ist (178ff.). Aber hierbei geht es immer um die hellenistischen Bestandteile des Neuattischen. Noch nicht in ihrer Tragweite erkannt ist die Tatsache, daß auch von den neuattischen Typen des Thiasos, die auf klassische Werke zurückgehen, drei bereits in der hochhellenistischen pergamenischen Toreutik nachweisbar sind. Greifbar wird diese Toreutik freilich nur mit Hilfe der Reliefkeramik. Daß diese aber ohne die Annahme hinter ihr stehender, gleichzeitiger Gefäße aus Bronze und Silber nicht zu verstehen ist, dürfte eine besondere Erörterung nicht mehr erfordern.

Die Chimairophonos des Zyklus, der in der Diskussion über den klassischen Bildhauer Kallimachos eine Rolle gespielt hat[312] und gewiß auf ein Original des

[311] Zu den von Hauser angeführten Marmorreliefs Nr. 4 bis 6 seiner ersten Gruppe kommen hinzu ein Oscillum der ehem. Slg. Campana, MI. 5, 29. Winter, 50. BWPr. 1890, 110; ein Marmorkrater im Metropolitan Museum, New York, GMA. Richter JHS. 45, 1925, 210ff. Taf. 7; Nr. 2 des Mainadenzyklus Madrid-Ptolemais, G. Caputo, Lo Scultore del grande bassorilievo con la danza delle Menadi in Tolemaide di Cirenaica, 1948 Taf. 5. W. Fuchs 108f.

[312] Hauser Typus 25. W. Fuchs 96ff. Ders., Festschr. B. Schweitzer 210f. Über die Zuschreibung des Zyklus an Agorakritos durch Rh. Carpenter berichtet kurz C. Vermeule, Gnomon 29, 1957, 373.

spätesten 5. Jahrhunderts zurückgeht, erscheint in der Umgebung von lauter ganz anderen, meist hochhellenistischen Figuren am Halse eines mit dunkler Glasur überzogenen Kraters, der auf der Agora in Athen gefunden ist[313]. Abgesehen von der weichen, mit bedeutenden plastischen Kontrasten arbeitenden Bildung des Gewandes unterscheidet sie sich von den neuattischen Vertreterinnen des Typus durch die Wendung des Hauptes aus dem Bilde heraus. Dies ist hellenistische Umstilisierung.

Auf der Scherbe eines ebenfalls mit dunkler Glasur überzogenen Bechers in Berlin, die etwa 50km östlich von Pergamon gefunden ist (Yortan Kelenbe), sind die Figuren einer nach links bewegten Schleiertänzerin und die eines ihr folgenden tanzenden Satyrs erhalten (Taf. 19a). Beides sind neuattische Typen[314].

Die Mainade unterscheidet sich von der ersten der beiden nach links tanzenden auf der Silberpyxis eigentlich nur durch ihr Gewand. Sie trägt einen langen, gegürteten Chiton, der sich auf der linken Schulter gelöst hat und die linke Brust freiläßt. Mit ihren zugleich ausgebreiteten und gesenkten Händen hält sie einen kleinen Mantel hinter ihrem Unterkörper. Weil es sich offenbar um das Gewandstück handelt, das meist als Schleier verwandt wird, soll dieser Typus als »Schleiertänzerin« bezeichnet werden. Ich stelle im Folgenden die neuattischen Werke zusammen, auf denen er sich findet[315].

1. Kandelaberbasis, Rom, V. Albani, Zoega BR. 2, 86. Hauser 86, 2b.
2. Kandelaberbasis, Wien, Hauser 101, 32.
3. Kandelaberbasis, Venedig, D. 127. Hauser 100, 31. EA. 2469. RR. 3, 432, 4ff. Curtius 88. BWPr. 1929, 17, 16.
4. Oscillum, Herculanum, Casa del Rilievo di Oreste, Itinerari 53, Ercolano Taf. 37, 67.
5. Fries aus dem Theater von Orange, Espérandieu 1, 186, 253.
6. Arretinische Reliefkeramik, Rasiniuswerkstatt, Dragendorff-Watzinger 122 Nr. 4. 124 Nr. 18 = Oxé, Arretinische Reliefkeramik vom Rhein, 1933 Nr. 264 Taf. 55.

[313] H. Thompson, Hesperia 3, 1934, 422ff. E 153 Taf. 3.

[314] Berlin 4304. Zahn, Priene 421 A. 81. Ders. 81. BWPr. 1923, 20 A 60. Neugebauer, Führer 196. O. Deubner, AA. 1939, 342f. Abb. 1. Dragendorff-Watzinger 122. — Schon Zahn erwog eine Datierung ins 1. Jahrhundert v. Chr., offenbar wegen der neuattischen Typen. Die Zuschüttung des Brunnenschachts auf der Agora in Athen, in der sich die Scherben des Kraters gefunden haben, ist nach der Vermutung der Ausgräber eine Folge der Belagerung Athens durch Sulla. Das war für Watzinger JdI. 61/62, 1946/47, 84 ein Grund mehr, den Krater in die Zeit um 100 v. Chr. zu datieren. Dies kann indessen nur ein Terminus ante quem sein. Der große stilistische Unterschied von den nur typologisch verwandten frühen neuattischen Reliefs und die Fragwürdigkeit eines keramischen Exports aus Pergamon nach der Königszeit, müssen bedenklich gegen den späten Zeitansatz stimmen. Der Krater in Athen und die Berliner Scherben gehören zu einer Gruppe, die durch ihren übrigen Typenschatz und durch ihre Formgebung im einzelnen ein wesentlich noch hochhellenistisches Gepräge trägt. Die durch W. Fuchs, oben S. 110 A. 312, erwiesene Herkunft von hellenistischen Bestandteilen des neuattischen Thiasos aus Pergamon zeigt, daß die Anregungen in der entgegengesetzten Richtung verliefen. O. Deubner 349 gibt das Datum 160 bis 40 v. Chr. Es ist m. E. zu spät. Weitere Gründe für einen möglichst frühen Zeitansatz der pergamenischen Reliefkeramik oben S. 55. 66.

[315] Verf., Festschr. A.Oxé 20. Dragendorff-Watzinger 122.

7. Arretinische Reliefkeramik, Perenniuswerkstatt, Dragendorff-Watzinger 73 C 1. Gaz.Arch. 6, 1880 Taf. 33, 4.
8. Silberbecher aus Vicarello, Paris, Slg. Rothschild, AZ. 25, 1867, 78 Taf. 225, 2. Reinach, Mon. Nouv. 2, 1924, 313. RR. 2, 301, 2.
9. Glaspaste, Berlin 6241, Furtwängler AG. 36, 36.

Die Linksläufigkeit ist die Regel. Das stimmt mit der pergamenischen Scherbe überein. Nur Nr. 2 und 7 sind rechtsläufig. Das vorgesetzte Bein auf der vorderen Körperseite, wie es außer der Scherbe nur Nr. 5 hat, ist offenbar eine hellenistische Bereicherung.

Für die späte Klassik wird der Typus belegt durch ein attisches und ein apulisches Vasenbild[316].

Das ist ein dünner Verbindungsfaden zwischen der spätklassischen und der neuattischen Kunst, dessen Tragkraft im Hinblick auf die Bedeutung des Sachverhalts Bedenken erregen könnte. Gesichert wird der Zusammenhang aber durch die Beobachtung an einer Variante des Typus. Diese Variante besteht darin, daß der vom Körper überschnittene Schleier vorn oder hinten entweder von der Hand oder vom Ellenbogen gehoben wird:

1. Rotfiguriger Glockenkrater, Louvre G. 488. Album Taf. 152. Beazley ARV. 791, 19.
2. Rotfigurige Pyxis, früher Goluchow, Slg. Czartoryski. Stackelberg, Gräber der Hellenen Taf. 26. Weege, Tanz, 1926, 112.
3. Rotfigurige Pyxis, ehem. Heidelberger Privatbesitz. Curtius, 88. BWPr. 1929, 4, 6 Taf. 1.
4. Kertscher Deckelpyxis, Ermitage St. 2007. Schefold UKV. Nr. 18 Taf. 2. Metzger Taf. 9.
5. Apulisches Deckelgefäß, Lecce. CVA. IV D i Taf. 32 = It. 271.
6. Paestaner Kanne, Wien 413. Trendall, Paestan Pottery, 1936 Fig. 24.
7. Mosaik, Olynthus 12 Taf. 2 (zweimal).
8. Basis des Akropolismuseums 1327. Ann. 1862 Taf. N. RR. 2, 371, 1. Weege a. O. 68, 87. Lippold, Hdb. 5, 198, 12. Foto DAInst. 692. Alinari 24610. Vgl. Rumpf, RM. 38/39, 1923/24, 474.
9. Kandelaberbasis aus Cassino, NSc. 1939, 117, 11.
10. Kandelaberschaft, Louvre, Fr. 297. RS. 1, 33, 2. 34, 2. Weege a. O. 158, 226.
11. Kandelaberbasis, Venedig, D. 204. EA. 2536. Curtius a. O. 18, 17. Philippart, Iconographie des Bacchantes d'Euripide, 1930 Nr. 157 Taf. 14a.
12. Sarkophag, Vatikan, Belvedere. Amelung 2, 76 Nr. 28 Taf. 6 (Taf. 19b).
13. Relief, Stockholm. Brising, Les Antiques au Musée Nat. de Stockholm, 1912 Taf. 32, 197. RR. 3, 522, 6.

[316] Attisch: Früher in Goluchow, Slg. Czartoryski, Stackelberg, Gräber der Hellenen Taf. 24, Weege, Tanz 1926, 111. Apulisch: Nestoris, Berlin F. 3264, Gerhard, Apul. Vasenb. Taf. 2. Watzinger, Studien zur unteritalischen Vasenmalerei, 1899, 12, 2, Jacobsthal, Ornamente griech. Vasen 149, 285, Neugebauer, Führer 163.

14. Grabaltar der Vibia Pythias, Kopenhagen, Glypt. Ny Carlsberg 795. Billedt. 68. Altmann, Grabaltäre 273, 205. Hauser, Text zu BrBr. 599, 11ff., 8ff. W. Fuchs 124f. RR. 2, 181, 1ff.

Nr. 1 bis 8 stammen aus dem 5. und 4. Jahrhundert v. Chr., Nr. 9 bis 14 aus der Kaiserzeit. Daß zusammen mit der vorigen Reihe diese Bilder die Verwendung des Schleiers beim Tanz seit der klassischen Zeit erläutern, sei nur im Vorbeigehen erwähnt. Das Wichtigste ist die Übereinstimmung des spätklassischen Beispiels Nr. 6 mit den römischen Nr. 9 und 11 und des spätklassischen Beispiels Nr. 4 mit den römischen Nr. 10/3, 12, 13 und 14. Hinzu kommt, daß die römische Figur Nr. 10/2 durch die Drehung ihres Oberkörpers nichts anderes ist als eine leichte Variante nicht nur der römischen Figuren Nr. 9 und 11, sondern auch der spätklassischen Nr. 6.

Die neuattische Schleiertänzerin in ihren beiden Fassungen ist damit als eine Erfindung der späten Klassik erwiesen. Daß sie durch die Toreutik, mindestens hauptsächlich, tradiert wurde, dürfte auch klar sein. Ihrer Herkunft nach gibt es also zwischen der Schleiertänzerin und der Chimairophonos des pergamenischen Reliefgefäßes keinen Unterschied.

Es gibt aber noch ein Zeugnis dafür, daß die Werke mit dieser Schleiertänzerin die Phantasie der hellenistischen Künstler reizten. Zwar ist es mittelbarer Art. Aber es ist eindeutig. Gemeint ist die Umkehrung des Typus auf dem späthellenistischen bacchischen Fries in Kos (S. 108. 171 A. 20), wo er in der Rückenansicht erscheint.

Für die Rückenansicht gibt es auch verschiedene neuattische Beispiele:

1. Kandelaberbasis, Kopenhagen, Nat. Mus. CH. VIII 313.
2. Oscillum, Neapel, Mus. Naz. Obergeschoß XCVI.
3. Amethystprisma, Brit. Mus. 563. Furtwängler AG. 10, 49.
4. Elfenbeinintarsia, Pompei, Museum, Vitrine 8, 440/44.
5. Arretinische Reliefkeramik, Rasiniuswerkstatt, Dragendorff-Watzinger 122, 4a. Dazu Fogg Art Museum, CVA. IV B f Taf. 30, 4 = USA. 368.
6. Attische Sarkophage: a) in Mistra, oben S. 100 A. 245 (Taf. 19c). b) in Palestrina, oben S. 98 A. 234. c) in Ianina, oben S. 98 A. 231[317].

Man könnte fragen, ob diese Inversion nicht schon in der späten Klassik erfunden wurde. Zwei Vasenbilder scheinen sie für diese Stufe zu erweisen. Aber auf dem einen wird der Schleier seitlich neben dem Körper, nicht hinter ihm gehalten[318]. Die Befangenheit im räumlichen Ausdruck zeigt, daß dies eine Vorstufe ist. In dem anderen Fall ist ein fliehendes Mädchen dargestellt, dem die Bekleidung fehlt und das seinen Kopf, dem Thema entsprechend, rückwärts wendet[319]. Auch da sind wesentliche

[317] Die Amphora Corsini, Hauser 91, 11, Neugebauer AA. 1928, 207f., Dragendorff-Watzinger 122, 1, RR. 3, 33, scheidet als Fälschung aus.

[318] Karlsruher Hydria des Meidiasmalers FR. 30. Beazley ARV. 834, 3.

[319] Apulische Situla in amerikanischem Privatbesitz, Ancient Art in American Private Collections, 1954, 299 Taf. 85.

Züge des Typus noch nicht entwickelt. Daß seine neuattische Inversion von hellenistischen Figuren dieser Art abgeleitet sei, würde ihr eine durch nichts begründete Sonderstellung einräumen. Die neuattische Vorliebe für die Umkehrung überhaupt ist bekannt und charakteristisch genug. Sie ist die Kehrseite des Verlustes an schöpferischer Erfindungsgabe. Bleibt also nur, die Umkehrung auf dem Fries aus Kos als eine spontane Leistung seines Meisters zu verstehen. Weil der Typus in seiner Ansicht von vorn bereits existierte und nach Ausweis des pergamenischen Reliefgefäßes auch in den hellenistischen Osten gelangte, drückt sich in dem Erscheinen seiner invertierten Fassung auf dem koischen Fries ein Bezug aus auf ein offenbar berühmtes klassisches Werk, das ihn enthielt. Übrigens ist in ihrer räumlichen Ausdruckskraft, die sich in der schräg nach hinten weisenden Tiefendiagonale äußert, diese Figur wesentlich verschieden von der entsprechenden neuattischen und von deren männlichem Gegenstück (Hauser Typus 20), das nur auf neuattischen Reliefs (Hauser Nr. 33. 65. 67. BrBr. 599) und auf arretinischen Reliefgefäßen (Dragendorff-Watzinger 122, 4b) vorkommt und als neuattische Erfindung im Anschluß an die von hinten gesehene Mainade gelten muß[320]. Bezeichnend für dieses invertierende Verfahren der Neuattiker ist es auch, daß die arretinische Keramik für die zweite Fassung der Schleiertänzerin, die durch das asymmetrische Fassen des Schleiers gekennzeichnet ist, ebenfalls eine invertierte Form entwickelt hat[321].

Der dritte von den neuattischen Typen in der hochhellenistischen pergamenischen Reliefkeramik ist der Satyr, der auf dem Becherfragment in Berlin der Schleiertänzerin folgt. Seine Geschichte ist oben bereits dargelegt (S. 77). Er war schon in der apulischen Vasenmalerei des 4. Jahrhunderts festzustellen. Seine Ableitung aus einer spätklassischen Erfindung ist daher sicher. In der Linksläufigkeit auf der Scherbe, die im Gegensatz steht zu der durchgehends umgekehrten Richtung der

[320] Wenn man mit W. Fuchs 136f. ein spätklassisches Vorbild annimmt, muß man auch die mechanische Inversion schon für die Originale annehmen. Die Zusammenstellung mit einer Schleiertänzerin auf der Basis im Lateran, die Hauser, Text zu BrBr. 599, und offenbar noch W. Fuchs 124f. veranlaßt hat, die Erfindung für spätklassisch zu halten, gründet sich auf eine unantike Auffassung des dionysischen Tanzes. Die Diagonalität der Gruppe, die an das erinnert, was am Krater Borghese beobachtet wurde, S. 92, ist auch in formalem Sinn unklassisch. Ihr zuliebe ist in der Partnerin dieses Satyrs auf der Basis im Lateran der oben S. 112 erörterte Typus durch die Biegung des r. Unterarms modifiziert worden. Er hat dann in zwei anderen Fällen in Verbindung mit Typen aus anderen Zusammenhängen als Tänzerin in einem allgemeinen Sinne Verwendung gefunden, auf einer Basis von der Via Nomentana im Thermenmuseum und auf dem Grabaltar der Vibia Pythias in Kopenhagen: E. Paribeni Bd'A. 36, 1951, 109ff. Fig. 7. Altmann, Grabaltäre 2, 271, 205. W. Fuchs 124f.

[321] Dragendorff-Watzinger 123, 5b. CVA. Sèvres IV B f Taf. 52 = Fr. 581, Rasiniuswerkstatt. — Zur Beurteilung der neuattischen Inversionen im engeren Sinn, d. h. der Fälle, in denen die Umkehrung zu einer Rückenansicht führte, sind die diagonal angeordneten hellenistischen Figurengruppen zu berücksichtigen, in denen die vordere Figur durch ihre Ansicht von hinten die Funktion eines Repoussoirs haben sollte. Oben S. 92 und unten S. 170f. sind mehrere Fälle angeführt, in denen diese Figur zu ihrem weiter hinten befindlichen Partner sich im Verhältnis einer Umkehrung befindet. Hier scheint für die invertierten Gestalten der Neuattiker die Anregung zu liegen. Sie reduzierten aber die räumliche Wirkung auf ein Minimum. Ihre dekorativen Absichten, die auch oben schon verfolgt wurden, und die sie oft veranlaßten, Figurenreihen sich auf ein Zentrum zu bewegen zu lassen, legten ihnen dieses Verfahren nahe: S. 87ff.

neuattischen Beispiele, sowie der aus dem 4. Jahrhundert und in der Umwandlung des komastischen Motivs in ein tänzerisches ließen sich charakteristische Veränderungen des Vorbildes aufzeigen.

Auf der Basis, die so durch Analyse und Verbindung der neuattischen Werke, der silbernen Pyxis aus Thessalien und der pergamenischen Reliefkeramik gewonnen ist, lassen sich nun die folgenden Schlüsse für die aufgeworfene Frage nach den Voraussetzungen der neuattischen Werke ziehen.

1. Hausers Vermutung (157), daß mindestens für den neuattischen Thiasos die Vorbilder Werke der spätklassischen attischen Toreutik waren, bestätigt sich[322].
2. Die toreutischen Werke, aus denen die drei klassizistischen Figuren der pergamenischen Reliefgefäße stammen, gehören nicht zu dem älteren Kunstgut, das die Attaliden nach Pergamon brachten. Sie waren in Athen zu sehen. Ihre spätere Auswertung in den neuattischen Werkstätten ist nur unter dieser Voraussetzung zu verstehen.
3. Es gab aber in Pergamon Nachbildungen von ihnen aus Silber und Bronze. Man müßte sonst annehmen, daß die Töpfereien sich ihren Musterschatz aus der Ferne beschafften. Schon die Übereinstimmung ihrer Girlanden mit denen der pergamenischen Bauornamentik würde dagegen sprechen. Hinzu kommt die Analogie der »Megarischen Becher« dieser Zeit, von denen toreutische Gegenstücke sich erhalten haben[323].

Von hier aus läßt sich nun noch ein weiteres Stück einigermaßen sicheren Bodens gewinnen und die folgende Vermutung begründen.

Die Verbindung der pergamenischen Toreutik mit Athen kann sich nicht auf das Motivische beschränkt haben. Auch handwerklich und personell muß sie attischen Traditionen sich angeschlossen haben. Ohne die Annahme, daß damals auch attische Toreuten nach Pergamon übersiedelten, kommt man nicht aus. Schon die in Pergamon vorgegebene Voraussetzungslosigkeit auch in dieser Beziehung veranlaßt dazu. Die Analogie der Plastik kommt hinzu. Die Übereinstimmung der Künstlerinschriften mit den Motiven und mit dem Stil haben schon längst die Forschung veranlaßt, den entsprechenden Schluß für dieses Gebiet zu ziehen. Unter solchem Aspekt reflektiert sich in den neuattischen Typen der pergamenischen Reliefgefäße auch eine gleichzeitige, klassizistisch orientierte toreutische Produktion, die in Athen ansässig war. Die aus der thessalischen Silberpyxis abgeleitete Beobachtung, daß es eine oder zwei Generationen später im griechischen Mutterland — und das heißt damals doch nur in Athen — eine solche Produktion gab, stützt diesen Schluß von unten her. Schon ihre Analyse hatte die Existenz von Vorstufen in Griechenland so nahe gelegt wie möglich. In den pergamenischen Tonreliefs lernt man, wenn auch

[322] Verf. Festschr. f. A. Oxé, 1938, 9ff. VI. Intern. Kongr. Berlin 1939, 502f. W. Fuchs, der 168 an eine Statuenbasis denkt, übersieht den hier vorgelegten Zusammenhang.

[323] Zahn bei Wiegand, Priene 419. Courby VGR. 372f. Wuilleumier TdT. 70. v. Schoenebeck, Mnemosynon Th. Wiegand 57. Th. Kraus, Röm. German. Zentralmuseum Mainz, Katalog 14, Megarische Becher, 1951, 18f. Byvanck-Quarles van Ufford, BAntBeschav. 28, 1953, 14, 18ff.

mittelbar, etwas von ihr kennen. Die übliche Annahme, daß erst die pergamenischen Könige aus ihren politischen Aspirationen heraus den Anlaß zu dieser klassizistischen Wendung gegeben hätten, übersieht die Möglichkeit, die das Phänomen in sich selber, d. h. als künstlerische Ausdrucksform, zu seiner Erklärung bietet.

Denn auch von der anderen Seite her gibt es Erscheinungen, die diese Erklärung verlangen.

Hier muß noch einmal an das dunkel glasierte Emblem einer Tonschale aus Athen erinnert werden, das einen tanzenden Eros mit einem Thyrsos über der Schulter darstellt (S. 90 A. 182). Es ist ein Werk des 3. Jahrhunderts v. Chr. und so gut wie sicher attisch. Was namentlich an ihm auffiel, war der Anschluß dieser doch eindeutig hellenistischen Figur an spätklassische Formen. Der Klassizismus im 3. Jahrhundert, zumal in Attika, hat ja im Hinblick auf die bekannten Tatsachen der frühhellenistischen Kunstgeschichte Athens[324] an sich nichts Erstaunliches. Auch die schmerzliche Vereinzelung des Stückes ist kein Einwand gegen diese Erklärung, weil sie nur im Einklang steht mit dem ungeheuren Verlust frühhellenistischer Erzeugnisse in der kunstgeschichtlichen Überlieferung.

In dieselbe Richtung weist das, was über einen neuattischen Satyr vom Typus Hauser 22 beobachtet wurde. Er hat sich zwar als Wiedergabe einer spätklassischen Erfindung erwiesen[325]. Aber abgesehen von den etwas späteren etruskischen Vertretern des Typus gibt es ihn auch auf hellenistischen Reliefgefäßen aus Delos und auf einem Marmorrelief, das im wesentlichen als Kopie einer hellenistischen Schöpfung zu gelten hat. Soviel ist sicher, daß auch in diesem Falle die hellenistische Toreutik die Überlieferung einer im Grunde klassischen Figur weitergetragen hat.

Diese Beobachtungen über die hellenistische Toreutik Athens und über ihren wahrscheinlich durchgehends klassizistischen Charakter, zum mindesten über das Vorhandensein einer durchgehenden klassizistischen Überlieferung in ihr, haben die Untersuchung recht weit von ihrem Ausgangspunkt fortgeführt. Es handelte sich um die Erklärung des Kinderkomos auf den attischen Sarkophagen der hadrianischen Zeit.

Seine typologische Durchmusterung hatte veranlaßt, nach Vorbildern aus der ersten Hälfte des 2. Jahrhunderts v. Chr. Umschau zu halten, die durch einen klassizistisch getönten Hellenismus gekennzeichnet waren. Weil die unmittelbare Überlieferung uns im Stich läßt, mußte ein Umweg versucht werden. Die thematische Beziehung auf das Choenfest bestätigte das attische Milieu der Vorbilder. Wahrscheinlicher als monumentale Reliefs waren toreutische Werke, um so mehr, als sie sich auch als Träger der Überlieferung für die neuattischen Typen des Thiasos erwiesen. Die Durchsicht der erhaltenen Denkmäler hat trotz der ungeheuren Verluste, denen sich die Forschung gegenüber sieht, ergeben, daß es in der Tat eine durchgehende klassizistisch getönte Toreutik während der hellenistischen Jahrhunderte in Athen gab, deren Repertoire die neuattischen Werkstätten übernommen haben.

[324] Oben S. 104. Horn, Stehende weibliche Gewandstatuen, 1931, 8ff. Kleiner, Tanagrafiguren, 1942, 146ff.

[325] Oben S. 90f. Ebenso W. Fuchs 168.

Damit schließt sich der Ring dieser Untersuchung. Ihr Ergebnis ist, daß der Kinderkomos der attischen Sarkophage aus der ersten Hälfte des 2. Jahrhunderts n. Chr. auf attische Reliefgefäße der hochhellenistischen Zeit zurückgeht. Die parallele Überlieferung des Thiasos hat zu seiner Gewinnung geholfen. Weil einige der Typen bereits in klassizistischen Werken der hochhellenistischen Phase verwandt wurden, muß jetzt darauf hingewiesen werden, daß ein paar von denen des Kinderkomos mit solchen aus dieser Reihe strukturell auf das Erstaunlichste übereinstimmen. Das gilt vor allem von dem kleinen Träger eines Thyrsos oder eines Palmzweiges (S. 90 A. 182) und von dem Tänzer, der in der erhobenen Hand einen Kranz oder einen Schmetterling hält (S. 90f). Sie beleuchten nicht nur die Übereinstimmung der überlieferungsgeschichtlichen Situation hier und dort. Sie bestätigen auch das Ergebnis.

Vielleicht vermittelt ein ziemlich alleinstehendes neuattisches Marmorgefäß mit Kindern, die sich als Erwachsene gebärden, ein Krater aus der Villa Hadrians bei Tivoli in Woburn Abbey[326] noch eine entfernte Ahnung von den Gefäßen, für die dieser Kinderkomos erfunden wurde. Der Typus des tanzenden Knaben mit dem Thyrsos über der Schulter kommt auf ihm zweimal vor, nur mit anderen Attributen. Die vergleichbaren originalen Reste früh- und hochhellenistischer Reliefgefäße mit Eroten sind rasch aufgezählt, haben mit dem untersuchten Zyklus aber höchstens entfernte Ähnlichkeit. Sie wurden für seine Beurteilung bereits an ihrer Stelle ausgewertet[327].

D. Die ikonographischen Ergebnisse

1. Totenopfer

Durch die Zurückführung auch des Kinderkomos der attischen Sarkophage in den Hellenismus haben sich die Eroten der traianisch-hadrianischen Kunst überhaupt endgültig als hellenistische Erfindungen erwiesen. Das soll nicht heißen, daß es unter ihnen an römischen Modifikationen fehlt. Aber die ganze Erscheinung nimmt dadurch keinen neuen Charakter an. Bezeichnenderweise sind auf dem römischen Bilde der Vestalia im Vettierhaus die Typen der Eroten die hellenistischen[1].

Beschritten werden mußte dieser typologische Umweg wegen des Jahreszeitenzyklus auf dem runden Altar aus den Sallustischen Gärten. Nun haben wir das Recht, auch ihn als eine hellenistische Erfindung anzusehen. Weil über die Stufe, die der Sarkophag in V. Savoia vertritt, der Zyklus des Sarkophags Badminton-New York sich aus ihm herleitet, muß das Ergebnis sich auch auf das Verständnis dieses Sarkophags auswirken. Bevor es in diesem Sinne ausgewertet wird, muß es noch präzisiert werden.

[326] Michaelis 147. RR. 2, 540, 1. Winnefeld, Die V. des Hadrian, 1895, 167. Über das Verhältnis der neuattischen Marmorgefäße zu ihren toreutischen Vorbildern: Rossbach, Symbolae in honorem J. de Petra, 1911, 150ff., mir nicht zugänglich. Lippold, Kopien und Umbildungen, 1923, 59.

[327] Gefirnißtes Schalenemblem aus Athen S. 90 A. 182, Tonform aus Sparta S. 79 A. 158, Stuckmodell aus Ägypten S. 61 A. 73, Positiv- und Negativformen aus Pergamon S. 52, 1. 2.

[1] S. 172f.

Daß der Zyklus ursprünglich ein Statuenverein war, daß er ein Zentrum hatte und daß dieses wohl eine Figur des Dionysos war, wurde schon dargelegt[2]. Auf jeden Fall ist es ein höfisches Milieu der hellenistischen Zeit, in das wir uns versetzt finden, und die Beziehungen zur römischen Triumphalkunst erweisen sich schon jetzt als abgeleitet[3]. Die zur Sepulkralplastik bedürfen noch der Prüfung, weil festzustellen war, daß die Verwendung auf dem runden Altar sekundär ist[4].

Aber gerade durch ihre Verbindung mit dem Altar wird die Funktion der kleinen geflügelten Wesen in der erwünschtesten Weise geklärt. Denn die meisten von den Attributen, die sie halten und die sie kennzeichnen, sind ja auch die Gaben, die sie bringen[5]. Die Bildersprache könnte nicht deutlicher sein. Sie wollen ihre Gaben natürlich auf dem Altar niederlegen. Aber man bleibt gar nicht auf bildliche Zeugnisse angewiesen. Ὡραῖα θύειν, das Opfern dessen, was die Jahreszeit bringt, ist ein alter und vielfach überlieferter griechischer Begriff[6].

Xenophon stiftete in Skillous für Artemis ein Jahresfest mit einem Opfer, das aus den Erstlingen der Ernte bestand. Τὰ ἐκ τοῦ ἀγροῦ ὡραῖα nennt er sie[7]. In Thera wurden nach einer Inschrift, die nicht später sein soll als das 4. Jahrhundert v. Chr., der Göttermutter dargebracht ἐπάργματα ὧν αἱ ὧραι φέρουσιν[8]. Und in Mykalessos legte man nach einer Mitteilung des Pausanias vor dem Kultbild Demeters nieder ὅσα ἐν ὀπώρᾳ πέφυκε γίνεσθαι[9]. Die Beziehung auf den Erntesegen, die sich in diesen Zeugnissen ausdrückt, zeigt, daß auch Artemis und die Göttermutter in diesen Fällen als seine Spenderinnen verstanden wurden. Auch Priapos werden solche ὡραῖα dargebracht, weil er der Schützer der Fluren ist[10]. Eine bildliche Ergänzung liefert der Silberteller aus Aquileia in Wien, der ein Mitglied des iulisch-claudischen Hauses als neuen Triptolemos feiert[11]. Triptolemos' Opfer gilt Demeter, deren göttliche Erscheinung nicht fehlt. Auch das Relief des Koraraubes auf dem Altar drückt diese Beziehung aus. Die dargebrachten Früchte liegen auf dem Altar und in einem Korb hinter den Opfernden. Die Anwesenheit der vier Horen ist mehr als eine Anspielung auf den Namen dieser Begehung. Sie sind die Mittlerinnen des Früchtesegens und leisten Gewähr für seine Wiederkehr in der zyklischen Ordnung des Jahres.

[2] S. 33ff.

[3] Auf Ch. Picards Behauptung eines »origine certainement égyptisante« für den Zyklus, RA. 47, 1956, 104f., brauche ich nach der Vorlage des typologischen Sachverhaltes wohl nicht mehr einzugehen. Sie gründet sich schon auf eine falsche Beschreibung: Dionysos soll in der R. eine Rebe halten und Pan hinter ihm auf dem Tiger reiten Auch Enten gibt es nicht nur auf dem Nil.

[4] S. 41ff.

[5] Winter: Geflügel, Wein. Frühling: Blumen. Sommer: Mohn. Herbst: Trauben.

[6] Stengel, Opfergebräuche der Griechen, 1910, 163. Hanfmann 185ff. 235. Horn und Latte, Gnomon 27, 1955, 357.

[7] Anab. 5, 3, 9.

[8] IG. 12, 3, 436.

[9] Paus. 9, 19, 5.

[10] Herter, De Priapo, RGVV. 23, 1932, 270f. Hanfmann 1, 256.

[11] Loewy, Studien z. Kunst d. Ostens, 1923, 182. Matz, Gesch. d. Kunstgewerbes 4, 1930, 264 Taf. 14. Schweitzer JdI. 46, 1931, 192 A. 1. Rodenwaldt JdI. 55, 1940, 39. Hanfmann 2, 136 Nr. 15. E. Simon, Die Portlandvase, 1957, 62 Taf. 30.

Daneben steht eine Reihe von Zeugnissen, die von einer anderen Art geopferter ὡραῖα reden. In diesen Fällen sind die Totenopfer gemeint, die an den Gedenktagen dargebracht werden. Sie bestehen aus Gaben der Natur, wie sie jeweils die Jahreszeit bietet, in der die Feier begangen wird[12].

Mit den gleichnamigen Opfern an die Götter sind diese Totenopfer schon durch ihren chthonischen Bezug verbunden. Gemeinsam ist beiden vor allem, daß in den einzelnen Fällen eigentlich nur die Gaben einer Hore in Betracht kommen. Die Allgemeinheit des Bildes im sprachlichen Ausdruck war bei den Totenopfern nötiger als dort, weil die Gedenktage nicht nur in die Erntezeiten fallen.

Von der frühen Kaiserzeit an häufen sich die Zeugnisse für die ὡραῖα im Totenkult, freilich mehr die für die Vorstellung als die für den Brauch. Hanfmann hat die Grabschriften und die Denkmäler der Sepulkralkunst, die sie enthalten, gesammelt und erörtert[13]. Eine charakteristische Umbiegung des Sinnes macht sich bemerkbar, die aber in der Forschung noch nicht zu ihrem Recht gekommen ist. Besonders deutlich sprechen sie zwei Inschriften des 2. Jahrhunderts aus, eine aus Ägypten[14] und eine aus Sarsina in Umbrien[15]. Die Jahreszeiten kommen zum Grabe, um ihre Gaben an ihm niederzulegen und um es damit zu schmücken. Mit der Verflüchtigung des Sinnes für die eigentliche Bedeutung des Opfers ist also auch das Verständnis für die Zuordnung des Erinnerungstages zu einer bestimmten Jahreszeit und der Sinn für die alte Totenfeier sichtlich im Schwinden. An die Stelle tritt die Orientierung auf die kosmische Bedeutung der Jahreszeiten überhaupt. Die vergeistigten Vorstellungen vom Tode stehen natürlich dahinter. Das Grabrelief aus Boretto mit den vier nach den Jahreszeiten differenzierten Horen erweist diese Umbiegung der Vorstellung für die frühe Kaiserzeit[16]. Dahinter nicht bereits hellenistische Vorbilder zu vermuten, wäre übertriebene Skepsis.

Die Jahreszeiten auf dem runden Altar aus den Sallustischen Gärten haben mit dem Totenkult nichts zu tun. Schon der Fundort verbietet es. Dieser Altar wird verständlich nur aus der ersten Reihe von Zeugnissen über das Opfern der ὡραῖα. Mag er auch unmittelbar als Gartenschmuck gedient haben, so will er doch als Opferstätte einer Fruchtbarkeitsgottheit verstanden sein. Ceres liegt am nächsten. Daß es eine sekundäre Verwendung der Jahreszeitentypen ist, hat sich schon aus der Herleitung von einer Statuengruppe ergeben. Nun gibt es aber auch Altäre, die mit den Bildern der Horen im alten Sinne geschmückt sind. Da sind es die drei oder vier Mädchen, die ihre Gaben bringen[17], und man muß sich überhaupt fragen, ob nicht

[12] Thuk. 3, 58, 4. Plut., C. Gracchus 18. Rohde, Psyche 1, 251, 2. Dazu die von Stengel a. O. erläuterten Hesychstellen, Pollux 3, 102 und die Darstellungen von Früchten auf Grabdenkmälern seit dem 4. Jahrhundert v. Chr.: Pfuhl JdI. 20, 1905, 63f.

[13] Hanfmann 185ff. 230ff.

[14] Hondius SEG. 8, 474. Eitrem ARW. 34, 1937, 318ff. Lattimore, Themes in Greek and Latin Epitaphs, Illinois Studies in Language and Literature 28, 1942, 100f. Cumont, Symb. 402 A. 3.

[15] CIL. 11, 6565. Bücheler Anth. Lat. 1, 439 p. 206—2, 1135. Lattimore a. O. 136.

[16] Hanfmann Nr. 115 Fig. 85.

[17] Vierseitige Altäre in Chantilly, Hanfmann 2, 142 Nr. 74a, und im Museo Torlonia, Rom, Hanfmann 2, 140 Nr. 64. Runder Altar in V. Albani, Hanfmann Nr. 63. Vgl. E. Simon RM. 60/61, 1953/54, 213.

dies die ursprüngliche Verwendung des neuattischen Zyklus der Horen war, der dann erst nachträglich mit der Hochzeit von Peleus und Thetis verbunden wurde. Sollte nicht auch der Dreiverein auf den Altären der Kitharodenreliefs und einiger arretinischer Reliefgefäße als Horen zu verstehen sein? [18]. Weil als Typen die Horen den Jahreszeiteneroten vorangehen, wird durch ihre Verwendung als Altarschmuck die Übertragung des Statuenzyklus auf einen Altar verständlich. Natürlich bleibt damit zu rechnen, daß der Altar aus den Sallustischen Gärten auch in dieser Beziehung bereits Vorbilder hatte.

Auf der anderen Seite ist es klar, daß die Beziehungen dieses Figurenzyklus zu dem Altar sich im Thematischen halten. In der früheren Kaiserzeit werden aus denselben Gründen gelegentlich Gabenbringer und Opferdiener auf den Nebenseiten viereckiger Altäre dargestellt[19]. Es handelt sich bei dem Rundaltar mit den Jahreszeiten nicht um eine formale Adaptation. Der statuarische Charakter ist im Relief festgehalten. Das Wiederauftauchen der Typen auf den Sarkophagen bestätigt es. Auch da sind sie, schon durch ihre Basen, als Statuen gekennzeichnet. Die weitgehende Übereinstimmung mit erhaltenen Statuen kommt hinzu (S. 123).

Für das hellenistische Original des Zyklus hat das seine Folgen. Es kann nicht symbolischer und abstrakter verstanden werden als seine Nachbildungen zum Schmuck von Altären. Das bedeutet, daß von Hause aus die Funktion der vier kleinen Gabenbringer die von Ministranten bei einem Opfer war. Eine Erinnerung an die Kinder, die auf vielen griechischen Darstellungen von Opfern den entsprechenden Dienst versehen, wird genügen, um zu zeigen, wie sinnvoll und wie sinnfällig sie in dieser Funktion waren. Das gründet sich offenbar weithin auf den alten griechischen Glauben an die Kraft, die im Verkehr mit den Göttern den ἀμφιθαλεῖς eigen ist[20]. Die beiden kleinen Prinzen und die Prinzessin, die auf dem silbernen Teller aus Aquileia dem opfernden Vater ministrieren (S. 118), zeigen, daß auch bei der Darbringung von ὡραῖα die Kinder mitwirkten.

Die Gründe, die für den originalen Zyklus ein statuarisches Zentrum fordern, wurden bereits genannt (S. 33ff.). Sicher ist auch, daß dieses Zentrum eine Figur des Dionysos war, als gegen Ende des 2. Jahrhunderts n. Chr. die Sarkophage sich den Zyklus aneigneten (S. 35ff.). Nachdem sich im Fortgang der Untersuchung die integrale Bedeutung des Opferns der ὡραῖα für diesen Statuenverein herausgestellt hat, muß jetzt gefragt werden, ob nicht auf das originale Zentrum des Zyklus von hier aus Licht fällt.

Was über den kultischen Brauch und die hinter ihm stehenden Vorstellungen sich ermitteln läßt, eröffnet in dieser Beziehung eine Alternative. Das Zentrum bildete entweder eine Gottheit des Erntesegens oder ein fürstlicher Toter. Die Frage stellen heißt sie beantworten. Im 2. Jahrhundert v. Chr., in das die Bildung des Eroten-

[18] Schreiber, Hellenist. Reliefbilder Taf. 34ff. E. Schmidt, Archaistische Kunst 61f. A. 19. Becatti Crd'A. 6, 1941, 43f. — CVA. MetrMus. 41, 1 = USA. 458, 1. Dragendorff-Watzinger 61ff. W. Fuchs 177.

[19] Arezzo, NSc. 1934 Taf. 16, Vs. Lupa mit Romulus und Remus. — Rom, Thermenmuseum, aus dem Kunsthandel, AA. 1941, 547ff. Vs. Dextrarum Iunctio, Rs. Altar mit zwei Mainaden.

[20] A. Oepke ARW. 31, 1934, 42ff. Zum Erotenopfer oben S. 95f.

typus weist (S. 54), kann eine so aufwendig verehrte Gottheit nur eine fürstliche Person in der Apotheose sein. Dem steht aber der Doppelsinn des ὡραῖα θύειν entgegen. Daß es der hellenistischen Welt auch im Sinne des Totenopfers geläufig war, erweist in Verbindung mit der Darstellung von Früchten auf den bürgerlichen Grabreliefs (S. 119 A. 12) namentlich die Überlieferung über die Totenehrung für die Gracchen, die sich bei Plutarch erhalten hat[21]. Die Übereinstimmung mit den oben angeführten griechischen Quellen läßt erkennen, daß darin hellenistische, nicht römische, Anschauungen sich äußerten. Daß aber einem lebenden Fürsten oder einer Fürstin Ehren erwiesen wurden, die auch und gerade den Toten gelten, wäre eine unmögliche Annahme.

Mit dieser über das Allgemeine nicht hinausgehenden Zurückführung des Jahreszeitenzyklus auf die höfische Sepulkralplastik des 2. Jahrhunderts machen wir Halt auf dem Wege der ikonographischen Ableitung, um nun wieder seiner Bedeutung und Verwendung in der Kaiserzeit nachzugehen. Angeschlossen sei nur noch der Hinweis, daß von hier aus auch die Amphora auf dem hohen Pfeiler hinter dem Herbst und über dem Haupt des Okeanos auf dem Sarkophag Badminton—New York (SBNY) ihre Erklärung finden dürfte. Im Hinblick auf ähnliche Epitheme auf ostgriechischen hellenistischen Grabreliefs[22] kann man in ihr die Kennzeichnung eines Grabbezirkes oder eines Dionysosheiligtums oder beides sehen[23].

[21] Plut., C. Gracchus 18.

[22] Pfuhl JdI. 20, 1905, 54f. 62f.

[23] Eine Vermutung, die über die hier dargelegte allgemeine Feststellung noch hinausführt, scheint mir soviel für sich zu haben, daß sie wenigstens in einer Anmerkung zur Diskussion gestellt werden soll.

Es gibt ein frühhellenistisches Zeugnis für eine Darbringung von ὡραῖα im Kulte des Dionysos, und das führt nach Alexandria. Im vorderen Teile des dionysischen Festzuges, den Ptolemaios Philadelphos im Jahre 271/70 veranstaltete — Athen. 197cff. — sah man zwei Altäre. Der erste hatte doppelte Größe, ἑξάπηχυς διπλοῦς, war mit versilberten Efeugirlanden geschmückt, κισσίνῃ φυλλάδι διαργύρῳ πεπυκασμένος, und trug einen Kranz aus goldenem Weinlaub, durch den sich eine in ihrer Mitte weiße Binde zog, ἔχων ἀμπέλινον χρυσοῦν στέφανον μεσολεύκοις μίτραις διειλημμένον.

Der Kranz des Gottes und das königliche Diadem, diese Verbindung kann sich nur auf Dionysos als den Ahnherren des Herrscherhauses beziehen. Sie gibt das Thema für die dann folgende Fülle der Gestalten. Vor dem Altar her schritten Siegesgöttinnen mit efeugeschmückten Thymiaterien, und ihm folgten 120 Knaben, die in goldenen Schalen Weihrauch trugen. An diesem Altar sollte also nur geräuchert werden. Der zweite Altar folgte nach einer Cäsur im Zuge. Zwei als Herolde kostümierte Silene schritten diesem Teil voran, zwischen ihnen sah man 'Ενιαυτός mit einem Füllhorn und gleich dahinter die Personifizierung der Feier, 'Επετηρίς. Auch dieser Altar wird von zwei goldenen Thymiaterien eingefaßt. Aber sie sind nicht mehr die Hauptsache. Voran schreiten die vier Horen, jede mit ihren Früchten, ἑκάστη φέρουσα τοὺς ἰδίους καρπούς, und hinterher eine Schar efeubekränzter Satyrn mit goldenen Schalen und Bechern. Ihnen folgt der Dichter Philiskos als Priester des Dionysos, geleitet von der ganzen Menge der dionysischen Techniten. Dieser zweite Altar ist also die eigentliche Opferstätte für den Gott. Für ihn sind natürlich die Gaben der Horen bestimmt. An ihm soll auch geräuchert und gespendet werden. Es ist daher nur in der Ordnung, wenn nun erst das kolossale Bild des Gottes selber folgt.

Durch Philadelphos war Dionysos der Gott der Dynastie geworden. Vgl. Verf., Abh. Mainz 1952, 10, 730/14f. Das setzt, wenigstens am Hofe, eine Regelung seines Kultes voraus, die sich den neuen Verhältnissen anpaßte. Natürlich ist nicht ausgeschlossen, daß es schon vorher kultische Verbindungen der Horen mit Dionysos gab. Bezeugt sind sie aber nicht, und die Verehrung des Gottes als Spenders des Erntesegens würde im Anschluß an die notwendigen Neuerungen wohl verständlich sein. Jedenfalls sind

Zwei Figuren auf campanischen Wandbildern scheinen von Teilen des Zyklus angeregt zu sein[24]. Freilich sind sie nicht von der Art, daß sie den Zusammenhang erweisen. Aber sie zeigen wieder, daß diese Typen nicht Erfindungen der traianisch-hadrianischen Zeit sein können. Die Verwendung des Winters aus ihm in invertierter Fassung auf dem Fries des Tempels der Venus Genetrix (S. 75) braucht nicht älter zu sein als der runde Altar. Der Fall bekräftigt ebenfalls die hier vertretene Ableitung des Zyklus. Nicht geschaffen hat ihn die repräsentative Staatskunst dieser Zeit. Im Gegenteil, sie hat sich von ihm anregen lassen.

Erinnert sei auch an die stehenden Figuren mit Blumenkorb oder früchtegefülltem Gewandbausch im linken Arm auf südkleinasiatischen Sarkophagen der zweiten Hälfte des 2. Jahrhunderts v. Chr. (S. 89). Sie setzen einerseits die Bekanntschaft mit unserem Jahreszeitenzyklus voraus und gehören andererseits, wie sich zeigen ließ, einer Tradition an, die an hellenistische Vorbilder anknüpft. Es hat mehr für sich, hier einen Hinweis auf die hellenistische Entstehungszeit des Zyklus zu sehen, als mit einem Einfluß der hauptstädtischen Triumphalkunst auf diese Sarkophage zu rechnen.

Auch den Typus der laufenden Jahreszeiteneroten hat nicht erst die Kunst des 2. Jahrhunderts n. Chr. aufgebracht[25]. Er ist schon festzustellen auf dem Fresko zweiten Stils mit den beiden Weißen Elefanten in dem pompeianischen Hause I 6, 4[26]. Deren Deutung hängt nicht ab von der Übereinstimmung des einen von ihnen, der ausreichend erhalten ist, mit dem Frühling des Hateriergrabes[27] und eines späteren Mosaikzyklus aus Antiochia[28], sondern von der Erklärung der Weißen Elefanten als Lichtbringer, die sie gleichzeitig als Schöpfungen der seleukidischen Hofkunst erweist[29]. Daß gerade in Antiochia diese Jahreszeiten sich nachher wieder

hiermit die Voraussetzungen gegeben für die Möglichkeit der Herkunft unseres Zyklus von den Jahreszeiteneroten mit Dionysos als Zentrum aus dem ptolemaischen Ägypten.

Wir wissen aber, daß seit Philopator in Ägypten Dionysos und der regierende König identisch sind. Unter diesen Umständen würde nur die sepulkrale Bedeutung des Zyklus in Betracht kommen. Dies wäre zugleich ein Grund für den Ersatz der Horen durch die Eroten. Sicher wäre es aber erst dann, wenn sich erweisen ließe, daß die Verbindung des Dionysos mit den Horen, d. i. seine kultische Verehrung als des Spenders der Fruchtbarkeit, sich auf das ptolemaische Ägypten beschränkt. Die älteren Zeugnisse über Dionysos und die Horen, die Hanfmann 1, 82 zusammenstellt, ergeben hierüber nichts.

[24] Bild der Kranzflechterei aus Pompei, u. S. 78, Erotenbild aus Herculanum u. S. 100.

[25] Hanfmann 1, 21. 216f. 2, 163ff. Nr. 318—351, nachzutragen: Mosaik aus Volubilis, Etienne MEF. 63, 1951, 93ff.

[26] Verf., Abh. Mainz 1952, 10, 742/26 Nr. 4. Nachzutragen: Rostowtzeff, Mystic Italy 167, 10: Darstellung der unüberwindlichen Macht des Eros. — Spinazzola-Aurigemma, Nuovi Scavi 1, 560ff. 674. Fig. 617 Taf. 82: Die Eroten als Lenker der Elefanten. — Picard, Les Statues Ptolémaiques du Sarapieion, 1956, 133, 1: Eléfants affrontés et chevauchés par des Bacchoi, qui les conduisent, allusion probable au triomphe Indien de Bacchus. — Williams-Lehmann, Boscoreale, 1953, 80, 209. — Schefold, Die Wände Pompeis, 1957, 24: Anspielung auf die römische Weltherrschaft und Beziehung auf Isis.

[27] Hanfmann Nr. 323 Fig. 130.

[28] Hanfmann Nr. 334 Fig. 136.

[29] Zu Schefolds in Anmerkung 26 zitierter Deutung brauche ich mich nicht zu äußern, weil ihr keine Begründung mitgegeben ist.

nachweisen lassen, verdient Beachtung. Aber als ausschließlich seleukidisch wird der Typus dadurch nicht gekennzeichnet. Aus seiner Übereinstimmung mit einer Figur des delischen Erotenfrieses (S. 96f.) sieht man nur, daß er der hellenistischen Kunst geläufig war.

Zwischen den pompeianischen Bildern und den ersten Jahreszeitensarkophagen steht zeitlich der Jahreszeitenzyklus des Bogens von Benevent[30] und der aus Frühling und Winter bestehende Rest einer statuarischen Gruppe aus einem Grabe der Isola Sacra[31]. Der Vergleich stellt die Geschlossenheit und Selbständigkeit der auf den Sarkophagen vertretenen Überlieferung in helles Licht.

Am Beneventer Bogen ist anders schon die Gruppierung. Der Frühling ist mit dem Sommer, der Herbst mit dem Winter verbunden. Jenes Paar steht auf der Stadtseite unter den Victorien, dieses auf der Feldseite unter den Wassergottheiten. Die Deutung muß nämlich ausgehen von den unverkennbaren Ähren im Korbe der kleinen Figur zur Rechten auf der Stadtseite, die überdies auch ohne Chlamys gelassen ist. Dies ist also der Sommer, und man muß ihm in die Rechte eine Sichel geben. Sein Gegenüber hat infolgedessen Blumen in seinem Korbe gehabt. Dieser Putto trägt eine Chlamys und wird mit der gesenkten Rechten einen Zweig oder eine Staude gehalten haben. Die Beflügelung fehlt allen. Herbst und Winter unterscheiden sich im Stande, im Halten der Attribute und in der Kleidung noch mehr von ihren Entsprechungen in dem anderen Zyklus. Der Herbst hat den Bausch seines Mäntelchens mit Trauben gefüllt und hält ihn mit der gebogenen Linken. Abgesehen von seiner Ähnlichkeit mit den Statuen des Silvanus folgt er auf diese Weise einem mehrfach belegten statuarischen Typus[32], dessen Herkunft aus der hellenistischen Kunst durch sein Vorkommen auf einem kleinasiatischen Säulensarkophag[33] und durch kleinasiatische Terrakotten[34] bezeugt wird. Auf den Jahreszeitensarkophagen fehlt dieses Motiv bis auf ein paar späte westliche Säulensarkophage[35]. Sonst findet es sich noch auf dem Reliefzyklus mit den leeren Götterthronen (S. 74f.) und auf den südkleinasiatischen Erotensarkophagen (S. 89), in diesen Fällen allerdings mit seitlicher Wendung und erhobener Rechter.

Der Winter des Beneventer Bogens unterscheidet sich von dem der anderen Reihe durch seine Einhüllung in einen über den Kopf gezogenen Mantel. Bis auf das Fehlen der Flügel stimmt er so mit dem Winter des Grabes von der Isola Sacra überein[36].

[30] Hanfmann 2, 162 Nr. 307, am bequemsten zugänglich jetzt bei Garger, Der Triumphbogen von Benevent, Slg. Parthenon. Gute Abbildungen mit den Jahreszeiten der Stadtseite auch bei Budde, Severisches Relief in P. Sacchetti, 1955, 56f., 58. 60.

[31] Hanfmann 2, 159 Nr. 263.

[32] 1. Torso, Neapel, aus Formia, Spinazzola, Arti Decorative Taf. 161. Hanfmann Nr. 264. — 2. Vatikan, Galleria dei Candelabri, Lippold, Kat. 3, 2, 1955, 327f. Nr. 67 Taf. 145. RS. 1, 219, 7. Hanfmann Nr. 265. — 3. Marbury Hall, Michaelis 509f. Nr. 9. RS. 1, 389, 4. — 4. Verschollene Bronzestatuette, von Montfaucon abgebildet, RS. 2, 125, 5. — 5. Elfenbeinstatuette in Budapest, RS. 3, 34, 6.

[33] Rom, V. Colonna, l. Ns., Morey, Sardis 5, 37 D Taf. 55.

[34] Winter 2, 283, 3.

[35] Hanfmann Nr. 486f. Fig. 57f.

[36] Calza, La Necropoli del Porto di Roma, 1940, 230f. Fig. 128f. Hanfmann Nr. 263.

Ein paar Bronzestatuetten schließen sich an, nur fehlen ihnen wie in Benevent die Flügel[37]. Von den Sarkophagen haben schon die in V. Savoia und in Genua (S. 33. 39) seine Romanisierung durch Kapuze und Gamaschen. Man braucht nur die Tafeln des Hanfmannschen Buches durchzublättern, um zu sehen, daß dies auch nachher immer wieder vorkommt. Aber daneben findet sich nicht nur das Attiskostüm, sondern auch der kurze Chiton und die Chlamys. Die tiefe Verhüllung hat schon die Winterhore pompeianischer Bilder[38] und des Grabreliefs aus Boretto[39]. Von diesem Typus haben sie die Jahreszeiteneroten entlehnt. Daß andererseits die beiden Reihen von Jahreszeiten, die auf dem Triumphbogen und die auf den Sarkophagen, nicht beziehungslos nebeneinander stehen, sieht man nicht nur an dem statuarischen Charakter der Typen hier wie dort. Die gefüllten Körbe, die Frühling und Sommer auf dem Bogen im linken Arm halten, finden zwar auf dem runden Altar nur eine entfernte Analogie, um so mehr aber schon auf dem Sarkophag in V. Savoia. Vor allem sind in beiden Reihen die Paare durch die Wendung der Köpfe zueinander und durch die symmetrisch geordnete Stellung ihrer Beine in sich verbunden. Auf dem runden Altar und auf dem Sarkophag in V. Savoia ist bei beiden Paaren das innere Bein das Standbein. Am Bogen ist dies wenigstens bei dem Paar der Stadtseite der Fall.

Weil aber der Zyklus des Rundaltars und der meisten Sarkophage die größere Konsequenz im Sinne der Komposition vor dem des Bogens voraus hat, lassen sich die Ähnlichkeiten nur als Beeinflussungen des Bogens durch den anderen Zyklus erklären.

Nicht in Betracht kommt für den Bogen die Annahme einer römischen Kontamination des hellenistischen Zyklus in der Weise, daß zwei seiner Glieder — Herbst und Winter — durch andere Typen ersetzt seien. Der verhüllte Winter, eine anmutige und dem Mantelmotiv nach gut späthellenistische Erfindung, setzt die Existenz eines zweiten Zyklus hellenistischer Jahreszeiteneroten voraus. Die natürliche Reihenfolge, in der sich der tatsächliche biologische Sachverhalt reflektiert, liegt ihm zugrunde. Sie findet sich schon auf dem wahrscheinlich späthellenistischen Relief archaistischen Stils, das Dionysos als Führer des Reigens der Horen zeigt[40], auf dem Grabrelief der Concordier aus Boretto (s. oben) und bei Ovid[41]. Maßgebend für die Anordnung des anderen Zyklus kann nur die symmetrische Beziehung auf das Zentrum gewesen sein. Thematisch nimmt so der Gott im Steigen und Fallen des Jahres die sehr angemessene Stelle auf der Höhe der Bewegung ein.

Daß für die Bilder der Peleushochzeit diese Reihenfolge gewählt wurde, weil wegen der im Winter stattfindenden Hochzeit die Winterhore den Reigen eröffnen mußte, ist schon beobachtet worden[42]. Durch den Sinn bedingt ist auch die gleiche Gruppie-

37 RS. 2, 454, 5—7.

38 Z. B. Hanfmann Nr. 87 Fig. 98. Nr. 89 Fig. 96 Nr. 97 Fig. 97.

39 S. 119 A. 16. Vgl. den Sarkophag in Pisa Hanfmann Nr. 486 Fig. 57, auf dem seltsamerweise alle vier Jahreszeiten mit denen des Bogens übereinstimmen. Von späteren Denkmälern sonst noch Hanfmann Nr. 17. 19. 20, von den früheren das archaistische Relief Nr. 23.

40 Hanfmann Nr. 23 Fig. 80. Datierung: Horn, Gnomon 27, 1955, 355. W. Fuchs 67.

41 Met. 2, 27 ff.

42 Robert ASR. 2 S. 3.

rung auf dem Silberteller aus Aquileia (S. 118). Weil es sich bei der Ausfahrt des Triptolemos um die Vorbereitungen zur Aussaat handelt, müssen die Frühlings- und die Winterhore sich um die Tränkung und Pflege der beiden Schlangen vor dem Wagen kümmern. Herbst und Sommer, die sozusagen noch nicht an der Reihe sind, schauen von ferne zu. Unter diesen Umständen wird man sich die vier tanzenden Jahreszeiteneroten der seit Hadrian geprägten Bronzemedaillons[43] als von dem ersten Zyklus beeinflußt denken müssen. Sie sind zu zwei Gruppen geordnet, die seitenverkehrt seine Reihenfolge wiederholen. Die einzelnen Motive lassen sich ähnlich auf hellenistische Vorbilder zurückführen wie die der attischen Erotensarkophage (S. 82ff.). Die Komposition ist nicht einheitlich. Der schreitende und sich umblickende Winter paßt nicht zu den drei Tänzern. Diese fügen sich weder zum Zuge, noch zu überzeugenden tänzerischen Figuren. Jeder dreht sich um sich selber. Dieses Bild ist also eine Erfindung der hadrianischen Zeit.

In dem erschlossenen zweiten Zyklus statuarischer Jahreszeiteneroten sind die Teile weniger konstant, weil er lockerer komponiert war. Er ist daher überhaupt schwerer greifbar. Im Grab der Isola Sacra war für den Frühling ein anderer Typ gewählt als am Beneventer Bogen. Er stimmt mit dem Frühling der Bronzemedaillons weitgehend überein, auf denen ein besonderer, auch als abgeleitet erkannter Zyklus festzustellen war. Durch ihre Ähnlichkeit mit den entsprechenden Typen der ersten Reihe geben aber Frühling und Sommer des Bogens ihre Abhängigkeit von ihr zu erkennen. Es ist daher kaum zweifelhaft, daß der zweite Zyklus im Ganzen jünger ist. Sicher ist er nicht für die kaiserliche Triumphalkunst erfunden. Dann dürfte die Reihenfolge sich nicht geändert haben. Dies ist aber auf den Bögen des Septimius Severus[44] und des Constantin geschehen[45], und zwar in der Weise, daß man die Typen des Beneventer Bogens beibehielt, in der Anordnung aber dem anderen Zyklus folgte. Die Symmetrie wurde so vollends durcheinander gebracht. Ebenso wie auf den wenigen meist provinziellen Sarkophagen, die dieser Ordnung folgen[46]. Aber ein thematisches Motiv, für das sich diese Störung gelohnt hätte, wird von den benachbarten Victorien nicht geboten. Doch weil im Zeitalter des Septimius Severus der ebenso geordnete erste Zyklus in die Sepulkralplastik eindringt, um sich in ihr alsbald außerordentlicher Beliebtheit zu erfreuen, wird die Veränderung als Beeinflussung von dorther begreiflich. Dieser Einfluß hatte sich in demselben Bereich bereits auf den hadrianischen Bronzemedaillons bemerkbar gemacht. Es zeigt sich wieder, daß in der Triumphalkunst die Jahreszeiteneroten von abgeleiteter Bedeutung sind. Das entspricht ihrem Platz am Bogen.

2. Das ursprüngliche Zentrum des Zyklus

Für die Interpretation unseres Sarkophags ist der Stammbaum dieses Zyklus durch seine Zurückführung in das frühe 2. Jahrhundert v. Chr. und durch das, was

[43] Hanfmann Nr. 318. 324ff. Fig. 127f. [44] Hanfmann Nr. 311. [45] Hanfmann Nr. 317.

[46] Von der Hauptklasse B, die C. Andresen DLZ. 76, 1955, 294, zusammenstellt, gehören hierher nur die Stücke mit stehenden Jahreszeiten.

sich über seine späteren Abzweigungen ermitteln läßt, von ausschlaggebender Bedeutung. Die Gründe für einen »rein römischen Untergrund der Neuschöpfung«[47] lassen sich nicht aufrecht halten. Man kann auch nicht sagen, daß Dionysos auf diesen Sarkophagen als Gott der Unsterblichkeit »in der Formensprache der Kaiserverehrung« verherrlicht wurde[48]. Die Beziehungen zwischen Dionysos und den Kaisern des 2. und 3. Jahrhunderts verdienen allerdings mehr Beachtung, als ihnen bisher zuteil geworden ist. Sicher ist, daß die offizielle Kunst sie unterdrückt oder höchstens mit großer Zurückhaltung behandelt. Ausschlaggebend gegen diese Erklärung ist aber die Tatsache, daß sich die kaiserliche Apotheose in Formen vorträgt, die mit Dionysos nichts zu tun haben[49]. Trotzdem enthält der Hinweis auf die Herrscherapotheose etwas Wesentliches. Nur hat sich jetzt herausgestellt, daß die Voraussetzungen verwickelter und geschichteter sind. Denn diese Erfindung ließ sich nicht aus der römischen, sondern aus der hellenistischen Apotheosierung des Herrschers ableiten.

Für die Bildersprache des Sarkophags bedeutet dies unmittelbar einen Gewinn an Dichte und Dinglichkeit. Ja, sie scheint doch antiker zu sein, als man jetzt zu meinen sich gewöhnt hat. Denn die Jahreszeiten sind nun nicht mehr Geschöpfe einer symbolischen und höfischen Spekulation, und ihre Attribute halten sie nicht mehr nur als Zeichen für etwas, das sie sein wollen. Sie üben den alten Brauch eines Totenopfers. Es ist eine wirkliche und sinnvolle Handlung in poetisch-mythologischer Verklärung. Das Objekt ihrer Verehrung ist aber nicht der Tote, sondern der erscheinende Gott. Er war es auch im Urbilde. Da war er aber identisch mit dem verstorbenen, apotheosierten König. Konzipiert war die Verbindung beider Elemente im Bild als Apotheose. Das ist entscheidend gegen Cumonts Deutung dieser Sarkophage als Ausdruck des dionysischen Mysteriums von Geburt und Wiedergeburt[50]. Es blieb zwar dem Besteller oder dem antiken Beschauer unbenommen, solche Ideen an sie zu knüpfen. Aber schon das ist eine Ausdeutung. Es wäre Willkür, wollte man bei der Wiederaufnahme der hellenistischen Motive im späten 2. Jahrhundert n. Chr. ihre dionysische Seite in einem kultisch spontaneren nnd altertümlicheren Sinne verstehen als sie ursprünglich gemeint war. Auch die Veränderung des Motivs in der Mitte gibt keinen Anlaß dazu. Die Epiphanie hat an sich nichts Mystisches im dionysischen Sinne.

Damit ist auch für die Bildmitte die Dinglichkeit des Ausdrucks wiedergewonnen. Sie gibt einer alten, von Hause aus nichts weniger als symbolischen oder spekulativen, sondern mythischen Vorstellung in eben diesem, ihrem eigentlichen Sinne um so direkter Gestalt, als sie sich ja, wie gezeigt werden konnte, als die Wiederaufnahme eines klassischen Typus darstellt (S. 28f.). Der Wandel der Sinngebung, der natürlich nicht geleugnet werden soll, kann also auch hier nur in der neuen, hintergründigen und bewußten Auffassung gefunden werden. Daß aber auch dies eine poetische Ver-

[47] Horn a. O. 356.
[48] C. Andresen a. O. 297.
[49] Verf., Abh. Mainz 1952, 10, 729/13f.
[50] Symb. 484ff. Dagegen auch Hanfmann 1, 189.

klärung und insofern eine Symbolisierung, allerdings auf einer höheren Ebene, ist, wird nun erst mit Hilfe der dinglichen Verwobenheit dieser Bildersprache begreiflich.

Doch worin liegt die eigentliche Veränderung in der Bedeutung des übernommenen hellenistischen Motivs? Oder, was dasselbe ist, was hat dazu veranlaßt, die Sarkophage mit ihm auszustatten? Die Antwort läßt sich nur aus der Gemeinsamkeit der sepulkralen Verwendung ableiten. Damit ist gesagt, daß für diese römischen Denkmäler die Apotheosierung das eigentliche Anliegen war. Sicher hat einen der Impulse auch in dieser Beziehung die kaiserliche Apotheose gegeben. Aber es ist von Bedeutung, festzustellen, daß nicht sie die bildlichen Motive lieferte, sondern der Rückgriff auf die hellenistische Herrscherapotheose. Es bedarf auch eigentlich keines Wortes, weshalb für diesen Zweck die kaiserliche Symbolik außer Betracht blieb. Ihre Unübertragbarkeit liegt in ihrem Wesen.

Auf der anderen Seite ist es eine der folgenreichsten Erkenntnisse der neueren Sarkophagforschung, daß sie sich der steigenden Bedeutung bewußt geworden ist, die in der Entwicklung der Bildersprache der Sarkophage der Wunsch nach Verewigung annimmt. Daß Franz Cumont die Bahn gebrochen hat, darf ihm nicht vergessen werden, wenn er auch, nicht so sehr vom Bilde wie vom Wort ausgehend, die Symbolsprache mehr abstrakt und weniger poetisch verstanden hat, als sie gemeint war. Am weitesten gekommen ist im Anschluß an Nocks grundsätzliche Ausführungen über Sarkophage und Symbolik[51] Hanfmann auf den schönen Seiten seines Buches, die davon handeln, wie sich auf den Sarkophagen ein Wandel des Bildes vom Menschen, »the change in the concept of the individual«, im 2. und 3. Jahrhundert reflektiert[52]: »The mythological sarcophagi of the second century sought a glorification of the dead in the medium of mythology and history ... The new note which is sounded in the third century, is the deep preoccupation with the individual soul and the consciousness of its connection with the eternal cosmic order«. Das führt zu Formen der Darstellung, die man als »Privatapotheose« bezeichnen mag, weil sie eines Namens bedürfen und weil sie an die hellenistischen Bilder der fürstlichen Apotheose anknüpfen, bei denen es aber vor allem auf den dinglichen Ausdruck eines poetisch- symbolischen Gedankenspiels ankommt[53].

So ist es gekommen, daß unter der Decke der kaiserzeitlichen Formengebung auf den Sarkophagen mehr aus dem Bilderschatz der hellenistischen Hofkunst auf uns gekommen ist, als man bisher vermuten konnte. Besonders ergiebig erweisen sich in dieser Beziehung die dionysischen Sarkophage. Von den Bildern mit dem Gott auf dem Elefantenwagen haben sich die einen auf ptolemaische, die anderen auf seleukidische Muster zurückführen lassen[54]. Von den übrigen bacchischen Triumphzügen gilt Entsprechendes. Dem schließen sich nun die Jahreszeitensarkophage an. Denn daß sie von Hause aus dionysisch sind, ließ sich zeigen (S. 36ff.).

Eine seltsame Wiederanknüpfung also an hellenistische Formen im letzten Viertel des 2. Jahrhunderts, in das nach der gegenwärtigen Sarkophagchronologie der

[51] AJA. 50, 1946, 140ff. [52] Hanfmann 1, 237f.

[53] Verf. MWPr. 1949, 24. Abh. Mainz 1952, 5, 403/17f. 10, 729/13. 762/46. Bericht Intern. Kongr. Kopenhagen 1954, 296/6f. [54] Verf. Abh. Mainz 1952, 10.

Sarkophag in V. Savoia gehört (S. 39f.)! Ist dies doch die Epoche des spätantoninischen Stilwandels[55], dessen wesentliches Anliegen die Romanisierung ist. Die »classicistic attitude« der Zeit überhaupt ist auch Hanfmann aufgefallen[56], freilich nicht ihre Gegensätzlichkeit zu der anderen Strömung, die daher noch einer Erklärung bedarf. Daß der echte Klassizismus der traianisch-hadrianischen Kunst schon in der Zeit des Antoninus Pius auf den Sarkophagen von einer neuen Wendung zu hellenistischen Vorbildern abgelöst wird, ist eine ausgemachte Sache. Die spätantoninische »classicistic attitude« ist also zunächst nichts als deren Fortsetzung. Weil sich aber gleichzeitig durch die Romanisierung der Form das Verhältnis zu den griechischen Vorbildern verschoben hat, ist in der Tat daneben die klassizistische Note im Spätantoninischen nicht zu übersehen. Allein im Hinblick auf den älteren echten Klassizismus tut man wohl besser daran, von einem Kryptoklassizismus zu sprechen[57]. Jedenfalls zeigt sich auch hier wieder, daß sich in der spätantoninischen Phase und im anschließenden frühen 3. Jahrhundert die komplexen Phänomene der Geistesgeschichte überhaupt und der Stilgeschichte im Besonderen auf dem bisher üblichen Wege nicht auflösen lassen, der mit einem sich wiederholenden Wechsel von klassizistischen und von römisch orientierten Strömungen rechnet. Die kontinuierliche Zweiseitigkeit der Entwicklung ist charakteristisch. Nur unter ihrer Voraussetzung wird sich auch ihr produktives Ergebnis einigermaßen begreifen lassen, das in den großen Bildersarkophagen der severischen bis gordianischen Zeit sich darstellt[58].

Die ikonographische Untersuchung des Gottes auf dem Tiger schloß mit der Feststellung, daß die Fassung des Motivs auf dem SBNY eine in der späten Klassik erfundene, vom Hellenismus modifizierte und in dieser modifizierten Gestalt von den vorangegangenen Sarkophagen des späteren 2. Jahrhunderts übernommene Form namentlich durch die Hinzufügung Pans abermals veändert hat (S. 29f.). Daß auch darin der Kryptoklassizismus der Zeit sich äußert, ist nun klar. Auch daß die Epiphanie gemeint ist, ergab sich aus dem ikonographischen Zusammenhang. Noch nicht geklärt ist die seltsame Verbindung mit dem hüpfenden Pan, die außer dem SBNY nur seine Replik in Kassel kennt[59]. Hier schürzt sich der ikonographische Knoten. Was hat diese Kombination veranlaßt? Was bedeutet sie? Bedeutet sie überhaupt etwas? Wir sollten jetzt die Fäden so fest in der Hand haben, daß wir mit Hilfe der anderen Sarkophage auf diese Frage antworten können. Eine Liste der dionysischen Jahreszeitensarkophage sei vorangestellt[60].

1. Rom, Villa Savoia, oben S. 33ff. (Taf. 3a).
2. Genua, Dom, oben S. 39ff. (Taf. 5c).
3. New York, Metropolitan Museum, ehem. Badminton, oben S. 8ff.

[55] Rodenwaldt, BerlAkAbh. 1935, 3.
[56] Hanfmann 1, 236f.
[57] Verf., Gnomon 21, 1949, 19.
[58] Verf., Jb. d. Ak. Mainz 1953, 121f., Ber. Intern. Kongr. Kopenhagen 1954, 1, 441f.
[59] Oben S. 18 Nr. 15 Hanfmann Nr. 15.
[60] Vgl. Hanfmann 1, 236.

4. Louvre I, Hanfmann Nr. 465 Fig. 34 (Taf. 21a).
5. Florenz, Museo Archeologico 13 734, unpubliziertes Fragment eines Kindersarkophags.
6. Vatikan, Belvedere, Hanfmann Nr. 479 Fig. 38.
7. Jerusalem, Hanfmann Nr. 463 Fig. 36 (Taf. 21b).
8. Rom, Domitilla-Katakombe, Hanfmann Nr. 497 Fig. 25 (Taf. 20a. b).
9. Rom. Villa Carpegna, Hanfmann Nr. A 3, unpubliziert.
10. Kassel, Hessisches Landesmuseum, Hanfmann Nr. 461 Fig. 28 (Taf. 3b).
11. Rom, Palazzo Lazzeroni, Hanfmann Nr. 501a Fig. 75a.
12. Rom, Thermenmuseum, Hanfmann Nr. 501 Fig. 75.
13. Ehem. Rom, Palazzo Giustiniani, Galleria Giustiniani 2, 120.

Die Reihenfolge ist die chronologische. Sie weicht von der Chronologie Hanfmanns ab und kann erst im folgenden Abschnitt begründet werden (S. 143ff.). Zum Verständnis des hier Ausgeführten sei vor allem darauf hingewiesen, daß ich Nr. 10, mit der Hanfmann die Reihe beginnen läßt, für später halte (S. 147). Meine Ansätze sind die folgenden: Nr. 1 und 2: vor 200, Nr. 3: zwischen 220 und 230, Nr. 4 bis 9: zwischen 225 und 240, Nr. 10: zwischen 235 und 245, Nr. 11 und 12: zwischen 320 und 335.

Nr. 13 steht außerhalb der chronologischen Ordnung, weil dieser Sarkophag nur nach einem alten Stich beurteilt werden kann. Wahrscheinlich hat er sich Nr. 4 bis 9 angeschlossen. Von Hanfmann noch nicht in Betracht gezogen sind die Nummern 1 bis 3, 5 und 13. Namentlich durch das Hinzukommen von 1 bis 3 läßt sich die Interpretation klären (S. 33ff.).

Nr. 1 bringt in die stattliche Reihe der dionysischen Sarkophage etwas Neues. Weniger die Aufgabe der Friesform macht den Unterschied von den älteren Sarkophagen aus als der Ersatz der mythologischen Handlung durch ein Repräsentationsbild. Erst bei näherer Prüfung hat sich dieser Sarkophag überhaupt der dionysischen Klasse einreihen lassen. Die Deutung der Gruppe in der Mitte seiner Vorderseite gab dazu den Anlaß (S. 34ff.). Ihre Analyse hat auch gezeigt, daß diese Gruppe nicht ursprünglich ist, sondern für den Sarkophag zusammengestellt wurde. Es sieht beinahe so aus, als ob ein von seinem Hofstaat umgebener Fürst dargestellt werden soll. Man fühlt sich, schwerlich von ungefähr, erinnert an Ovids Schilderung des Sonnengottes in seinem Palaste[61]. Man versteht auch, weshalb Hanfmann vorschlug, in dem Thronenden ein Bild des Verstorbenen zu sehen[62]. Aber das widerspricht eigentlich schon seiner eigenen Feststellung über das späte Auftreten solcher Bildnisse auf den Sarkophagen[63]. Unmittelbar kann nur Dionysos gemeint sein. Aber der sepulkrale Zweck und der Zusammenhang mit dem hellenistischen Urbild lassen auch uns nicht im Unklaren darüber, daß mit dem Bild des Gottes auf den apotheosierten Toten angespielt wird. Freilich wird man daran denken müssen, daß für diese Zeit mindestens

[61] Met. 2, 23ff.
[62] Hanfmann 2, 185 A. 2.
[63] Hanfmann 1, 237f. Oben S. 127.

ebenso sehr wie die Erinnerung an die fürstliche Apotheose in der Gestalt des Gottes die Vorstellung von dem die Menschen schon in diesem Leben in die Entrückung versetzenden Gott den Inhalt bestimmt. Die ὡραῖα, die ihm gebracht werden, sind also gleichzeitig ein Totenopfer. Dies wird noch verständlicher, wenn man daran denkt, daß zur selben Zeit auf den kleinasiatischen Säulensarkophagen, die für die architektonische Gliederung des Sarkophags in V. Savoia die Muster waren, das Opfer am Grabe ein häufiges Motiv ist. In der Mitte der einen Nebenseite pflegt die Grabtür flankiert zu sein von Gestalten mit Opfergaben. Öfter steht auch ein brennender Kandelaber oder ein Tisch mit Früchten darauf vor ihr[64]. Nicht römischer, sondern griechischer Totenkult ist das, ein bildlicher Beweis also für das Mitspielen der alten griechischen Vorstellung von der Heroisierung des Toten bei der Bildung dieser Form der »Privatapotheose«, die das Stück aus V. Savoia zum ersten Male eindeutig auf einem dionysischen Sarkophag beobachten läßt[65]. Die andeutende und indirekte Art, wie in der Mittelgruppe dieses Thema sich ausdrückt, bedeutet nun aber einen wesentlichen Unterschied gegenüber der Mehrzahl seiner jüngeren Fassungen. Es wird nicht nötig sein, dafür allein die Beschränkung verantwortlich zu machen, die durch den gegebenen Raum der Sarkophagvorderseite einerseits und durch den eigentlich nötigen Größenunterschied zwischen den Jahreszeiteneroten und dem Gott andererseits dem Entwurf auferlegt war. Auch die Neuheit der Aufgabe und das beginnende Suchen nach einer angemessenen Lösung sind zu berücksichtigen.

Der Sarkophag in Genua, Nr. 2, ist nur unwesentlich darüber hinausgekommen. Die Jahreszeiten sind nun ausgewachsene Jünglinge, so daß für den Gott das Motiv des Thronens nicht mehr nötig war. Die veränderte, jüngere Proportion des Sarkophags hat dies ermöglicht. Für Dionysos wurde ein Typus gewählt, der gewöhnlich mit dem Thiasos verbunden vorkommt und besonders häufig ist in den Bildern der Heimsuchung Ariadnes, der also auch nur im weiteren Sinne die Epiphanie bedeutet. Das Bringen von Gaben findet einen noch mittelbareren Ausdruck. Die Jahreszeiten haben ihre Körbe auf den Boden gesetzt. Auf Kosten des alten Sinns der Opferhandlung ist also die repräsentative Note betont.

Von den übrigen Sarkophagen der Liste stellen nur die späten Stücke, 11 und 12, diese Gruppe in die Mitte. Sieht man von den beiden Beispielen mit dem Tigerreiter, 2 und 10, ab, so ist für den Rest durchgehends der stehende Gott an diesem Platz festzustellen. Nicht mehr vorhanden ist die Mitte von 8, einem Stück, das überhaupt nur in Fragmenten erhalten ist[66]. Durch Gestalt und Stil dieser Teile ist 8 aber als Replik von 7 und als eine Schöpfung derselben Werkstatt gesichert. Seine Mittelfigur war also die gleiche wie die von 7.

[64] Morey, Sardis 5, 29, Adalia, und Fig. 26. 41. 43. 55. 59. 67. 70. 71. 84. Lawrence, MemAmAc, 20, 1951, 128, 10. 138f., 24. Über die Säulensarkophage als Heroa: v. Schönebeck RAC. 14, 1937, 293ff. und die dort angeführte Literatur.

[65] Vgl. v. Schönebeck a. O. 295 »Die römischen Umbildungen der kleinasiatischen Urform — scil. des Säulensarkophags — sind . . . ein Zeichen dafür, daß die kleinasiatische Sitte des Heroenkultes auf weitere Dauer in Rom nur in einer bestimmten Brechung Fuß fassen kann«.

[66] Von ihnen ist mehr vorhanden, als Hanfmann a. O. angibt.

In allen diesen Fällen spendet der Gott aus einem Kantharos, den er mit der erhobenen Rechten hält (4. 5. 7. 8), manchmal auch in der gesenkten Rechten (6. 9 und wahrscheinlich 13). Auf 4 und 5 fängt ein kleiner Pan die Spende auf, der hinter der rechten Hüfte des Dionysos hervorkommt. Diese Figur haben auch 7 und 8, nur ist ihre Verbindung mit dem Kantharos des Gottes gelöst. In den sicheren Fällen, wo der Kantharos von der gesenkten Hand gehalten wird, sieht man darunter einen Putto (6) oder einen kleinen Satyr (9), die auch bemüht sind, die Spende aufzufangen. Auch auf 13 dürfte ursprünglich eine solche Figur vorhanden gewesen sein. Mit der Linken stützt sich der Gott auf ein Szepter oder auf eine Rebe.

Fragt man nach der originalen Erfindung, so scheiden die Bilder mit dem gesenkten Kantharos (6. 9. 13) gleich aus wegen des matten und konventionellen Ausdrucks der Bewegung, wegen der Lockerung des Gruppenzusammenhangs und wegen des unverhältnismäßigen Größenunterschieds zwischen den beiden Teilen der Gruppe. Bereits ein Blick auf die Pantoffelgruppe aus Delos[67] läßt eine hellenistische Erfindung hinter der Fassung der anderen vier Stücke (4. 5. 7. 8) vermuten. Der aufgelöste Gruppenzusammenhang und die thematisch blassere Haltung veranlassen, 7 und 8 gegenüber 4 und 5 als weniger original anzusehen. Bestätigend kommt hinzu der dionysische Wannensarkophag in Bolsena[68] (Taf. 22a). Auch auf ihm ist der stehende und spendende Dionysos mit einem ähnlich angeordneten Pan verbunden. Aber seine Spende wird nicht von Pan, sondern von Herakles aufgefangen. Diesem entspricht in symmetrischer Haltung auf der anderen Seite des Gottes ein Satyr. Beide prallen, betroffen von dem plötzlichen Erscheinen des Gottes, nach links und nach rechts auseinander. Die erregende Wirkung der Epiphanie ist überhaupt das Thema des ganzen Sarkophags, der durch die Komposition aus der Reihe der dionysischen Sarkophage herausfällt. Die dreiteilige symmetrische Gruppe zwischen den Löwenköpfen der Vorderseite, die aus Dionysos, Herakles und dem Satyr besteht, ist der dionysischen Motivüberlieferung fremd. Sie ist erst zusammengestellt für diesen Platz an einem Sarkophag, dessen Schmuck dadurch sich fühlbar dem Charakter des Repräsentationsbildes nähert. Zu seiner motivischen Ähnlichkeit mit den Jahreszeitensarkophagen, die durch die Mittelfigur gegeben wird, kommt so die kompositionelle und ausdrucksmäßige. Die Absicht der Komposition, die sich trotz ihrer wirkungsvollen Durchführung damit als eine abgeleitete, jedenfalls als eine nicht überlieferte zu erkennen gibt, gleichwohl aber überlieferte Typen verwendet, hat also dazu veranlaßt, das Motiv des Spendens von der Figur Pans zu lösen. Pan ist nur als Rest der ursprünglichen Gruppe in einer ausdruckslosen, attributiven Funktion übriggeblieben. Weil sein Vorhandensein und seine Placierung überhaupt nur unter dieser Voraussetzung verständlich werden, zeigt auch dieser Sarkophag, daß die Gruppe der Sarkophage 4 und 5 den Fassungen von ihr vorangeht, die auf 6 bis 9, wahrscheinlich auch auf 13, erscheinen. Weil der Sarkophag in Bolsena seinem Stil nach noch ins späte 2. Jahrhundert gehört und jedenfalls älter ist als alle vergleich-

[67] Athen NM. 3335. BCH. 30, 1906 Taf. 30f. Lippold, Hdb. 5, 369.

[68] Gerhard AB. 112, 2f. Zeichnungen Eichlers und neue Aufnahmen beim Material des Corpus.

baren Jahreszeitensarkophage (3 bis 13), wird damit die Gruppe auf 4 und 5 als ein Typus erwiesen, der bereits existierte, als im frühen 3. Jahrhundert die neue Form der Jahreszeitensarkophage ins Leben trat, die auf die Tabernakelfront verzichtet und die genienartigen, größer gewordenen Jahreszeiten verwendet. Dieser Typus wird gebildet von der Gruppe des mit erhobener Rechten spendenden Gottes, hinter dessen Rücken ein kleiner Pan hervorkommt, um mit einem Gefäß in der ebenfalls erhobenen Hand die Spende aufzufangen.

Nun sind wir soweit, um die Frage nach dem vermißten Zentrum des ursprünglichen Zyklus der Jahreszeiteneroten wieder aufnehmen zu können, das der erste uns bekannte Jahreszeitensarkophag, der in V. Savoia, wegen der vorgegebenen Gesamtform nicht gebrauchen konnte. Sollte es nicht in diesem Gruppentypus wieder gefunden sein? Die Ähnlichkeit mit der delischen Pantoffelgruppe würde dafür sprechen. Der Sarkophag in Genua, der älter ist als die übrige Reihe, aber ein anderes Mittelmotiv verwendet, würde dem nicht im Wege stehen, weil er sich auch in der Bildung der Jahreszeiten spürbar aus der Tradition löst. Aber könnte es sich nicht bei dieser Verbindung des stehenden, spendenden Dionysos mit Pan um eine selbständige Gruppe handeln, die erst auf den Sarkophagen mit den Jahreszeiten in Beziehung gebracht wurde? Das Thema scheint älter zu sein. In Protogenes' Bild, das Alexander mit Pan darstellte[69], erschien Alexander natürlich im Dionysoskostüm, so daß die Motivierung dieser Gruppe durch das Einschenken nicht ausgeschlossen wäre[70].

Der SBNY erlaubt eine positive Entscheidung. Zum ersten Mal für uns erscheint auf ihm der neue Typus der Jahreszeitengenien, der sich nun bis ins 4. Jahrhundert auf den Sarkophagen hält. Die Beflügelung, die auf den Sarkophagen in V. Savoia und in Genua den Romanisierungstendenzen der Zeit zum Opfer gefallen war, erinnert nun wieder an den runden Altar (S. 41ff.) und an sein erschlossenes hellenistisches Vorbild. Wesentlich anders ist die Streckung der Proportionen. Diese Jahreszeiten sind keine Putten mehr. Ihre Bildung versetzt sie in einen merkwürdigen Zwischenzustand. Sie sind nicht mehr Knaben und noch nicht Männer. Blühende Leibesschönheit und doch Zartheit im Sinne der Zeit meinen diese uns weichlich, reichlich fett und raffiniert anmutenden Glieder. Von der Lockenfülle und der Regelmäßigkeit der Gesichtszüge sowie von der angestrebten Eleganz im

[69] Plin. n. h. 35, 106. Neuffer, Das Kostüm Alexanders d. Gr., 1929, 16. L'Orange, Apotheosis in Ancient Portraiture, 1947, 133, 2.

[70] Pan, der auf seinen Bocksbeinen besser hüpfen als schreiten kann, ist für den trunkenen Dionysos keine geeignete Stütze. Diesen Dienst pflegt ein Satyr zu leisten. Wenn es auf dem pompeianischen Bilde aus dem Vicolo di Eumachia, Neapel 111484 (Sieveking JdI. 56, 1941, 74, 4. 82f. Herbig, Pan 30 A. 53 Taf. 28, 2. O. Elia, Pitture Murali del M. N. di Napoli, 1952, 166. E. Simon, Portlandvase, 1957, 10 Taf. 8, 1) ausnahmsweise Pan tut, so hat dazu die Umkehrung der Komposition und die Wahl eines anderen Dionysos den Anlaß gegeben. Weil die nun links liegende Ariadne den Platz der stützenden Figur zur Rechten des Dionysos verlangte, hat dieser Maler dazu den Pan der hier untersuchten Gruppe verwandt. Pans Auftreten auf dem Bilde ist also die Folge einer Kontamination. Ein groteskes Mißverständnis des Malers ist es schon, Dionysos selber den Mantel Ariadnes emporziehen zu lassen.

Stand und in der Drapierung des Gewandes gilt das Entsprechende. Es sind aus einem übermenschlichen Bereich stammende, selige Wesen.

Selbstverständlich ist für die Neuerungen weithin die prächtigere, in die Höhe gewachsene und aufwendige Form des Sarkophags verantwortlich. Schon in dem Sarkophag in Genua (2) kündigte sich diese Entwicklung an. Dem in V. Savoia gegenüber (1) ist er höher. Daher hatte schon er die Knaben durch Jünglinge ersetzt. Aber als ein Weitergestalten der Überlieferung in Verbindung mit einem Rückgriff auf deren ältere Stufen ist diese neue Bildung der Jahreszeiten erst teilweise erklärt.

Die überraschende Ähnlichkeit mit Gestalten auf gleichzeitigen oder nur wenig jüngeren kleinasiatischen Säulensarkophagen kann nicht zufällig sein. Sie liegt in der Lockentracht, in der Drapierung der Mäntelchen und in der Art, die Attribute zu halten[71] (Taf. 22b). Es sind aber nicht nur die schönen Jünglinge der kleinasiatischen Sarkophage, die so auf einem stadtrömischen Werk von bedeutender Qualität wiedererscheinen. Auch der geflügelte Genius mit im übrigen den gleichen Kennzeichen fehlt dort nicht[72] (Taf. 22c) Seine Übereinstimmungen mit dem Herbst des SBNY sind erstaunlich. Wie alle Typen der Säulensarkophage gehen auch diese Figuren auf hellenistische Vorbilder zurück. Nur lassen sie sich in diesen Fällen nicht in der Monumentalplastik, sondern in der Malerei und in der Koroplastik nachweisen. Wir kennen sie durch ihre Reflexe auf pompeianischen Wänden[73]. und durch kleinasiatische und sizilische Terrakotten[74]. Der Zusammenhang dieser neuen Jahreszeiten mit den Säulensarkophagen wird durch den stadtrömischen Jahreszeitensarkophag des Conservatorenpalastes mit der Grabtür[75] (Taf. 4a. b) bestätigt. Hier stehen die Jahreszeiten in einer Tabernakelarchitektur, deren Ableitung aus der kleinasiatischen Gruppe auf der Hand liegt. Durch seine Jahreszeiteneroten ist also der SBNY ein besonders sinnfälliges Beispiel für die Beeinflussung der stadtrömischen Werkstätten seiner Entstehungszeit durch die kleinasiatischen, in der sich der Export von Sarkophagen aus dem Osten nach der Hauptstadt auswirkte[76].

[71] Morey, Sardis 5, 1, 60ff. Type 3. 19. 22. Gute Abb. JHS. 27. 1907 Taf. 5—7 (Taf. 22b).

[72] Istanbul M. 20, aus Izmid. Morey a. O. 33 Fig. 32 (Taf. 22c).

[73] Spinazzola-Aurigemma, Nuovi Scavi 1, 471, 536. Ph. Williams-Lehmann, Roman Wall Paintings from Boscoreale, 1953, 23f., 19f. Die Deutung der beiden Figuren aus Boscoreale als Jahreszeiten durch die Verf. ist ein Autoschediasma, das sich über das ganze, von Hanfmann vorgelegte Material hinwegsetzt. Die angeführten Beispiele aus Pompei sind keine Jahreszeiten. Sie stehen in Verbindung mit apollinischer Symbolik. Nicht gesichert ist diese Deutung, die Hanfmann 2, 146, 120, vorgeschlagen hat, auch für zwei ähnliche Figuren an der Decke im hinteren Teil des Nasoniergrabes: Michaelis JdI. 25, 1910, 109 Beil. 2, 5. Rodenwaldt RM. 32, 1917, 40, 4 Abb. 6. Hinks, Brit. Mus. Cat. of Paintings Taf. 21. Rumpf Hdb. d. Arch. 6, 185, 9. Fink MdI. 6, 1953, 58ff. Von Werken des 3. Jahrhunderts n. Chr. gehören hierher die geflügelten Träger von Girlanden im Hause unter SS. Giovanni e Paolo, Rumpf a. O. 192. Wilpert, Die röm. Mosaiken u. Malereien 4, 126. Hanfmann 2, 167 Nr. 356. Die Frage der Deutung dieser Darstellungen und die eines evtl. Zusammenhangs mit dem geflügelten Schwertträger der Columna Caelata aus Ephesos, Brit. Mus. 1206, muß hier offen bleiben.

[74] Nécr. de Myrina Taf. 7, 4. 11, 3. 13. Winter, Typen 2, 355ff. Kekulé, Terrakotten von Sizilien Taf. 27, 3.

[75] Hanfmann Nr. 336 Fig. 33. Oben S. 36 Nr. 2.

[76] Rodenwaldt JdI. 45, 1930, 184ff. 55, 1940, 53.

Die neue Form des Sarkophags und der Jahreszeiten auf ihm mußte auch das Mittelmotiv in Mitleidenschaft ziehen. Der Vergleich mit dem sonst so ähnlichen Paar der Sarkophage in Jerusalem und in der Domitilla-Katakombe (7. 8) zeigt, worauf es ankam und worin das Verdienst der Lösung auf unserem Sarkophag liegt. Dort nimmt der stehende Dionysos zwischen den Jahreszeiten die Mitte ein. Weil er nun ebenso groß ist wie sie, fehlt der Mitte das Gewicht und die konzentrierende Kraft. Die Komposition hat mehr koordinierenden, reihenden Charakter. Beim SBNY hilft sich der Entwurf mit einem ähnlichen Kunstmittel wie beim Sarkophag in V. Savoia über die Schwierigkeit des Größenverhältnisses hinweg. Dem Gott wird die sitzende Haltung gegeben. Die Anknüpfung an die oben verfolgte typologische Entwicklung des Reiters auf dem Panther oder auf dem Tiger ermöglichte aber durch die Verbindung mit der mächtigen Bestie das wünschenswerte formale Übergewicht. Sie stattete überdies diese Epiphanie mit einer neuen, gleichermaßen pathetischen wie dionysischen Note aus.

Nicht mehr zweifelhaft ist es nun, daß die Gruppe des spendenden Tigerreiters mit Pan erst für die Sarkophage in dieser Zeit erfunden wurde und daß die Sarkophage Jerusalem-Domitilla (7. 8) eine schon vorhandene Gruppe verwandten. Um ausfindig machen zu können, ob sie oder ihr Archetypus diese Gruppe bereits in ihrer Verbindung mit den Jahreszeiten vorfanden, oder ob sie erst die Zusammenfügung vorgenommen haben, müssen wir aber das Verhältnis zwischen ihnen und dem SBNY untersuchen.

Typologisch sind die Ähnlichkeiten groß. Sie brauchen nicht aufgezählt zu werden. Die typologischen Unterschiede beschränken sich eigentlich auf das Motiv in der Mitte und darauf, daß die Jahreszeiten der Sarkophage Jerusalem-Domitilla (7. 8) alle auf den Gott in der Mitte blicken. Auf dem SBNY blicken die Paare sich einander an. Das entspricht den Vorstufen und der späteren Überlieferung. Die Veränderung auf den beiden anderen Sarkophagen läßt das Schwinden des Verständnisses für den eigentlichen Sinn der Komposition erkennen. Jedenfalls ist die Wirkung der Epiphanie größer neben den Gabenbringern, die ihrer noch nicht gewahr werden.

Andererseits ist die Verschiedenheit der Werkstätten deutlich.

Anders sind auf den Sarkophagen Jerusalem-Domitilla (7. 8) namentlich der breitbeinige Stand der Eroten, ihre noch fettere Körperbildung, der man die Nähe der Putten ansieht, das gekräuselte, zu spiraligen Formen neigende Haar, die unruhig wehenden Gewänder und das vor der Brust geknotete Fell, das an die Stelle der Chlamys treten kann. Dazu kommt, daß die Formengebung überhaupt römischer ist. Das Licht- und Schattenspiel ist flimmernder, noch mehr auf Schwarz-Weiß-Effekte eingestellt, während dort im Ganzen größere plastische Klarheit angestrebt ist. Schon wegen der offenkundigen Verbindungen, die gleichwohl auch auf den Sarkophagen Jerusalem-Domitilla zu den kleinasiatischen Säulensarkophagen sich beobachten lassen, kann ihre Form nicht einfach aus der Verbindung der Typentradition mit der neuen Sarkophagform abgeleitet werden.

Die Ähnlichkeit der Haartracht und der Drapierung der Chlamys sind nur zu verstehen, wenn man auch für diese Sarkophage mit einem Einfluß der kleinasiatischen rechnet. Überraschend ist die Ähnlichkeit aller Vier Jahreszeiten auf ihnen im Stand, und in den Gestalten von Winter und Herbst auch in dem Ausstrecken des einen Armes, mit den beiden Figuren eines neu entdeckten südkleinasiatischen Sarkophags aus Side, in denen bereits Teile eines Jahreszeitenzyklus festgestellt wurden (S. 88f.). Nun sieht man, daß auch die Jahreszeiten des SBNY von dieser Seite her beeinflußt worden sind. In ihrem Stand unterscheiden sie sich von der durch die Sarkophage in V. Savoia (1) und durch den Altar aus den Sallustischen Gärten vertretenen Überlieferung ebenso wie die Jahreszeiten der Sarkophage Jerusalem-Domitilla (7. 8).

Über ein Abhängigkeitsverhältnis zwischen den Sarkophagen (3 und 7. 8) ist auf diesem Wege noch nichts zu ermitteln. Der Stil würde Gleichzeitigkeit zulassen (S. 167f.). Auf keinen Fall gibt er Anlaß, eine zeitliche Abfolge festzustellen.

Auch die namentlich aus dem Sarkophag in Bolsena abgeleitete Beobachtung, daß die zentrale Gruppe der Sarkophage 7 und 8 bereits existierte (S. 131), die des SBNY aber eine Neubildung für diesen Platz an einem Sarkophag war, läßt sich für eine Voranstellung der zuerst genannten beiden Sarkophage nicht auswerten, solange wir nicht wissen, woher die Gruppe mit dem stehend spendenden Dionysos stammt. Glücklicherweise kann eben dies aus ihrer Ähnlichkeit mit der anderen Gruppe und aus der Verwendung beider ermittelt werden.

Das Seltsamste an der zentralen Gruppe des SBNY ist der hüpfende Pan, vor allem wegen der Irrationalität seiner Bewegung und seiner Stellung im Raum. In der typologischen Überlieferung hatte er zwar Vorläufer, Es gab dort solche Bilder, in denen Pan dem Tiger voranhüpft und ihn an einer Leine führt (S. 27f.). Da störte er eigentlich den Sinn der Gruppe. Einmal war er bereits unter der Achsel des spendenden Armes zu sehen, blieb dabei aber nur ein blasses Attribut (S. 28). Zur Gruppe des Gottes auf dem Tiger gehört Pan von Haus aus jedenfalls nicht. Dann bleibt nur der Schluß übrig, daß die Spende an ihn ein integraler Bestandteil der Verbindung des Gottes mit den Jahreszeiten war. Die künstliche und bewußte, unter keinen Umständen ursprüngliche Verbindung mit dem Tigerreiter verlangt nun aber eine Erklärung aus der Überlieferung, weil sich ja ergeben hat, daß diese Gruppe nicht für diesen Zusammenhang geschaffen wurde. Nur wenn die Spende des Gottes an Pan integraler Bestandteil des Ganzen war, wurde sie selbst um den Preis einer so gewaltsamen Verbindung erträglich. Ja, man sieht nun auch die positive Seite und das Verdienst der Neuschöpfung. Denn das Wunder der Epiphanie wird nun nicht nur durch die Unwirklichkeit auch dieser Erscheinung glaubhaft gemacht, sondern auch in seinem Ausdruck um ein Bedeutendes gesteigert durch die resonanzhafte Wirkung, die es in ihr findet.

Damit ist aber nichts anderes gesagt, als daß die Gruppe des stehend spendenden Dionysos mit dem kleinen Pan als dem Empfänger der Spende wirklich das gesuchte ursprüngliche Zentrum des Jahreszeitenzyklus ist. Es ist also bereits mit einem hochhellenistischen Werk dieser Art zu rechnen, das die Sarkophage 7. 8 nur leicht modifizierten, die Sarkophage 4 und 5 aber verhältnismäßig am treuesten bewahrt haben. Typologisch gehen daher die Sarkophage 7. 8 dem SBNY voran. Nimmt man Gleichzeitigkeit an, was die Form nahelegt, so zeigt sich eindrucksvoll die diesem Stil und dieser Zeit gemäße Steigerung der ursprünglichen Erfindung und ihrer Überlieferung durch den Meister des SBNY. Denn daß die Verbindung des Jahreszeitenzyklus mit dieser neuen Gruppe die Leistung dieses Meisters ist, ergibt sich nun schon aus seiner ikonographischen Untersuchung. Während sie die Annahme eines typologisch früheren Werkes mit dieser Verbindung verbietet, schließt die Meisterhaftigkeit des Sarkophags in der Form die Annahme eines Musters auch in dieser Beziehung aus.

Das Motiv des spendenden Gottes wird auch auf den Bildern seines Hochzeitszuges verwandt[77]. Das ist ebenfalls eine Epiphanie, aber sie hat mythologischen, nicht repräsentativen Charakter. Wenn meist Dionysos einem Satyr einschenkt, so ist das eine charakteristisch hellenistische Umkehrung der älteren Gruppen, in denen ein Satyr oder eine Mainade den Gott bei der Spende oder beim Gelage bedient[78]. Der Gott gibt sich menschlicher und herablassender. Die archaischen und klassischen Vorläufer unserer Gruppe drückten die Epiphanie gewaltsamer und faszinierender aus. Die alte Vorstellung von dem Weinwunder, durch das sich Dionysos offenbart, hat sich hier wie dort zum Bilde verdichtet[79]. Es ist kein Zufall, daß die erzählenden, mythologisch ausmalenden Züge von den das Ende dieser Reihe bildenden Beispielen abgelehnt wurden zugunsten solcher, die das Übernatürlich-Wunderbare betonen.

Dieser Ausblick soll nur dazu dienen, deutlich zu machen, wie der Ausdruck der Epiphanie, der mit dem Zentrum dieses Jahreszeitenzyklus von Anfang an verbunden gewesen sein muß, durch seine Neufassung im SBNY intensiviert worden ist. Das wirkt sich auch auf seine sepulkrale Bedeutung aus. Im übrigen ist von ihr dasselbe zu sagen wie im Anschluß an den Sarkophag in V. Savoia (S. 129f.).

Von den Jahreszeitensarkophagen mit Porträtbüsten in einem Clipeus sind die ältesten, die wir kennen, jünger als der SBNY[80]. Auf jeden Fall sind sie typologisch sekundär gegenüber denen mit der Epiphaniegruppe (vgl. auch oben S. 36ff.). Diese Tatsache kann zu deren Verständnis helfen. Nicht in Frage kommt natürlich die mystisch bedingte Gleichsetzung des Gottes mit dem Toten für die ältere Reihe. Die Gründe dagegen wurden schon angegeben (S. 126f.). Um so wichtiger ist der allgemeine Bezug auf den Toten, der sich in dem Ersatz der mythologischen Mittelgruppe durch die Bildnisse bemerkbar macht. Zur Ergänzung sei darauf verwiesen, daß später an die Stelle der Bildnisbüste auch die ganze Figur des Toten treten kann[81]. Den entsprechenden Bezug auf ihn drückt auch die Grabtür zwischen den Jahreszeiten aus[82] (Taf. 4a. b). An der Absicht Apotheosierung läßt sich hier wie dort nicht vorbeisehen. Sie ist nur in den Fällen mit den Bringern der ὡραῖα und mit der Grabtür

[77] Verf., AbhMainz 1952, 5, 397/11. 402/16. Gruppe I Nr. 8. 9. 13. 16. In scherzhafter Wendung auf dem pompeianischen Bilde mit demselben Thema: AA. 1953, 97ff. OeJh. 39, 1952, 65ff.

[78] B. Eckstein-Wolf MdI. 5, 1952, 57ff. E. Simon, Opfernde Götter 51.

[79] Verf. MWPr. 1949, 22f. A. 25, wo hinzuzufügen ist: Nonnos 14, 411ff. 20, 1ff. Hahland OeJh. 38, 1950, 85. E. Simon, Opfernde Götter 51.

[80] Hanfmann 1, 25f. Nr. 464 Fig. 37, 528 Fig. 31; über die Datierung unten S. 157.

[81] Hanfmann Nr. 474 Fig. 43. 486f. Fig. 57f. 500 Fig. 73. 514 Fig. 64.

[82] Hanfmann Nr. 336 Fig. 33. 490 Fig. 56. Vgl. auch oben S. 37f.

mehr griechisch im Sinne des Heroenkultes getönt und in denen mit den Porträts mehr römisch im Sinne des Ahnenkultes[83].

Es handelt sich also bei den Jahreszeiten mit den Clipei nicht nur um die dekorative Übertragung eines Motivs, das von Hause aus den Siegesgöttinnen zukam[84]. Verhüllter, aber auch poetischer, schwebender und enthusiastischer drückt sich die Apotheosierung im Bilde des Gottes aus, dessen Wesen die Kraft der Entrückung und Verzauberung ist. Es ist mit starken Zeichen seiner wundertätigen Macht ausgestattet.

Auch im Sinne der Gedanken Hanfmanns über die Steigerung der Beziehungen auf die Person des Toten in der Entwicklung der Bilderwelt auf den Sarkophagen ist nun hier ein charakteristischer Unterschied gegenüber den beiden älteren Jahreszeitenzyklen (1. 2) wahrzunehmen. Der Bildgedanke ist zwar noch ein mythologischer, aber gerade die festgestellte Irrationalität im Motiv dieses Pan läßt erkennen, daß die Grenze des mythologischen Bereiches erreicht ist, wo die religiöse Spekulation ihn zu sprengen droht. Der Begriff der Apotheose, der sich hier vorträgt, liegt am äußersten Rande der antiken Ideenwelt.

Das beleuchtet auch die kosmologischen Bezüge, mit denen er ausgestattet ist. Ihnen vor allem dienen die Gestalten von Gaia und Okeanos. Einer ikonographischen Untersuchung bedürfen sie nach dem, was Hanfmann im Gefolge von E. Strong, J. M. C. Toynbee und F. Cumont über sie ausgeführt hat[85] nicht mehr. Ihre Herkunft aus der römischen Staatskunst ist klar. Das bedeutet für unser Bild nicht bloß eine Intensivierung seines repräsentativen Charakters, sondern auch eine Erweiterung

[83] Zu den Clipeussarkophagen überhaupt: Richmond, Archeology and the After Life in Pagan and Christian Imagery, 1950, 38 ff. — Die Ableitung des Clipeusmotivs auf den Sarkophagen mit Seewesen aus der Dekoration der Aschenurnen — Rumpf ASR. 5, 1, 134 — ist schon deshalb nicht richtig, weil es in Verbindung mit Seekentauren bereits am Iuliermonument von St. Rémy erscheint, AD. 1, 15. Espérandieu 1, 97. RR. 1, 386, 5. Verstehen läßt sich das Motiv nur bei Berücksichtigung der verschiedenen Halter des Clipeus. Es sind außer den Seewesen: Victorien, Eroten, Kentauren, Satyrn, Jahreszeiten. Daß es aus der römischen Staatskunst stammt, bedarf keines besonderen Nachweises. Von den Sarkophagen stehen stilistisch und typologisch die Stücke am Anfang, auf denen der Clipeus nur ein Gorgoneion oder eine Inschrift trägt oder unverziert gelassen ist, um eine Inschrift aufzunehmen: Pisa, D. 12. Lasinio 98 f. RR. 3, 108, 4. — Museo Torlonia, Visconti 117, 458. RR. 3, 338, 2. — Lateran, BS. 37. 3. Helbig-Amelung 3. Aufl. 2, 36, 1200. MI. 6/7, 80, 2. RR. 3, 274, 2. Von den mit Bildnissen im Clipeus sind die frühesten spätantoninisch. Daß auf den Nereidensarkophagen nicht etwas wie eine Seelenreise gemeint sein kann, ist allerdings richtig — Rumpf a. O. 131 ff. — aber daß die statt dessen empfohlenen Deutungen durch ihre Trivialität zur Evidenz erhoben seien, dürfte nicht so sicher sein: O. Walter, Ephem. 1953/54, 1, 81 ff. Auf einem noch frühantoninischen Sarkophag in Ostia hält ein Kentaurenpaar einen Clipeus mit der römischen Wölfin. Da ist die Anspielung auf die Apotheose sicher: Cumont, Symb. 92, 1. 161, 1. 338. Cumonts Aufsatz, La louve romaine sur les monuments funéraires, Misc. G. de Jerphanion 1, 1947, 81 ff., ist mir nicht zugänglich. — Anders, aber wegen der Kentauren nicht überzeugend: Nock AJA. 50, 1946, 140 A. 12. Zu den Kentauren: Verf., Festschr. f. C. Weickert, 1955, 41 ff. Ber. Intern. Kongr. Kopenhagen 1954, 1, 443. Dieser Entwicklung schließen sich im vorgeschrittenen 3. Jahrhundert die Jahreszeitensarkophage mit einem Clipeus an. Es kann daher nicht mehr zweifelhaft sein, daß auch die entsprechenden Sarkophage mit Seewesen, die dieses Motiv schon verwenden, die Apotheose meinen.

[84] Horn, Gnomon 27, 1955, 357.

[85] Hanfmann 2, 17 ff. A. 49.

des Sinnes der Apotheose. Denn diese Ausweitung der örtlichen Vorstellung wirkt sich natürlich auf die von den Jahreszeiten vertretene zeitliche aus. Die ikonographische Untersuchung des Bildes hat zeigen können, wie wesentlich zu seinem Verständnis die dinglichen und konkreten antiken Vorstellungen sind, auf die es sich im Ganzen und in seinen Teilen gründet. Für die Bestimmung seines kunstgeschichtlichen und geistesgeschichtlichen Ortes scheint das von ausschlaggebender Bedeutung zu sein. Jetzt ist klar geworden, wie nahe es am Rande der Antike überhaupt steht, und wie sehr es schon seiner Natur nach reizen mußte, kosmologische Spekulationen an seine unmittelbare Aussage zu knüpfen. Gewiß haben das nicht erst seine modernen Interpreten getan. Das riesige Material, das Hanfmann aus der Literatur und den Inschriften zusammengetragen hat, läßt erkennen, wie nahe dies schon den Zeitgenossen lag. So wurden im Sinne ihrer Zeit die Jahreszeiten auch zu Sinnbildern des »in ewigem Wechsel ständig sich erneuernden Lebens«[86]. Wichtig ist nur, sich klarzumachen, daß die Konzeption dieses Bildes nicht den Wünschen nach Symbolisierung zugeschrieben werden kann, sondern daß im Gegenteil die Symbolisierung erst in zweiter Linie sich mit genuin antiken und im mythologischen Sinne dinglichen Vorstellungen verschmolzen hat. Vor allem um dies klarzustellen, mußte die ikonographische Analyse so weit zurückgreifen.

Eine Erklärung verlangen noch die beiden Paare von Figuren an den runden Enden des SBNY über Gaia und Okeanos. Das über Gaia würde sich ohne Schwierigkeit als Ergänzung des Thiasos verstehen lassen, von dem in dem Satyr und der Mainade neben Dionysos in der Mitte schon zwei andere Mitglieder da sind. Aber die Beiden über Okeanos sind geflügelt und dadurch den Jahreszeiten verwandt. Beide Paare stammen also aus verschiedenen Bereichen, und doch verlangt ihre bildliche Korresponsion auch eine thematische Gemeinsamkeit[87].

Sicher zu benennen ist einer von den Vieren. Der tanzende Geflügelte mit dem Zicklein auf der Schulter ist noch einmal der Frühling. Denn das junge Tier gehört fest und in vielen Bildern zu dieser Jahreszeit. Ebenso auf der Schulter hält es der Frühling des kleinasiatischen Sarkophags in Providence[88]. An den Füßen läßt es der Frühling des Sarkophags in V. Savoia in der gesenkten Hand hängen. Entsprechend sieht man es bei dem Frühling der kaiserlichen Bronzemedaillons (S. 125), bei seiner Wiedergabe als Statue in einem Grabe der Isola Sacra (S. 123f.) und bei der Personifizierung eines der Frühlingsmonate auf einem Mosaik aus Antiochia[89]. Diese Form stammt von der Frühlingshore, wie sie durch pompeianische Bilder[90] und den neuattischen Zyklus[91] bekannt ist. Auch mit geschultertem Zicklein kommt

[86] Horn, Gnomon 27, 1955, 357. Vgl. Hanfmann 1, 238.

[87] Vor allem einem Gespräch mit G. Hanfmann verdanke ich die Klärung der hier erörterten Frage.

[88] J. H. Young ArtB. 13, 1931, 138ff. Hanfmann Nr. 313.

[89] Hanfmann Nr. 134 Fig. 111.

[90] Hanfmann 1, 134f. 138 Fig. 87.

[91] Oben S. 98. Brendel RM. 48, 1933, 175ff. E. Simon RM. 60/61, 1953/54, 212f. Portlandvase 58.

die Frühlingshore in Pompei vor[92]. Diese Form ist die Umbildung einer hellenistischen Mainade[93] und eines hellenistischen Satyrs[94]. Auf dem Grabrelief aus Boretto (S. 119 A. 16) ist das neben ihr am Boden stehende kleine Tier natürlich ihr Attribut. Die zugrunde liegende Vorstellung hat auch veranlaßt, daß auf den spätantiken Monatsbildern der melkende Hirt zur Illustration für die Frühlingsmonate geworden ist[95]. Aus diesem Zusammenhang findet das große halbkugelige Gefäß in der R. dieses Frühlings auf dem SBNY seine Erklärung. Es ist der ländlich schlichte Napf für die frische Milch. Das ergibt sich namentlich aus der Analogie mit einem noch nicht veröffentlichten Mosaik aus Palmyra in Damaskus[96]. Von den im Anschluß an Kalenderbilder dargestellten vier Τροπαί, die natürlich den Jahreszeiten entsprechen und gelegentlich mit ihnen verwechselt wurden[97], ist auf ihm die Τροπή 'Αερινή erhalten. Sie trägt nach Hanfmanns Beschreibung, wie unsere Figur, in der L. ein Ziegenböckchen und hält ein Gefäß mit Milch in ihrer R.

Dieser eindeutige Frühling zieht die Benennung der drei anderen Figuren nach sich. Sie lassen sich auch nur als Jahreszeiten verstehen, und so ist schon hier die Verdoppelung des Zyklus vorgenommen, die auf späteren Sarkophagen nichts Ungewöhnliches ist[98].

Auch noch ziemlich zwanglos findet der Satyr mit dem Ährenkranz und dem Früchtebausch seinen Namen. Er ist der Sommer. Typologisch stellt er sich dar als Modifikation eines Satyrs, der auf den teilweise gleichzeitigen attischen Sarkophagen der jüngeren Klasse mit dem Bilde der Traubenlese öfter vorkommt, einmal auch in der Rückenansicht[99]. Zu den Vorstufen dieser Figur gehört ein traubenlesender Satyr auf arretinischen Reliefkelchen[100]. Der Unterschied von dem als Sommer kostümierten Satyr unseres Sarkophags liegt vor allem darin, daß die R. zum Pflücken der Trauben freibleiben muß, so daß die L. den Bausch faßt[101]. Die oft kopierte Statue eines tanzenden Satyrs mit geschwungenem Lagobolon in der R. und der »Fauno Rosso« des Capitolinischen Museums sind ähnlich motiviert[102]. Daß dieses Motiv auf den Herbst selber übertragen wurde, haben schon die Figur des Bogens von Benevent, ihre statuarischen Entsprechungen und die Erotentypen

[92] Hanfmann Nr. 85 Fig. 89.

[93] Courby VGR. 464, 10, e Fig. 100.

[94] Ariadnesarkophag aus Torre Nova, NSc. 1905, 419f.

[95] Hanfmann 2, 38 A. 82 Vgl. 1, 63f. H. Stern, Le Calendrier de 354, 1953, 243.

[96] Hanfmann 2, 148 A. 137a.

[97] Hanfmann 1, 248f. 2, 99 A. 52.

[98] Hanfmann 1, 27f. 56.

[99] 1. Boston Isabella Stewart Gardner Museum, ehem. Rom, Palazzo Farnese, MD. 2254. Verf. Ber. Intern. Kongr. Berlin 1939, 505 Taf. 55b. RR. 2, 199, 1. — 2. Rom, Mus. Capit., Atrio 10, a. Stuart Jones, Cat. Taf. 7. RR. 3, 183, 3ff. — 3. Saloniki, Museum 1247, unpubliziert.

[100] Oxé, Arretinische Reliefgefäße vom Rhein, 1933, 46, 12 Taf. 5. 106, 287 Taf. 66. Dragendorff-Watzinger 74ff. VIII.

[101] Vgl. den einen der Putten in der Szene des Kelterns auf dem blauen Glasgefäß aus Pompei, zuletzt E. Simon, Portlandvase 8ff. Taf. 22.

[102] Lippold Hdb. 5, 330 A. 3 und 10. Bieber, Sculpture of the Hellenistic Age, 1955 Fig. 568. 573. Vgl. die Terrakotte aus Myrina, Winter 2, 330, 9. 369.

kleinasiatischer Sarkophage gezeigt (S. 123). Der Herbst unter den vier Halbfiguren an den Ecken des kleinasiatischen Sarkophags in Providence schließt sich an (S. 138 A. 88), nur faßt er den Bausch mit beiden Händen. Das beeinträchtigt natürlich die thematische Eindeutigkeit der Figur auf dem SBNY. Die der Mehrzahl dieser Beispiele gegenüber umgekehrte Haltung der Arme, wie sie diese Figur des SBNY hat, ist aber auch festzustellen bei einem marmornen Clipeus der Glyptotek Ny Carlsberg[103], einer bronzenen Klinenattasche[104] und einer Halbfigur des Dionysos in dem Clipeus eines bedeutenden Sarkophagfragments der ersten Hälfte des 3. Jahrhunderts[105]. Die Figur in dem marmornen Clipeus ist auch ein Satyr. Aber sie hat Blumen in ihrem Bausch, stellt also den Frühling dar. Bei dem Satyr der Klinenattasche sind es allerdings wieder Trauben und Früchte. Man sieht, daß diese Verwendung des Attributs für den Herbst nahe lag, aber daß es ihm nicht ausschließlich gehörte. Dazu kommt der Ährenkranz dieses Satyrs auf dem SBNY und die Füllung im Korb seines Nachbarn, die unverkennbar aus Trauben besteht und ihn als den Herbst kennzeichnet. Auch dessen Typus ist nicht für einen Jahreszeitenzyklus erfunden. Er modifiziert nur leicht einen Satyrtypus, der sich über neuattische Werke bis in die späte Klassik hinauf hat verfolgen lassen (S. 90 f.).

Für die noch übrig bleibende Figur des zweiten Jahreszeitenzyklus auf dem SBNY, den geflügelten Stehenden am r. Ende, kommt nun nur noch die Benennung als Winter in Betracht. Die Früchte in dem Korb, den er an einer Schnur hält, lassen sich als Oliven verstehen[106]. Denn die Olivenernte und die Ölbereitung finden im Winter statt. Von den Jahreszeitensarkophagen drückt das wenigstens ein spätes und provinzielles Stück in Spanien auf seinem Deckel aus[107]. Auch auf den mehrfigurigen spätantiken Jahreszeitenbildern kommt die Kennzeichnung des Winters durch die Olivenernte einige Male vor[108].

Klar ist nun, daß die beiden zuletzt ins Auge gefaßten Paare von Figuren in erster Linie die Funktion raumfüllender Ergänzungen haben. Integrale Bestandteile des Bildes sind sie nicht. Für die Hauptansicht treten sie kaum in Erscheinung. Sie ergänzen sie thematisch nur reduplikativ. Die Reihenfolge ist die umgekehrte, so daß nun in jeder Hälfte des Bildes alle vier Jahreszeiten vertreten sind, nur daß je ein Paar zu einem anderen Zyklus gehört. Die Verdoppelung der Jahreszeiten soll offenbar hier wie in den anderen Fällen ihres Vorkommens auf ihre ständige Wiederholung im Laufe der Zeit hinweisen. Die Verwendung von Satyrn und ihr gemeinsames Auftreten mit wirklichen Jahreszeiten ist nichts Gewöhnliches. Aber auch für sie gibt es seit dem Nasoniergrab Beispiele[109]. Nur pflegt es sich da-

[103] EA. 3969, Brendel. Gütschow, Praetextat 114/56 Fig. 27.

[104] Greifenhagen RM. 45, 1930, 160, 11.

[105] Gütschow a. O. Nr. 5 Taf. 29, 1.

[106] Ebenso hält einen Korb der Herbst unter den tanzenden Paaren an der Decke des Nasoniergrabes, S. 133 A. 73.

[107] Hanfmann 1, 20 Nr. 492 Fig. 59.

[108] Hanfmann 1, 64. Stern a. O. 206. 283. 291.

[109] Hanfmann Nr. 177. 375 bis 386. 412 und 1, 214.

bei um Paare von Satyrn und Horen zu handeln. Die Verbindung der Satyrn mit den geflügelten Genien bleibt inkonsequent. Die Aufgabe der Zwickelfüllung, die durch die Hinzufügung der beiden gelagerten Figuren gestellt war, ist also auf dem SBNY nur im dekorativen Sinne wirklich bewältigt.

Umso deutlicher wird der von Anfang an geschlossene Charakter des Figurenzyklus mit seinem Zentrum, den der Sarkophag übernommen hat. Diese Erweiterung hat auch keine Nachfolge gefunden. In allen anderen Fällen sind auf den Sarkophagen die gelagerten Gottheiten von Wasser und Erde unter und zwischen den Jahreszeiten untergebracht. Dadurch verlieren sie natürlich an dinglicher Kraft und werden noch symbolhafter. Auch die kompositionelle Verschmelzung der Nss. mit der Vs. kommt auf den Jahreszeitensarkophagen nicht wieder vor. Die Replik in Kassel hatte auf den Nss. besondere Bilder, die sich thematisch den Jahreszeiten an den benachbarten Ecken anschlossen. Auf der r. Ns. neben dem Herbst sah man traubenlesende Eroten, auf der l. Ns. neben dem Winter Eroten beim Vogelfang und bei der Olivenernte[110].

3. Zusammenfassung

Zur Bequemlichkeit des Lesers seien schließlich die ikonographischen Ergebnisse zusammengefaßt.

Der Jahreszeitenzyklus des Sarkophags läßt sich bis in den hohen Hellenismus hinauf verfolgen. Am Anfang steht eine Statuengruppe von zwei Paaren. Die Jahreszeiten sind Eroten. Sie bringen ihre Gaben als Totenopfer für einen apotheosierten Fürsten, der in der Gestalt des Dionysos die Mitte einnimmt. Der Gott ist stehend dargestellt. Mit der L. stützt er sich auf ein Szepter oder auf eine Rebe, mit der erhobenen R. spendet er aus einem Becher. Ein kleiner Pan fängt die Spende auf.

Sehr mittelbare Reflexe dieses Werkes lassen sich gelegentlich in der frühen Kaiserzeit beobachten (Bild der Kranzflechterei aus Pompei, Erotenbild aus Herculanum, Ariadnebild aus dem Vicolo di Eumachia in Pompei, S. 122 A. 24. 132 A. 70).

Auf einem runden Altar der hadrianischen Zeit, der als Gartenschmuck diente, hat sich der Zyklus ohne sein Zentrum erhalten (S. 41ff.). In invertierter Form erscheint der Winter aus ihm am Fries des Tempels der Venus Genetrix auf dem Caesarforum in völlig anderer Gesellschaft (S. 75). Daneben gibt es ähnliche Zyklen, die wohl schon in hellenistischer Zeit im Anschluß an diesen sich gebildet haben. In statuarischer Form werden sie in Gärten und Gräbern verwandt (S. 123f.). In der repräsentativen kaiserlichen Kunst sind sie zuerst auf dem Traiansbogen zu Benevent (S. 123) und auf hadrianischen Bronzemedaillons festzustellen (S. 125). Ihre von Haus aus gleichzeitig sepulkrale und repräsentative Bedeutung hat sich also aufgespalten. Die höfische Seite ihrer Grundbedeutung machte sie geeignet zu Repräsentanten der Felicitas Temporum. Auf die kultische gründete sich ihre neue sepulkrale Funktion, die in Bewegung gesetzt wurde durch das Bedürfnis der Zeit, dem wie auch immer gearteten Glauben an persönliche Unsterblichkeit im Bilde symbolischen Ausdruck

[110] M. Bieber, Die antiken Skulpturen in Cassel, 1915, Nr. 86.

zu geben. So sublimierte der neue Sinn für symbolische Ausdrucksformen die alte kultisch-dingliche Bedeutung, ohne sie aufzulösen. Im Rahmen dieses Ideenkreises wird die neue Vorstellungsweise, die wir als Privatapotheose bezeichneten, greifbar zum erstenmal in dem Sarkophag der V. Savoia, einem Werk aus dem letzten Viertel des 2. Jahrhunderts (S. 33ff.). In nur leicht romanisierter Form bietet er eine Nachbildung des Statuenzyklus innerhalb einer Tabernakelarchitektur. Die zentrale Gruppe hat auch dionysischen Charakter, verwendet aber ein neues, erst für diesen Zweck zurechtgemachtes Motiv. Als ein vereinzeltes, nur wenig späteres Stück schließt ein Sarkophag in Genua sich an (S. 39ff.).

Die letzte große Blütezeit der stadtrömischen Sarkophagplastik im 2. Viertel des 3. Jahrhunderts mit ihrer Steigerung des Formats macht aus den Jahreszeiteneroten die Jahreszeitengenien. Dadurch entsteht ein nicht mehr angemessenes Größenverhältnis zwischen dem Gott in der Mitte und den Gabenbringern. Das Bedürfnis nach einem auch unter den neuen Voraussetzungen wirkungsvollen Zentrum führte zu der Umgestaltung der Mittelgruppe mit Hilfe eines Motivs, das eine lange, eigene Entwicklung durchgemacht hatte. Die Ikonographie des Gottes auf dem Tiger erwies sich als aufschlußreich für die angestrebte Bedeutung der Epiphanie (S. 15ff.). Es stellte sich heraus, daß dieses neue Mittelmotiv des auf dem Tiger reitenden und in das Rhyton Pans spendenden Gottes nicht den Toten im Bilde des Dionysos meint und nicht auf seine Zugehörigkeit zu einer Mystengemeinde anspielt, sondern daß es poetisch, schwebend und allgemein, als symbolischer Ausdruck der durch den Gott bewirkten seligen Entrückung überhaupt verstanden werden will. Die Verbindung des neuen Zyklus und der neuen Spendegruppe hat der Meister dieses Sarkophags vollzogen. Nur der Jahreszeitensarkophag in Kassel folgt ihm darin. Andere etwa gleichzeitige oder nicht erheblich jüngere Sarkophage verwenden als Mittelmotiv die alte Gruppe des im Stehen spendenden Gottes oder eine Grabespforte. Die eigentliche typologische Nachfolge der von dem SBNY vertretenen Lösung des Mittelmotivs tritt das Porträtmedaillon an, das von den beiden mittleren Jahreszeiten gehalten wird. Ein paar andere Mittelmotive (S. 36 Nr. 3 bis 5) sind thematisch sekundär und ihrer Form nach spät. Es scheint nicht zufällig zu sein, daß der Rest der griechischen Vorstellung von der Heroisierung des Toten, den die Fassung unseres Sarkophags noch enthält, auf den Clipeussarkophagen von einem aus dem römischen Ahnenkult stammenden Bildgedanken vollends überlagert wird.

Wir haben es nicht zweifelhaft gelassen, daß die Datierung des SBNY in die Jahre 220 bis 230 als Axiom seiner ikonographischen Untersuchung zugrunde lag. Mit Hilfe einer stilgeschichtlichen Untersuchung ist diese Datierung jetzt noch zu begründen. Auch die Frage, wie sich die so ermittelte Sinngebung zur Form verhält, ist noch offen. Ihr soll ebenfalls auf diesem Wege nachgegangen werden.

III. DATIERUNG. STIL

Unmittelbare Kriterien zur Datierung des SBNY fehlen. Angewiesen bleibt man auf den Stil. Aber gerade stilistisch und chronologisch ist die in Betracht kommende Phase in der Geschichte der Sarkophage noch nicht so geklärt, daß sich einem Stück wie diesem ohne weiteres mit Hilfe seiner Beziehungen zu den schon festgelegten Werken sein Ort anweisen ließe. Vorläufig kann nur gesagt werden, daß er irgendwo in der ersten Hälfte des 3. Jahrhunderts n. Chr. zu finden sein muß. Auch die Ähnlichkeit mit dem ikonographisch so nahestehenden Sarkophag in Kassel hilft nicht weiter. Stilistisch sind die Unterschiede groß[1]. Die für das Kasseler Stück vorgeschlagene Datierung, um 220, ist alles andere als sicher[2]. Rodenwaldts stilgeschichtliche Untersuchung[3] hat zwar für die Jagdsarkophage ziemlich feste Ansätze ergeben. Aber die stilistischen Strömungen sind zu mannigfaltig, als daß sich aus diesen Daten ohne weiteres die Folgerungen für die anderen Gruppen ziehen ließen. Dabei ist dies in der Geschichte der römischen Sarkophage der schöpferischste Abschnitt, und unser Sarkophag ist nicht nur einer der am besten erhaltenen, sondern auch eines der bedeutendsten Werke der Gattung überhaupt. Und schließlich ist es doch so, daß über diese dunkle und doch wegen ihrer Stellung an der Grenze zur Spätantike so entscheidungsschwere Zeit nur die Sarkophage und die Bildnisse kunstgeschichtlich ausreichende Auskunft geben können. Dies nur, um die Tragweite der Frage zu kennzeichnen, der sich die Untersuchung jetzt gegenübersieht. Vorgegangen werden muß im Grunde ebenso wie es Rodenwaldt getan hat. Der Anschluß an datierbare Bildnisse muß gesucht werden. Das ist möglich, wenn die Basis etwas erweitert wird. Es gibt nämlich eine kleine Gruppe von bedeutenden Sarkophagen, die sich mit dem SBNY als Leistungen einer Werkstatt zusammenschließen.

Von dem Paar, das 1805 bei Bordeaux gefunden wurde[4] und jetzt im Louvre steht, stellt das eine Stück den Mythos des Endymion dar (Taf. 23), das andere die Heimsuchung Ariadnes auf Naxos durch Dionysos (Taf. 17b). Sarkophagform, Thema und Komposition sind von dem SBNY grundverschieden, nicht so die Figuren in ihrer Stilform. Einige Einzelheiten mögen dies belegen.

Die Köpfe des Okeanos auf dem SBNY (Taf. H) und des Kentauren auf dem Ariadnesarkophag (Taf. 24a) sind von brüderlicher Ähnlichkeit. Damit ist, über die physiognomische Übereinstimmung hinaus, nicht nur die in den Nacken gelegte Haltung des Hauptes und der emporgerichtete Blick gemeint, sondern vor allem das gleiche Verhältnis von Gesicht und Haar, dieselbe Augenbildung und die überein-

[1] S. 18 Nr. 15. 129 Nr. 10.

[2] Hanfmann 1, 33. Dagegen schon Horn, Gnomon 27, 1955, 353.

[3] JdI. 51, 1936, 82 ff.

[4] Liste S. 167 A, b und c.

stimmende Gestaltung des Haupt- und Barthaares. Hörner und Hummerscheren hier, Tierohren und Fichtenkranz dort sind mehr attributive Unterschiede. Über der Stirn sträubt sich das Haar, ähnlich im Nacken mit nach hinten weisenden Spitzen der Strähnen. Auf dem Oberkopf liegt es an. Der Schnurrbart hat s-förmigen, fast symmetrischen Schwung. Die s-förmigen Strähnen des Backenbartes weisen nach hinten. Der Kinnbart hat die gleiche Länge, ist zweiteilig und im Prinzip symmetrisch. Er wiederholt in etwas tieferer Lage die Kurven des Backenbartes. Namentlich die routinemäßige Ausführung ist dieselbe. Im Ganzen bleiben die Haare vorn in einer gewölbten Fläche gesammelt, werden in sich aber durch Bohrkanäle aufgelöst, die mit bogenförmig begrenzten Bohrlöchern ansetzen. Unter der Unterlippe bleibt ein Stück glatt. Die Augen haben tiefliegende Tränenkarunkel, gravierte Iris und bandartiges Oberlid. Das Muskelspiel, das sie umgibt, ist plastisch lebendig und reich. Der untere Teil der Stirn ist vorgebaut, die Brauen sind innen schärfer als außen, die Jochbeine kräftig ohne Betonung, die Nasenflügel klein und die Lippen geöffnet, die Rahmung der Gesichtsteile durch das Haar ist bei beiden Köpfen die gleiche. In der schematischen Verwendung der 8 Bohrlöcher zum Aufbau des Gesichtes, auf die in der Beschreibung schon hinzuweisen war (S. 12), stimmen die Köpfe wie alle anderen auf den drei Sarkophagen überein. Ihre Stellen sind die folgenden: Die inneren Augenwinkel, die Nasenlöcher, das Philtron, die Mundwinkel und das Kinn unmittelbar unter der Unterlippe. Das Motiv an sich findet sich auch auf gleichzeitigen Sarkophagen anderen Stils. Charakteristisch ist in diesem Falle die nur halb verborgene technische Form. — Natürlich fehlt es nicht an Unterschieden. Sie sind aber in der notwendigen Unterschiedlichkeit der Charakterisierung begründet. Würdiger und edler ist der Meergott, naturhafter und wilder der Kentaur. Wenn im Ganzen der Kentaur skizzenhafter und unschärfer behandelt ist, so ist der kleinere Maßstab daran nicht unbeteiligt. Im Hinblick auf die weitere Entwicklung dieses Stils, die sich feststellen läßt (S. 146ff.), ist aber damit zu rechnen, daß hier sich schon Zeichen einer beginnenden Auflösung bemerkbar machen. Der SBNY würde also dem Paar aus Bordeaux etwas vorangehen.

Um der engen Zusammengehörigkeit der beiden Köpfe ihr Relief zu geben, seien sie mit einem jüngeren und einem älteren verglichen. Der des Okeanos auf der stattlichen Vorderseite eines Hochzeitssarkophags mit dreiteiliger Tabernakelarchitektur von der Via Appia im Thermenmuseum stimmt im Typus überein, gibt aber die plastische Form in einem aufgelösteren Zustand und bemüht sich um stärkeren, emphatisch leidenschaftlicheren Ausdruck[5] (Taf. 24b. c). Das Haar wird durch die Bohrgänge noch weiter aufgelöst, seine Strähnen sind noch unschärfer begrenzt. Dadurch und durch ihre Länge bekommen sie den Ausdruck des Flammenden. Hinzu kommt die Unruhe der Gesichtsformen und die Reduzierung ihrer flächigen Teile. Schon in dem stärkeren Zurückwerfen des Hauptes und dem noch mehr empor-

[5] Rodenwaldt RM. 38/39, 1923/24, 20 Abb. 9. Gerke 14, 4. Cumont, Symb. 83, 9. v. Lücken, Das Altertum 2, 1956, 37. Aurigemma, Terme di Diocleziano, It. 1950, 43f. 104/203, oben S. 37 A. 27. Die hier wiedergegebenen Einzelaufnahmen, die aus dem Nachlaß G. Rodenwaldts stammen, wurden wohl von Jane Rodenwaldt hergestellt (Taf. 24b, c).

gerichteten Blick äußert sich die Erregung. Dabei ist es, auch im formalen Sinn, derselbe Typus. Die spätere zeitliche Stellung ist klar. Umkehren läßt sich das Verhältnis nicht. Diese Form schließt nun aber an einigermaßen datierbare Sarkophage an. Es ist das »Flammenhaar« in der Ausgestaltung, die Rodenwaldt an dem Löwenjagdsarkophag Pallavicini-Rospigliosi erläutert und durch die Porträts in die späteren 30er Jahre datiert hat[6].

Die dem SBNY und den beiden Sarkophagen aus Bordeaux vorangehende Stilstufe mag das Haupt des sitzenden Bärtigen erläutern, in dessen Schoß auf dem Sarkophag der Walters Art Gallery in Baltimore Ariadne eingeschlafen ist[7] (Taf. 25a). Durch die Wellen unter seinen Füßen und die Schuppen auf Brust und Wangen ist er als eine Meergottheit gekennzeichnet. Trotz der nicht zu verkennenden Lockerung des plastischen Formensystems namentlich in der Bildung des Haares, herrscht hier der klassische Formbegriff noch ganz anders. Die Präzision in der Gestalt von Augen und Brauen, Nase und Mund, die Lösung des Haares vom Gesicht, des Schnurrbartes vom Kinn- und Backenbart, des Kopfhaares von diesen und die gleichwohl flächige Zusammenfassung der zusammengehörigen Teile rücken diesen Kopf nach unten mindestens in den gleichen Abstand von der Gruppe, auf die es hier abgesehen ist, wie der zwischen ihr und dem Okeanos des Hochzeitssarkophags im Thermenmuseum festgestellte es nach oben tut.

Auf andere einzelne Ähnlichkeiten, durch die sich die so schon verbundene Gruppe noch fester zusammenschließt, sei in aufzählender Form kurz hingewiesen:

1. Der Kopf des Dionysos ist zwar auf dem Sarkophag aus Bordeaux im allgemeinen realistischer als auf dem SBNY. Er hat dort auch eine Stirnbinde, die hier fehlt. Die Anordnung der Weinblätter über der Stirn ist nur im allgemeinen ähnlich. Aber wie voneinander abgeschrieben, wirkt die Gestalt des Haares der beiden Köpfe von der rechten Schläfe abwärts. Beide Male beginnt es mit einem Paar wellenförmiger Strähnen, die schräg nach hinten ziehen. Darunter hängt, bedeckt von einem großen konvexen Weinblatt, eine Traube, unter der eine stattliche korkzieherförmige Locke sich bis über die Schulter herabringelt.
2. Die Ähnlichkeit des tanzenden Frühlings aus dem zweiten Zyklus mit dem geschulterten Böcklein auf dem SBNY und des tanzenden Satyrs auf dem Sarkophag aus Bordeaux, der einen Satyrisken im r. Arm trägt und ein Rehkitz mit der L. emporhält, ist eine typologische, nicht eine stilistische. Die Übereinstimmung im Ausdruck der Bewegung geht aber über das typologisch Selbstverständliche hinaus. Der Vergleich zeigt auch, daß die Bildung des in flachem Relief auf dem Grunde sichtbaren l. Beines dieses Frühlings ein Mißverständnis des Bildhauers ist.
3. Das Rehkitz dieses Satyrs ist dem Häschen des Herbstes auf dem SBNY ähnlicher, als es die zoologische Verschiedenheit erlaubt.

[6] JdI. 51, 1936, 95f. Abb. 3 Taf. 3. Die späteren Jagdsarkophage des »Flammenhaarstils«: Gerke 4 A. 6 123 A. 1.

[7] Lehmann-Olsen Fig. 9f. Die neue Aufnahme wird der Freundlichkeit D. K. Hills verdankt (Taf. 25a).

4. Ähnlichkeiten im Gewand:
   a) Parallele, wulstartig gestaute Faltenzüge um die Hüfte des Dionysos hier wie dort. Mit ihnen geht auf dem Endymionsarkophag die entsprechende Partie bei der mit gekreuzten Beinen stehenden Nymphe am r. Ende zusammen.
   b) Der Schleier über dem r. Oberarm und hinter dem Rücken der Mainade auf dem SBNY, der Kymbalistria an der r. Ecke des Ariadnesarkophags und der Selene des Endymionsarkophags.
   c) Die gespannte und gerade Faltengruppe des Mantels, die bei den Gelagerten vom Gesäß zum Spann des ausgestreckten Fußes zieht.
   d) Der scharfe Faltenbogen über dem r. Fußgelenk beim Okeanos des SBNY und beim Dionysos des Ariadnesarkophags.
   e) Die ebenfalls geraden und meist flachen, bandartigen Falten über den Beinen der Liegenden.
5. Die Typen der kleinen Böcke und der Satyrisken.
6. Die Gestalt der Hufe: Pans auf dem SBNY, der Kentauren auf dem Ariadnesarkophag, der Pferde auf dem Endymionsarkophag. Über ihnen ist der Kranz von Haarbüscheln durch Bohrlöcher belebt, ihren unteren Kontur begleitet eine parallele Gravierung; dazwischen ein Paar ebensolcher Gravierungen.
7. Die Füllhörner, die der Länge nach geteilt und quer gerippt sind. Entsprechend gebildet ist das Gehörn Pans auf dem SBNY und auf dem Ariadnesarkophag.
8. Die Bocksköpfe an dem Fell, das Dionysos umgelegt hat, auf dem SBNY und bei dem Satyrisken hinter dem r. Bein Ariadnes auf dem Ariadnesarkophag.
9. Der Schilfstengel in der Hand der mit gekreuzten Beinen stehenden Nymphe auf dem Endymionsarkophag hat unten dieselbe quer geführte Gravierung wie auf dem SBNY die Stengel, die Winter und Frühling halten.

Als viertes Stück aus derselben Werkstatt läßt sich der prächtige Riefelsarkophag anschließen, der bei den Grabungen unter der Peterskirche in Rom in der Gruft der Marcier gefunden wurde (Liste S. 167 A, d) (Taf. 25 b, 26 a. b). In der mittleren Ädikula steht Dionysos, auf einen kleinen Satyr gestützt. An der l. Ecke sieht man eine tanzende Doppelflötenbläserin, an der anderen einen tanzenden Satyr, der einen Satyrisken im l. Arm trägt.

Die Verbindung mit dem SBNY wird hergestellt namentlich durch die Ähnlichkeit im Akt der Dionysosfigur mit den Jahreszeiten, durch die Bedeutung der acht Bohrlöcher für den Bau des Gesichtes, durch die Bildung von Händen und Füßen und durch das Haar der Mainade. Deren unterer Gewandsaum mit den zurückgewehten Falten darüber findet in drei Figuren des Ariadnesarkophages aus Bordeaux seine Parallele. Der obere Teil ihres Chitons bis zum Saum des Überfalls ist ähnlich gebildet wie der entsprechende Teil bei der Selene des Endymionsarkophags. Das Gewandstück zwischen den Beinen des Dionysos ist fast so virtuos gestaltet wie auf dem SBNY das über den l. Unterarm des Gottes herabfallende Ende des Mantels.

Am Deckel gehören die Eckmasken zu der flachen, in zwei über der Ecke zusammenstoßende Profile geteilten Art, wie sie auch die beiden Sarkophage aus Bordeaux haben. Die Übereinstimmung in der Form könnte nicht größer sein. Gegenüber den sonst ähnlichen Eckmasken des Jagdsarkophags aus der Praetextatkatakombe (Liste S. 167 B, b) und des Bellerophonsarkophags in Algier (Liste S. 167 B, c) ist ihnen gemeinsam die zusammengedrängtere, steilere Form des Profils.

Nur in geringem Abstand schließt sich diesem Zusammenhang an die Kasseler Replik des SBNY[8]. Später ist sie nicht nur wegen des höheren Formates, wegen der hybriden Form — statt der Wanne, Kasten mit abgerundeten Ecken vorn und flachem Relief auf den Nss. — und wegen einiger Inkonsequenzen der Komposition (Veränderung der Beinstellung bei den Jahreszeiten, Knüpfung der Chlamys des Winters auf der l. Schulter, Störung des Rhythmus im Heben und Senken der Arme). Auch stilistisch läßt sich die Abfolge nicht umkehren. In dieser Beziehung fällt auf die flächige Ausbreitung der Leiber und der Gewänder bei den Hauptmotiven und die entschiedenere Auflösung ihres Haares, mit der sich bei den Nebenmotiven ein völlig verantwortungsloser Bohrstil verbindet. Ein grundsätzlich übereinstimmendes Nebeneinander wird auf dem Clipeussarkophag Borghese im Louvre aus den 30er Jahren festzustellen sein[9]. Überdies sind auf dem Kasseler Sarkophag nicht nur die Körper, sondern auch die Raumbezüge wesenloser. Man beobachtet es namentlich an der Profilstellung des Tigers, an der Gruppe unter seinem Bauch und an den tiefenräumlich indifferenten Motiven der hängenden Chlamyden. Andererseits stehen sich diese beiden Prunksarkophage bis ins Einzelne so nahe, daß sie sich nicht durch eine Generation trennen lassen, wie ich früher meinte[10]. Die ausführliche Begründung für die Auffassung des Kasseler Sarkophags als eines Spätwerks der Werkstatt des SBNY aus der Zeit zwischen 235/45 wird sich aber erst im Zusammenhang mit den bacchischen Riefelsarkophagen im Sarkophagwerk geben lassen. Der aus der Praetextatkatakombe, auf dem der Porträtkopf wohl erst in den 50er Jahren nachträglich gearbeitet wurde, gehört in das genannte Jahrzehnt und dürfte auch aus der Spätphase dieser Werkstatt stammen. Er weist nicht zu übersehende Ähnlichkeiten mit dem Kasseler Sarkophag auf (Mantel des Dionysos, Gestalt der kleinen Tiere)[11].

So hat eine Gruppe von wenigstens vier Sarkophagen sich zusammengefunden, die aus derselben Werkstatt hervorgegangen sind (Liste S. 167 A, a—d). Aufschlußreich ist diese Zusammenstellung nicht zuletzt deswegen, weil sie innerhalb der großen Ähnlichkeiten die Qualität des SBNY in helles Licht stellt. Er ist der durchgeformteste, der nobelste und der monumentalste. An repräsentativem Anspruch kommt ihm der Sarkophag aus der Marciergruft nahe. Trotzdem ist ihm stilistisch das Paar aus Bordeaux verwandter. Die Unterschiede sind wegen des erzählenden

[8] M. Bieber, Die Antiken Skulpturen in Cassel, 1915 Nr. 86 Taf. 34. Hanfmann Nr. 461 Fig. 20. 28. RR. 2, 57, 9. Vgl. oben S. 18 H. 15. Hier Taf. 3b.

[9] Unten S. 148f. Hier Taf. 27a—c.

[10] Vgl. Horn, Gnomon 27, 1955, 353.

[11] Gütschow, Praetextat 110/82 Taf. 17. 32, 3. Vgl. S. 146, 4. a.

Figurenreichtums dieses Paares verständlich. Wie eng aber auch der Marciersarkophag mit dieser Gruppe verbunden ist, wird sich im Zusammenhang mit den übrigen dionysischen Riefelsarkophagen der Zeit zeigen lassen. Auch das wird erst möglich sein, wenn sich in Band IV des Corpus der Sarkophagreliefs die Gruppe übersehen läßt.

Auch deswegen verdient die so gewonnene Gruppe Beachtung, weil sie das Verhalten einer Werkstatt zu thematisch verschiedenen Aufgaben einmal zu beobachten erlaubt. Man sieht an diesem Beispiel, weshalb es nicht möglich ist, in der Geschichte der Sarkophage von Händen und von Meistern zu sprechen. Die Bindung an die voraussetzungsreichen und hochentwickelten Typen einerseits, und andererseits die durch den Stil und die Aufwendigkeit der Aufgabe bedingte Größe der Marmorarbeit führten zu routinemäßiger Ausgestaltung der handwerklichen Leistung. Die Attributionen müssen sich daher im allgemeinen im Rahmen des Begriffs »Werkstatt« halten und ihr Augenmerk auf solche Eigenschaften richten, die sich auf dieser Ebene bewegen[12].

J. Toynbee und W. Perkins haben mit guten Gründen den Sarkophag der Marcier wegen der beiden Bildnisse auf dem Deckel (Taf. 26 a. b) in die Zeit des Alexander Severus datiert (222/235). Die Frisur der Frau wäre zwar vorher schon möglich. Aber Haar und Barttracht des Mannes sind eine Reduktion der Mode der Caracallazeit im Sinne der Sammlung und Verfestigung des neuen klassizistischen Porträtstils[13]. In dieser Beziehung geht der Kopf des Q. Marcius Hermes noch über den des Jagdherrn auf dem Löwenjagdsarkophag Mattei I hinaus[14].

Nach der anderen Seite hilft zur chronologischen Eingrenzung der ehemals borghesische Sarkophag im Louvre mit Dionysos und Ariadne auf je einer Kentaurenbiga und mit einem von einem Doppelbildnis eingenommenen Clipeus in der Mitte[15] (Taf. 27a—c). Er stammt nicht aus derselben Werkstatt, enthält aber soviel auch motivisch Vergleichbares, daß er eine etwas darüber hinaus fortgeschrittene stilistische Haltung nicht verleugnen kann.

Merkwürdig ist zunächst das Nebeneinander noch aufgelösterer und plastisch unwirklicherer Formen mit zäher flüssigen und in ihrem Volumen gesammelten. Die zunehmende Zersetzung hat vor allem die Köpfe ergriffen. Die anderen Merkmale sind in den Körpern und Gewändern festzustellen. Vergleicht man den Kopf des Gottes auf dem SBNY mit dem des borghesischen Sarkophags, so sind schon die Züge des

[12] Rodenwaldt RM. 58, 1943, 1f.

[13] Über die Bildnisse Caracallas, nach der Zusammenstellung des Materials durch B. M. Felletti Maj, BullCom. 72, 1946/48, 66ff.: Schweitzer, Kunsthist. Jaarboek 5, 1954, 176f. Hanfmann, Coll. Latomus 11, 1953, 14. 57. H. Weber, JdI. 68, 1953, 131. 137. Felletti-Maj, Mus. Naz. Romano, I Ritratti, 1953 Nr. 265ff. Über die Bildnisse der 20er Jahre ein paar kurze Bemerkungen Rodenwaldts JdI. 51, 1936, 84 und Schweitzers a. O.

[14] Rodenwaldt a. O. Abb. 1. Die Skizzierung der Entwicklung der Sarkophage dieser Zeit durch v. Schoenebeck RAC. 14, 1937, 327ff., in der dem Löwenjagdsarkophag Mattei I ein Datum zwischen 240 und 250 zugewiesen wird, kann als überholt gelten: Verf., Gnomon 17, 1941, 350f.

[15] F. 243. RS. 1, 23, 2. Bruhl, Liber Pater, 1953 Taf. 23. Aufnahmen Foto Marburg 43/1527ff. Hier Taf. 27a—c.

Gesichts hier nicht nur kleiner und weniger pathetisch, sondern auch unartikulierter. Unorganisch und rücksichtslos sind die Bohrlöcher gesetzt. Offenbar wollen sie in anderem Sinne als dort flimmernde Wirkung erzielen. Die Verbindung von Haupthaar und Kranz mit dem Kopf selber ist vollends irrational und ganz auf den optischen Effekt eingestellt. Von hierher kommend ist man erstaunt, wie spürbar trotz aller Formauflösung die Gestaltung auf dem SBNY doch noch den Schädelbau unter der Fülle von Haar und Kranz zur Wirkung kommen läßt.

Erst recht zerfallen ist das Formengerüst der bärtigen Köpfe des Clipeussarkophags gegenüber denen des Paares aus Bordeaux (vgl. Taf. 27a mit Taf. 24a). Die tiefliegenden Augen, der geöffnete Mund und das strähnige, gern sich sträubende Haar kommen dazu. Das hemmungslosere Arbeiten mit Bohrlöchern hat auch auflösendere Wirkung als die dort herrschenden Bohrkanäle. Charakteristisch ist die ganz offen gewordene Form der Fichtenkränze hier und ihre dichtere, massivere Bildung dort. Das Verhältnis der Steigerung ist unverkennbar. Es erweist den Sarkophag im Louvre als den späteren.

Schon aus allgemeinen Überlegungen heraus empfiehlt sich die Datierung nach den entwickeltsten, jüngsten Stilmerkmalen, die sich in den gekennzeichneten Erscheinungen darstellen. Nun ist aber nicht nur die Zerfaserung und die Auflösung der Form ins Schemenhafte charakteristisch für die Sarkophage der 30er Jahre. Für sie wurde ein Beispiel in dem Okeanoskopf des römischen Hochzeitssarkophags im Thermenmuseum schon vorgeführt (S. 144) (Taf. 24b. c). Gerade das unorganische Nebeneinander kennzeichnet die bedeutenden Stücke dieses und des folgenden Jahrzehnts. Schon ein Blick auf die Löwenjagdsarkophage Pallavicini[16], Borghese-Louvre[17] und Kopenhagen[18] kann das zeigen.

Ausschlaggebend für die erörterte Frage ist die Entwicklung der benachbarten Werkstatt, die im ikonographischen Zusammenhang bereits die Jahreszeitensarkophage in Jerusalem (Taf. 21b) und in der Domitillakatakombe (Taf. 20a. b) vertraten (S. 129ff. Liste S. 168 D, a—k). Diese beiden Stücke zeichnen sich durch klingende Schärfe ihrer plastischen Form aus. Dabei sind sie von flimmernder Bewegtheit und von kühner Offenheit der körperlichen Masse. Unter den Sarkophagen, die sich eindeutig dieser Werkstatt zuweisen lassen, fehlt es aber auch nicht an solchen, die durch extreme und barocke Verwendung von Bohrgängen namentlich im Gesicht und im Haar, die Auflösung teilweise steigern, daneben aber seltsam schwere und massierte Teile aufweisen. Weil die stilgeschichtliche Entwicklung dieser Gruppe gleich noch näher bestimmt werden soll, sei hier nur an ihr spätestes Stück, den Jahreszeitensarkophag Louvre II erinnert (Liste S. 168 D, g). Durch die Verbindung dieser widerstrebenden Eigenschaften unterscheidet er sich von seiner übrigen Gruppe, während er gerade hierdurch sich dem Clipeussarkophag Borghese-Louvre mit den Kentaurenbigen als verwandt erweist. Die beiden in verschiedenen Werkstätten gearbeiteten Sarkophage sind also gleichzeitig.

[16] JdI. 51, 1936 Taf. 3.
[17] JdI. 48, 1933, 223, 15. Neue Aufnahmen Foto Marburg 43/1585—91.
[18] Glypt. N. C. Nr. 786. Billedt. 67. Rodenwaldt KdA. 658f.

Durch den Stil seiner Bildnisse (Taf. 27b) wird der Clipeussarkophag datiert. Von Marcia Thrasonis (Taf. 26a) unterscheidet sich die Frau durch Zartheit der Oberflächenform und durch beseelteren Ausdruck. Die Augen sind größer und mit Bohrungen versehen. Das Brauenhaar ist durch leichte Gravierungen angegeben. Das Haupthaar ist, im Unterschied von den durchgezogenen Ritzlinien dort, locker und zwanglos gewellt. Kinn, Mund, Nasenflügel und Philtron sind von unmittelbarer Weichheit. Ein Berliner Frauenkopf[19] von besserer Qualität als die Marcia Thrasonis, aber von großer stilistischer Ähnlichkeit, macht deutlich, daß die Unterschiede zwischen den Frauenporträts der beiden Sarkophage nicht nur in der verschiedenen Leistungsfähigkeit der Handwerker begründet sind, sondern auch im Zeitstil.

Der jugendliche Gatte in dem Clipeus, der sich stilistisch von der Frau nicht unterscheidet und die gleiche Verbindung von klassisch geordneter, großteiliger und schlichter Form mit impressionistischer Zartheit der Oberfläche zur Schau trägt, schließt sich den Bildnissen des Alexander Severus hierin wie im Einzelnen engstens an. Datiert man den vatikanischen Kopf des 208 geborenen Kaisers[20] frühestens in den Ausgang der 20er Jahre[21], so ist damit auch für den Clipeussarkophag der terminus a quo festgestellt. Er ist zwischen etwa 227 und 235 entstanden. Weil er sich der Gruppe des SBNY gegenüber als jünger erwiesen hat, läßt sich nun für diese überhaupt und damit auch für ihr hier behandeltes Hauptwerk bei larger Absteckung der Grenzen das Jahrzehnt von 220 bis 230 als die Zeit der Entstehung festlegen. Man kann darüber hinaus höchstens noch sagen, daß die Chancen für einen Ansatz um die Mitte besser sind als für den Anfang und das Ende.

Offen ist noch die Frage, wie sich der SBNY und seine Gruppe dem Bilde einfügen, das man sich jetzt von der Entwicklung der Sarkophage in dieser Zeit machen kann, was sie zur Klärung dieses Bildes beitragen.

Die Kunstgeschichte des 3. Jahrhunderts ist angewiesen in erster Linie auf die Porträts und auf die Sarkophage. Endgültig werden sich die Werkstätten der Sarkophage und ihre Chronologie erst beurteilen lassen, wenn das ganze Material in Abbildungen nach Fotografien vorliegt. Dies soll das Corpus der Sarkophagreliefs leisten. Bis zu seinem Abschluß lassen sich nur Ausschnitte geben, die sich ihrer Vorläufigkeit bewußt sein müssen. Weil die kritische Sichtung der Sarkophage, wenn sie Bestand haben soll, noch längere Zeit in Anspruch nehmen wird, erscheint es aber geboten, auf der Grundlage des jeweiligen Standes der Forschung schon jetzt von Zeit zu Zeit solche Versuche zu unternehmen. Was im Folgenden dargelegt wird, gründet sich wesentlich auf die Arbeiten zur Vorbereitung von Band IV des Sarkophagwerkes, der die dionysischen Sarkophage enthalten soll. Sie sind jetzt fast abgeschlossen[22].

[19] Blümel R 86 Taf. 55, von Blümel etwa 20 Jahre früher datiert.

[20] L'Orange 94f. Abb. 1 Technau 242, 196.

[21] Schweitzer a. O. 178 »nach 230«. v. Heintze RM. 62, 1955, 178 A. 10.

[22] Hanfmann konnte sich bei der Niederschrift seines chronologischen und stilgeschichtlichen Kapitels III, Bd. 1, 29ff., noch nicht auf das reiche fotografische Material stützen, das für das Corpus der Sarko-

Ein Blick auf die Erzeugnisse aus drei anderen gleichzeitigen Werkstätten, in denen Sarkophage hergestellt wurden, soll jetzt die Grundlage schaffen, von der aus sich eine Antwort auf die oben gestellte Frage versuchen läßt.

Die Löwenjagdsarkophage Mattei I (Taf. 28a) und Praetextat bilden zusammen mit dem in Nordafrika gefundenen Bellerophonsarkophag eine kleine Gruppe von dieser Art (B). Rodenwaldt[23] bezeichnet das Stück der Praetextatkatakombe zusammen mit einem in Palazzo Giustiniani[24] als Zwischenstufe »der Entwicklung von der klassizistischen Haltung von Mattei I zu der barocken Gestaltung des Sarkophags Pallavicini«. M. Gütschow und Gerke[25] haben sich ihm angeschlossen. Der Meister des aus nordafrikanischem Marmor hergestellten Bellerophonsarkophags »könnte«, nach Rodenwaldts Meinung, »aus der Werkstatt des Jagdsarkophags der Praetextatkatakombe gekommen sein«[26]. Unbeschadet der Unterschiede, die allerdings den Sarkophag der Praetextatkatakombe gegenüber dem Sarkophag Mattei I als etwas jünger erscheinen lassen, sind die Verbindungen innerhalb dieser Gruppe so eng, daß sie im Hinblick auf die anderen gleichzeitigen Werkstattgemeinschaften nur in diesem Sinne verstanden werden können. Durch das, was Rodenwaldt über das Porträt des Sarkophags Mattei I beobachtet hat, ist für den Beginn der Gruppe die Zeit um 220 festgelegt. Sie kann sich in dieses Jahrzehnt hinein noch fortgesetzt haben. Sie fällt also mindestens zum Teil zeitlich zusammen mit der Werkstatt des SBNY.

Mit Recht wird der Klassizismus des Sarkophags Mattei I hervorgehoben. Der Vergleich mit einem wenig älteren Werk, das seinerseits bereits aus der vorangegangenen Entwicklung sich dem Klassizismus zugewandt hat, macht dies deutlich. Das jüngere Werk ist in diesem Sinne bei weitem das entschiedenere.

Gemeint ist der Hochzeitssarkophag in S. Lorenzo[27] (Taf. 28b). Er wird vor allem durch die Barttracht des männlichen Porträts auf ihm (Taf. 31a) in die Caracallazeit datiert.

Zur Unterstützung dieser Datierung gebe ich eine leicht zu vermehrende chronologisch geordnete Zusammenstellung von Eckmasken an Sarkophagen seit der früh-

phage zusammengebracht ist. Seine Ansätze, die sich stellenweise weit von den Grundlagen entfernen, die Rodenwaldt erarbeitet hatte, werden daher hier im allgemeinen nicht erörtert. — Bovini, Sarcofagi Paleocristiani, 1949, hat es unterlassen, für seinen Stoff die Beziehungen zum Stand der Forschung über die heidnischen Sarkophage herzustellen. Für die frühen christlichen gelangt er zu viel zu hohen Ansätzen. Auch auf seine Chronologie wird daher im Folgenden nicht eingegangen.

[23] JdI. 51, 1936, 94.   [24] MD. 2952. RR. 3, 261, 2.

[25] Gerke 4. 270.

[26] RM. 58, 1943, 15 A. 1. Ähnlich Hanfmann 2, 14f. A. 25, dessen Einbeziehung des späteren Nereidensarkophags der Praetextatkatakombe ich mich aber nicht anschließen kann: Gnomon 16, 1940, 460. Gerke 7 A. 10. Lehmann-Olsen 75 A. 238 »first quarter of the third century«. Mir scheint jetzt im Hinblick auf die oben mitgeteilten Beobachtungen über das »Flammenhaar« — S. 144f. — eine Datierung in die späten 30er Jahre richtiger.

[27] MD. 3090. WV. 1888, 9, 4. Rodenwaldt AbhBerl. 1935, 3, 6 A. 2. Cumont, Symb. 77f. 8. RR. 3, 320, 2ff. Rodenwaldt KdA. 657, mit der unannehmbaren Datierung: Um 170. Neue Aufnahmen der Päpstlichen Museen VI. 6. 22 und XXX. 55. 90. Hier Taf. 28b. 31a.

antoninischen Zeit, soweit wie möglich mit Hinzufügung von Hinweisen auf je eine Abbildung. In dieser Reihe finden die Eckmasken des Sarkophags in S. Lorenzo ihren nicht auswechselbaren Platz zwischen einem Sarkophag, der in die 90er Jahre datiert werden muß (Nr. 9), und zwei anderen, die zwischen 220 und 230 entstanden sind (Nr. 13 und 14).

1. Rom, St. Peter. Pentheus. J. Toynbee und J. W. Perkins, The Shrine of St. Peter and the Vatican Excavations, 1956, 89 Taf. 22. Die Datierung in die Zeit des Commodus durch die Verff. halte ich für zu spät. Meinen Ansatz in die frühantoninische Zeit hoffe ich, bald an anderer Stelle begründen zu können. Eigentlich genügt aber schon die Eckmaske zu dieser Einordnung.
2. Baltimore, Walters Art Gallery. Leukippiden. Lehmann-Olsen, Frontispiece.
3. Mantua. Hochzeit. A. Levi, Le Sculture Greche e Romane del Pal. Ducale di Mantova Nr. 186 Taf. 109.
4. Baltimore, Walters Art Gallery. Indischer Triumph. Lehmann-Olsen, 82 Fig. 1.
5. Leningrad, Ermitage. Hochzeit. Kieseritzki, Kat. 92 Nr. 192.
6. Rom, Conservatorenpalast, Deckelfragment. Mustilli, Museo Mussolini S. 160, 6 Taf. 101, 382f.
7. Providence, Rhode Island School of Design. Niobiden. Unveröffentlicht. Aufnahmen verdanke ich der Leitung der Sammlung.
8. Rom, V. Borghese. Deckel. Cumont, Symb. 164, 30.
9. Rom, Thermenmuseum, Schlacht. Liste S. 166 I a.
10. Baltimore, Walters Art Gallery. Clipeus und Victorien. Lehmann-Olsen 51f. Fig. 27.
11. Rom, Thermenmuseum. Agon von Pan und Eros, unten S. 161 A. 55. Hier Taf. 34a.
12. Rom S. Lorenzo f. l. m. Hochzeit. oben S. 151 A. 27. Hier Taf. 28b.
13. Rom, St. Peter. Riefelsarkophag. Liste S. 167 A, d.
14. Rom, Praetextatkatakombe. Löwenjagd. Liste S. 167 B, b[28].
15. Algier. Bellerophon. Liste S. 167 B, c.
16. Louvre. Endymion, Liste S. 167 A, c.
17. Mainz, Röm. Germ. Zentralmuseum. Deckel. AD. 3 Text 68 Abb. 18.

Rodenwaldt hat sich zu seiner frühen Datierung des Sarkophags in S. Lorenzo offenbar bestimmen lassen von Ähnlichkeiten mit den Attikareliefs am Konstantinsbogen aus der Zeit des Marcus. Ich sehe nicht nur in dem Unterschied der Proportionen — normale auf den Attikareliefs, überstreckte auf dem Sarkophag — einen Zeitunterschied, sondern finde auch, daß die Bogenfalten der Toga und des Mantels auf dem Sarkophag ebenso extrem dekorativ verwandt sind wie auf den Reliefs des Argentarierbogens und des Palazzo Sacchetti. Dazu kommt auf dem Sarkophag das durch Bohrungen aufgelockerte Haar der Camilli und die an die späteren Sarkophage erinnernde Bildung des Widderfelles. Der Unterschied in der Komposition vom

[28] Die Gründe gegen die Trennung des Deckels von dem Sarkophag durch M. Gütschow: Verf., Gnomon 16, 1940, 460f. Vgl. auch Gerke 96f. Auch die Übereinstimmungen mit dem Deckel von Nr. 15, einem Werk derselben Werkstatt — s. S. 151 — bestätigt die Zusammengehörigkeit.

Suovetaurilienbild am Constantinsbogen ist vielsagend. Nicht zu übersehen ist namentlich die Enträumlichung der Komposition[29].

Vom Hochzeitssarkophag Taverna aus gesehen ist der Sarkophag in S. Lorenzo in demselben Grade jünger, wie die Hochzeitssarkophage in Mantua, Florenz und Leningrad älter sind. Die impressionistische Unruhe und die expressionistische Emphase haben sich gelegt. Die plastischen Formen haben sich normalisiert. Aber die räumliche Illusion befindet sich in empfindlichem Rückgang, auch im Vergleich mit dem schon nach dem spätantoninischen Stilwandel geschaffenen Sarkophag Taverna. Das gilt nicht weniger von der Körperlichkeit der einzelnen Figuren wie von der tiefenräumlichen Wirkung der Komposition. Trotzdem ist die Verfestigung und Beruhigung und damit die Abkehr von den Errungenschaften des Stilwandels deutlich.

Als wesentlichen Unterschied hat die Gruppe des Sarkophags Mattei I (B) die mächtigen Leiber. Die Proportionen der Figuren des Hochzeitssarkophags haben noch viel von der Überstreckung, die zu den verschiedensten Zeiten in der römischen Kunst beliebt ist. Das unvermittelte Nebeneinander von Höhenlichtern und Tiefenschatten, ein eminent römischer und antiklassischer Faktor also, hergestellt namentlich mit Hilfe langer und flächig bedingter Bohrkanäle, spielt auf ihm im Aufbau der einzelnen Figuren wie in der Abgrenzung der Figuren gegeneinander eine Rolle. Auf den anderen Sarkophagen (B) ist die modellierende Kraft von Licht und Schatten erneut im griechischen Sinne eines der Medien der Komposition. Obwohl es in der hellenistischen Weise, nicht wie in der klassischen Kunst, angewandt ist, und obwohl sich daneben in den Einzelheiten die römische Behandlung der Oberfläche durchsetzt, muß es in diesem Zusammenhang natürlich als klassizistischer Zug gelten. Großfigurigkeit, diagonaler Raumaufschluß in der Komposition und mit Hilfe der Nuancierung von Licht und Schatten gewonnene plastische Körperlichkeit, also drei vom Hellenismus aus der klassischen Kunst abgeleitete Züge, haben sich trotz aller Romanisierung in den Sarkophagen des griechischen Ostens bis in diese Zeit gerettet. Daß es auch attische Jagdsarkophage gab, wird durch die bedeutenden Budapester Fragmente aus Salona erwiesen[30], die noch ins letzte Viertel des 2. Jahrhunderts zu gehören scheinen. Eine ähnlich monumentale Wirkung streben die Jagdszenen der gleichzeitigen attischen Hippolytossarkophage an[31]. Die hellenistischen Vorbilder waren in beiden Fällen nicht attische, sondern ostgriechische Werke. Aber in der Gruppe des Sarkophags Mattei I (B) wird man nun unmittelbar die Wirkung solcher attischer Sarkophage sehen.

Neben dem Einfluß kleinasiatischer Säulensarkophage, der ungefähr gleichzeitig in der Werkstatt A festzustellen ist (S. 133), verdient das Beachtung. Auch die Wendung zur Großfigurigkeit ist den beiden Gruppen gemeinsam. In A wird sie im Rückblick auf die Sarkophage in V. Savoia (S. 33) und in Genua (S. 39f.) noch spürbarer.

[29] Die neue Literatur über die Attikareliefs: Budde, Severisches Relief in P. Sacchetti, 1955, 17 A. 41. Dazu jetzt namentlich Bianchi Bandinelli, Acme, Annali della Fac. di Filos. e Lett. dell' Univ. Stat. di Milano 5, 1952, 624ff.

[30] Rodenwaldt JdI. 67, 1952, 31ff.

[31] Robert ASR. 3 Nr. 152. 154. 160 Taf. 47f. 50.

Dabei ist die plastische Ausführung in A und B sehr verschieden. In A ist die Bildung der Einzelheiten, der Körper, der Gesichter, der Gewänder, der Pflanzen und Gegenstände, griechisch und die Komposition in ihrer den Netzgläsern vergleichbaren Transparenz und Entstofflichung römisch (S. 13f.). Umgekehrt ist in B wegen der rationalen Eigenschaften ihrer Räumlichkeit die Komposition mindestens in einem wesentlichen Zuge griechisch, während in Einzelheiten, zumal in den Gewändern und in den Haaren, durch unverhohlene Anwendung der Höhenlichter und Tiefenschatten, die römische Komponente sich durchsetzt. Auf den Deckeln herrscht sie hier wie dort.

Dies alles sieht so aus, als ob in der Tat, wie Rodenwaldt meinte, als Reaktion gegen die Romanisierung des spätantoninischen Stilwandels noch im ersten Viertel des 3. Jahrhunderts in den Sarkophagwerkstätten eine klassizistische Strömung einsetzt mit einer Frühphase unter Caracalla und ihrem Höhepunkt unter Alexander Severus, so daß es naheliegt, in den Erscheinungen der 30er Jahre eine rückläufige, als barock, antiklassisch oder römisch bestimmbare Bewegung zu sehen, und diese ihrerseits in den gallienischen Klassizismus münden zu lassen[32]. Aber eine Anzahl von Tatsachen und Beobachtungen steht dem entgegen und verlangt eine andere Erklärung.

An erster Stelle sei darauf hingewiesen, daß es eben in der Zeit, die den neuen Klassizismus bringt, auch Sarkophage von beachtenswerter Qualität gibt, die sich dieser Bewegung nicht anschließen. Zwei gut datierbare Stücke sollen diese Richtung vertreten, ein früheres und ein späteres. Daß sie aus derselben Werkstatt stammen, ist möglich, aber alles andere als sicher. Gefunden sind sie in derselben Grabkammer.

Auf dem Adonissarkophag des Lateran (Liste S. 168 C, a. Taf. 29a; 30a) sind dem thronenden Paar von Aphrodite und Adonis Portträtköpfe gegeben. Die Frau trägt die Frisur der Iulia Maesa[33], deren politische Bedeutung in die Jahre zwischen dem Regierungsantritt Elagabals, 218, und ihren Tod, 223, fällt. Diese Frisur kommt mit der Kaiserin Crispina unter Commodus auf. Von einer knappen Gestalt, die dem Knoten nicht so tiefe Lage im Nacken und der Grenze des Haares vor den Ohren einen weniger steilen Verlauf gibt, entwickelt sie sich bis zu dieser Form. Die Kaiserinnen tragen sie nach Iulia Maesa nicht mehr. Das widerrät ein Datum des Sarkophags in die spätere Zeit des Alexander Severus. Der männliche Porträtkopf unterscheidet sich zwar durch seine weiche Oberfläche von den Köpfen der Caracallazeit, hat aber in der kappenartigen Haarbildung noch nicht den Grad impressionistischen Raffinements erreicht, der in den späteren Bildnissen des Alexander Severus zu beobachten ist (S. 150). Auch das führt zu einer Datierung des Sarkophags um 220. Stilistisch nahe in der Weichheit der Oberfläche, in der Haarbildung und in der Form der Augen stehen die vier Bildnisse eines 10- bis 12 jährigen Prinzen, in dem H. v. Heintze Gordian III. sehen will[34]. Sie passen zu dieser Benennung aber weder

[32] Vgl. Gerke 11 »Die Entwicklung beginnt unter griechischem Einfluß in der Caracallazeit, hat um 235 ihren barocken Höhepunkt und fällt schnell bis 250 ab, um im Zeichen letzter Formauflösung zu enden«.

[33] Wessel AA. 1946/7, 62f. Abb. 1.

[34] RM. 62, 1955, 174ff. Taf. 65—67.

physiognomisch noch stilistisch. Ich halte sie für Darstellungen des jungen Alexander Severus. Das würde die angegebene Datierung des Sarkophags bestätigen.

Der auffälligste Unterschied von den Sarkophagen der beiden anderen gleichzeitigen Werkstätten A und B ist der Bau der Figuren. Sie sind gestreckter, unausgeglichener in ihren Proportionen und meist mit zu kleinen Köpfen ausgestattet. Von gesättigter und organischer Leiblichkeit sind neben ihnen die Figuren des Paares von Sarkophagen aus Bordeaux, die sonst am ähnlichsten wirken (Liste S. 167 A, b. c. Taf. 17b. 23). Dazu kommt das Schwelgen in der harten Gegensätzlichkeit von Licht und Schatten, insbesondere die Fülle paralleler Bohrkanäle im Gewand und die Auflösung des Haares[35], der Pferdemähnen, des Hirschfelles und der Borsten des Ebers mit Hilfe von Bohrlöchern. Zu diesen Kennzeichen der Romanisierung der Form gesellt sich die Komposition. Die durch den Pfeiler getrennten beiden Teile der Front des Sarkophags haben den nischenförmigen Bau, der den hellenistischen Vorbildern unbekannt war[36]. In dem größeren linken Teil wird der Aufbruch des Adonis zur Jagd und die Pflege des verwundeten Adonis erzählt. Aphrodite, ihre Dienerin und das Vorderteil des Pferdes bilden einen Figurenkomplex, dessen Front schräg nach r. hinten streicht. Umgekehrt ist es mit den Figuren gegenüber, dem thronenden Paar und dem alten Arzt. Hinten werden die beiden Flügel zusammengefaßt durch den Jagdgefährten, der das Pferd führt. Dadurch entsteht der für die nischenförmige Komposition charakteristische Grundriß, dessen Hälften nach vorn divergieren. Der abschiednehmende Held steht im Innern der Nische, nahe ihrem l. Rand. Als Verwundeter, schon am Boden knieend, ist er in dem anderen Bild ähnlich umrahmt. Da ist es eine der Nischen, deren Tiefenachse schief zur Vorderfläche verläuft, so daß sie sich nur an ihrer einen Seite öffnet[37].

Die als römisch herausgehobenen Eigenschaften tragen sich in leichter, aber fühlbarer Steigerung auf dem Hippolytossarkophag des Lateran vor, der aus dem gleichen Grabe stammt (Liste S. 168 C, b. Taf. 29b; 30b). Die Köpfe sind in ihrem Bau noch fester als die auf den Sarkophagen des 4. Jahrzehnts. Deren Zerfaserung hat die Bildung des Haares noch nicht erreicht. Man wird also mit der Datierung nahe an den Adonissarkophag herangehen, der stilistisch einen terminus a quo abgibt. Auch dieser Sarkophag ist also noch in den 20er Jahren gearbeitet[38]. Im Figurenbau bilden die Eberjagd hier und die Löwenjagd des Sarkophags Mattei I zwei Extreme. Für den Unterschied der Gewanddarstellung ist lehrreich ein Vergleich der Virtus hinter Hippolytos und der sog. Aura vor dem Wagen des Endymionsarkophags aus Bordeaux (Liste S. 167 A, c. Taf. 23). Er zeigt überdies die zwanglosere Einordnung der Fi-

[35] Aufschlußreich ist ein Vergleich des Haares am Kopfe des Arztes mit zwei typologisch ähnlichen Köpfen, einem auf dem Relief des Palazzo Torlonia mit L. Verus, AA. 1938, 165f., 3, und einem auf dem Relief des Palazzo Sacchetti, L. Budde, Severisches Relief in Palazzo Sacchetti, 1955, 23 Abb. 14 (Hier Taf. 31b). Er macht die zunehmende Auflösung der Form deutlich und bekräftigt damit den späten Ansatz des Adonissarkophags.

[36] Verf., AbhMainz 1952, 8. MdI. 5, 1952, 131ff. Festschr. B. Schweitzer, 1955, 319ff.

[37] Verf., AbhMainz 1952, 8, 22/644.

[38] Anders Rodenwaldt JdI. 51, 1936, 92 A. 1 »Zeit des Septimius Severus«.

guren in den Raum auf dem hellenistisch orientierten Werk und ihre isoliertere, unwirklichere Verbindung mit den anderen Figuren auf dem Hippolytosbilde.

Als dritte und für diesen Zusammenhang letzte Gruppe von Sarkophagen, die zeitlich neben dem SBNY und seinesgleichen (A) steht, seien die Erzeugnisse einer Werkstatt (D) angeschlossen, die schon im ikonographischen Zusammenhang berührt wurden, als von den Sarkophagen in Jerusalem und in der Domitillakatakombe die Rede war (S. 129ff.). Jahreszeitensarkophage und dekorative Stücke mit Porträts scheinen in ihr bevorzugt gewesen zu sein. Ihr Signum ist das Haar der Eroten. Es wird bestimmt von schneckenförmigen Motiven und ist in weitgehendem Maße à jour gearbeitet. Dazu kommt ein besonderer Zug zum Pompös-Barocken. Die Körperlichkeit der Eroten ist schwülstig, ihre Bewegungen sind heftig und pathetisch. Dem entspricht die Pracht und Beweglichkeit der Gewänder und Vorhänge und die Fülle des Beiwerks. Für die Bildnisbüste ist die stattliche Form gewählt, die bis an den Nabel reicht. Bei aller Ähnlichkeit mit der Werkstatt A ist die plastische Durchführung sehr verschieden. Sie ist vor allem härter, schärfer und reicher an Kontrasten. Charakteristisch ist der Unterschied in dem um den Unterkörper geschlungenen Mantel des Dionysos auf dem SBNY und auf dem Stück in Jerusalem (D, a. Taf. 21 b). Die Faltengrate sind auf dem zweiten Werk scharf unterschnitten und von tiefschwarzen, gebohrten Kanälen begleitet. Obwohl sie sich auch bemühen, der Körperform zu folgen, ergibt sich doch ein eigentümlich stoffloser Gegensatz. Auf dem SBNY ist in Verbindung mit der Nuancierung des Licht- und Schattenspiels ein organisches Verhältnis zwischen Gewand und Körper angestrebt. Die klassizistischere Haltung hier und die römisch-barockere dort wird wieder deutlich. Bezeichnend ist auch, daß in der Werkstatt D den Eroten gern gebohrte Augensterne gegeben werden. Die Werkstatt A verwendet dieses Formmittel nur in besonderen Fällen (S. 12). Auch ikonographisch gesehen steht die Werkstatt D fester in der römischen Tradition. Der schwülstige Typus der Eroten, der den fliegenden, ein Velum haltenden und den als Jahreszeiten auftretenden gemeinsam ist, geht über den inschriftlich kurz nach 217 datierten Sarkophag des Prosenes[39] und die Figur eines der Kapitelle aus den Caracallathermen[40] zurück auf solche Gestalten wie die Eroten des Clipeussarkophags aus der Liciniergruft in Baltimore[41], der nicht viel früher sein kann (oben S. 152 Nr. 10). In der Verwendung der schneckenförmigen Locken gehen die Jahreszeiten des Septimius Severusbogens (oben S. 125) dem Sarkophag des Prosenes noch voran. Daß dies eine unmittelbare Verbindung ist, ergibt sich aus den kleinen in die Stirn gekämmten Haarsträhnen, die dem Herbst des Bogens[42] mit dem Winter der Fragmente aus der Domitillakatakombe gemeinsam sind (D, b. Taf. 20a) und die sich beim Winter des Sarkophags im Conservatorenpalast wiederholen (D, f. Taf. 4a, b; 31c). Dieses Stück unterscheidet sich von der übrigen Gruppe durch die knappere, zwar anspruchsvolle, aber der Aufgabe doch nicht gewachsene

[39] Hanfmann 1, 30. 32f. 2, 11 A. 62 Fig. 29.
[40] Foto DAInst. 2114.
[41] Lehmann-Olsen Fig. 27. Verf., Gnomon 21, 1949, 19.
[42] Hanfmann Fig. 21.

Modellierung und durch Verzicht auf die Bohrung der Augensterne. In der schmächtigen und gestreckten Proportionierung der Jahreszeiten, die einen Einfluß der Werkstatt A verrät, geht es zusammen mit dem Sarkophag Louvre II (D, g). Dies ist auch die Bildung der Jahreszeiten auf dem Clipeussarkophag in Pisa[43] (Taf. 3c), der durch seine Porträts, aber auch durch die aufgelöste Form des Haares (S. 144f.) und der Gewänder bereits in die 30er Jahre datiert wird. Diese schlank gewordenen Jahreszeiten, in denen sich der von den beiden nebeneinander arbeitenden Werkstätten A und D entwickelte Typus verschmolzen hat, sind also charakteristisch für die 30er Jahre. Der Sarkophag im Belvedere des Vatikan[44] und der Sarkophag Louvre I[45] (Taf. 21 a) schließen sich an. Damit ist gesagt, daß der Sarkophag Louvre II (D, g) und der im Conservatorenpalast (D, f. Taf. 4a. b; 31c) eine späte Stufe ihrer Werkstatt vertreten. Auch die Stücke D, c. d. e wird man ihrer Bildnisse wegen nicht an den Anfang der Reihe stellen.

Daß der neue Jahreszeitensarkophag SBNY einen Blick in dieses Nebeneinander gleichzeitiger Werkstätten eröffnet, erscheint nun als ein besonderer Gewinn für die Kunstgeschichte des 3. Jahrhunderts, den seine Wiederentdeckung gebracht hat. Nachdem sich ihm ein paar andere Stücke als Schöpfungen derselben Werkstatt angeschlossen haben, lassen sich auf dieser Basis drei weitere Werkstätten wenigstens vorläufig feststellen und in ihrer gegenseitigen Abgrenzung bestimmen. Sie sind nicht die einzigen der Zeit zwischen 220 und 230. Aber in das, was damals kunstgeschichtlich vorging, erlauben sie in der Tat einen Einblick. A, B und D sind gekennzeichnet durch ihren Klassizismus, den freilich jede der Gruppen in einer besonderen Brechung vertritt. In C setzt sich die als Ergebnis des spätantoninischen Stilwandels um 190 ausgebildete Richtung in gerader Linie fort.

Um das Anliegen und die Leistung jeder einzelnen von diesen vier Gruppen römischer Sarkophage verstehen zu können, ist es nötig, auf die entscheidende Wende in der ganzen Entwicklung zurückzugreifen, aus der auch die hier beobachteten stilistischen Strömungen sich herleiten. Dies ist eben der spätantoninische Stilwandel. An den Feldherrnsarkophagen hat ihn Rodenwaldt erläutert[46]. Sie drücken den neuen Formwillen am vollständigsten und am entschiedensten aus[47]. Ihr bedeutendster Vertreter, der Sarkophag von Portonaccio im Thermenmuseum (Liste S. 166 I a. Taf. 38), versammelt in sich alle diese Merkmale, die aus der römischen Überlieferung, 1, 3 und 4 insbesondere aus der Triumphalmalerei, stammen. Es sind, stichwortartig zusammengefaßt, die folgenden:

1. Extreme Maßstäblichkeit der Figuren. Sie sind entweder gedrungen und fast puppenhaft klein wie die Menschen und Pferde des Schlachtbildes, oder sie sind überlängt wie die flankierenden Paare gefangener Barbaren.

[43] Hanfmann Nr. 464 Fig. 37 (Hier Taf. 3c).

[44] Hanfmann Nr. 479 Fig. 38. Oben. S. 129 Nr. 6.

[45] Hanfmann Nr. 465 Fig. 34 Oben S. 129 Nr. 4 (Hier Taf. 21a).

[46] Abh. Berl. 1935, 3.

[47] Zusammengestellt sind die mit der Darstellung einer Schlacht jetzt von B. Andreae, Motivgeschichtliche Untersuchungen zu den röm. Schlachtsarkophagen, 1956, 15f. Nr. 10—16.

2. Der Flimmerstil, das optisch unruhige Spiel von Lichtern und Schatten.
3. Die Zentralisierung der Komposition, die hier mit Hilfe des Nischenmotivs zustande gebracht ist.
4. Die Figurenstaffelung von unten nach oben.

Das erste Merkmal beschränkt sich auf die Glieder der Komposition, das zweite kann auch die ganze Komposition in Anspruch nehmen, das dritte und das vierte liegen nur auf der kompositionellen Ebene. Zur Erklärung und Begründung sei auf die Analyse dieser Sarkophagfront im 4. Anhang verwiesen (S. 188). Die Blüte der Werkstatt dieses Sarkophags (I) läßt sich im Anschluß an Rodenwaldt zwischen etwa 185 und 200 ansetzen. Eine zweite Gruppe von Sarkophagen der gleichen Zeit (II), in der auch eine Werkstattgemeinschaft sich äußert, schließt sich zusammen um den Endymionsarkophag des Metropolitan Museums in New York aus Ostia (II a. Taf. 33). Eines dieser Stücke (II f) ist flüchtig und qualitätslos, ein billiges Erzeugnis der Routine. Der kleine Schlachtsarkophag Ludovisi (II c) steht zeitlich an ihrem Beginn. Datiert wird die Gruppe durch das Porträt auf dem an den Anfang gestellten Sarkophag mit der Frisur Iulia Domnas.

Eine dritte Gruppe von Sarkophagen der 90er Jahre (III) wird eingeleitet durch die große Lenos des Museo Chiaramonti mit der Vindemia (III a). Ihr Stil steht der Marcussäule so nahe, daß man meinen möchte, sie sei von Bildhauern gefertigt, die schon an den Säulenreliefs mitgearbeitet hatten.

Man sieht, daß die oben zusammengestellten Merkmale der Romanisierung sich verschieden mischen und daß sie in verschiedener Intensität auftreten. In der Proportionierung der Figuren stehen nicht nur die beiden Extreme den Meistern zur Verfügung, die auf I a beobachtet wurden. Es gibt mannigfache Stufungen. Aber nirgends kommt die anspruchsvolle Großfigurigkeit vor, wie sie die Erzeugnisse der 20er Jahre beherrscht (A. B. D). In der Gruppe I streben die Sarkophage e und f normale Verhältnisse an. In II sind gerade die besten Stücke, II a und II b, ausgesprochen kleinfigurig. In III mildert der Schlachtsarkophag (III c) den Unterschied von I, hebt ihn aber nicht auf. Auf III a sind die Gestalten teils überlang, teils zwerghaft klein. Hier wie auf III b, wo die Proportionierung in sich allerdings ausgeglichener ist, sind sie auch klein im Verhältnis zum Bildraum. Das Flimmern übertönt überall die plastische Klarheit und Artikulierung, wird aber verschieden ausgedrückt, bald mehr mit Hilfe paralleler Schattenfurchen, bald mehr durch Bohrlöcher. Dem Grade nach steht es überall hinter den beiden Sarkophagen C a und b aus den Jahren 220 bis 230 bedeutend zurück.

In der Zentralisierung und Nischenbildung ist Gruppe I am entschiedensten, obwohl auch unter ihren Vertretern in I e ein mehr friesmäßig reihendes Stück sich befindet. Charakteristisch ist, wie auf I b dem gegebenen Motiv des Zuges durch die Betonung und Einrahmung des Elefanten in der Mitte doch ein bildliches Zentrum verliehen ist.

Zur Staffelung neigen am meisten die Gruppen I und III. Gruppe II bevorzugt den Fries, enthält aber in II b auch ein ausgesprochen in dieser Weise komponiertes Bild.

Es hat sich schon gezeigt, daß auch die griechischen Motive der mythologischen und der dionysischen Sarkophage diesen Prozeß der Romanisierung mitmachen. Die Frage muß gestellt werden, ob die stadtrömische Sarkophagproduktion der severischen Zeit, d. h. des Menschenalters von etwa 190 bis 220, überhaupt frei ist von klassizistischen Tendenzen, die ins Gewicht fallen. Sie ist, wie nach dem Vorangegangenen nun wohl klar ist, im Grunde identisch mit der Frage nach normal proportionierter, großfiguriger Frieskomposition.

Der Hippolytossarkophag des Camposanto in Pisa[48] (Taf. 32a—c) stimmt in der Komposition mit dem des Lateran (C, b. Taf. 29b; 30b) überein. Daß er monumentaler wirkt, der andere illusionistischer und bilderbuchmäßiger, liegt aber nicht nur an seiner höheren Qualität. Auch die relative Größe der Figuren im Bilde, ihr organischerer Bau und die Selbstverständlichkeit ihrer Bewegung im Raum wirken dabei mit. Trotz der abgeleiteten und ungriechischen Komposition ist die größere Nähe zu den griechischen Vorbildern spürbar. Gleichwohl sind diese Leiber unverhältnismäßig schlank, und das nervöse Flimmern der Oberfläche, namentlich im Gewande und im Haar, macht die Wirkung des Stilwandels vollends klar. Sie ist von ähnlicher Art wie auf I e. Das erweist auch den Pisaner Hippolytossarkophag als ein Werk der 90er Jahre. Aber seine griechischen Züge sind Resterscheinungen. Klassizismus ist dies nicht.

Der Ariadnesarkophag der Walters Art Gallery in Baltimore aus der Liciniergruft (IVc. Taf. 34b; 25a) ist, wie C. Lehmann gesehen hat, eine Schöpfung derselben Werkstatt wie die dionysische Lenos der ehem. Sammlung Uwaroff, die jetzt im Puschkinmuseum zu Moskau steht (IVd). Für den vorliegenden Zweck können beide als eine stilistische Einheit zusammengefaßt werden. In der Komposition, namentlich von IVc, fühlt man sich geradezu an den Laginafries erinnert. Solch friesmäßiges Gedränge nach vorn gewandter, den Bildraum von oben bis unten in Anspruch nehmender Figuren findet sich auch auf den attischen Hippolytossarkophagen des letzten Drittels des 2. Jahrhunderts[49]. Aus der Typengeschichte des Ariadnesarkophags und aus der übrigen Überlieferung, die auf ein hellenistisches Gemälde zurückgeht, läßt sich freilich zeigen, daß diese Anordnung des Thiasos auf IVc erst in den Werkstätten der Sarkophage vorgenommen wurde. Aber die Bezugnahme auf hellenistische Reliefs und aus hellenistischer Überlieferung schöpfende attische Sarkophage ist deutlich. Dies ist also ein klassizistischer, der römischen Überlieferung unbekannter Zug trotz der vielen damit verbundenen barocken Eigenschaften. Man muß sich nur der Bedingtheit bewußt sein, der dieser terminus hier unterworfen bleibt und von dem bereits mehrfach die Rede war[50].

Der Meister der Sarkophage IVc und d ist einer der bedeutendsten auf diesem Gebiet überhaupt. Im Ausdruck der körperlichen Gebärde und der Köpfe, in der Dar-

[48] Robert ASR. 3 Nr. 164 Taf. 52f. RR. 3, 114, 3ff. Foto Faraglia DAInst. 34/592 (Hier Taf. 32a—c).

[49] Robert ASR. 3 Nr. 151ff. Rodenwaldt AA. 1940, 599ff.

[50] S. 128. 132. 151. Ich berichtige hiermit meine Ausführungen Gnomon 21, 1949, 19. Mit der völligen Verwerfung des Ausdrucks Klassizismus für die Kunstgeschichte des späten 2. und des 3. Jahrhunderts bin ich dort über das Ziel geschossen.

stellung des Nackten und des Gewandes beherrscht er alle Mittel im Sinne des Raffinierten. In der plastischen Gestaltung zieht er alle Register. Sie steigt von zarter, delikat nuancierter Schwellung und oblatenhaft flachem Relief empor zu rundplastischen Unterschneidungen mit scharfen und klaren Grenzen. Dieser fast toreutische Formcharakter sticht spürbar ab namentlich von dem zäher flüssigen der etwa gleichzeitigen Gruppe C der severischen Sarkophage (S. 154f.). Er ist in diesem Sinne aber auch konsequenter als die Gruppen A und B. Über die Ara Pacis scheint sein Stammbaum nicht hinaufzureichen. Seine unmittelbaren Vorstufen findet er in den einer gemeinsamen Werkstatt angehörigen Ariadnesarkophagen IVa und b. Beide gehören spätestens in die Jahre zwischen 180 und 190. Den Stilwandel haben sie noch nicht hinter sich. Das andere Paar, IVc und d, steht aber dem in die Caracallazeit datierten Sarkophag in S. Lorenzo nahe (S. 151f.), wie sich aus der Proportionierung überhaupt und vor allem aus der Haarbildung der weiblichen Gestalten ergibt. Fast eine Generation liegt also dazwischen, und wenn man von einer gemeinsamen Werkstatt der beiden Paare spricht[51], so kann sich das höchstens auf die gleiche Werkstattüberlieferung beziehen. Die Entscheidung, ob diese für dieses Zeitalter extreme Form des Plastischen, die bei äußerster Auflösung des Volumens die körperliche Wirklichkeit wahrt, griechisch oder römisch ist, hängt wohl von der Beurteilung des griechischen Einschlags in der augusteischen Kunst ab[52]. Weil jedenfalls die spätere antoninische Staatskunst mit Einschluß der severischen der anderen Richtung folgt, ist bei den vier Sarkophagen diese Weise des Gestaltens auch als griechischer oder ebenfalls im weiteren Sinne klassizistischer Zug zu beurteilen.

Freilich fehlt es auch nicht an Romanismen auf IVc und d. Es braucht nur darauf hingewiesen zu werden, wie sehr trotz allem das Flimmern den Eindruck des Ganzen und des Einzelnen beherrscht. IVd geht darin IVc noch voran. IVd scheint daher etwas älter zu sein[53]. Kompositionell ist das Bild von IVc nicht so friesmäßig, wie man auf den ersten Blick zu meinen geneigt ist. Die Öffnung des Raumes auf den Flügeln drängt die Mittelgruppe nach vorn. Das ist ein in der römischen Komposition entwickelter Zug[54]. Auch für die beiden nischenförmig gebauten Gruppen zwischen den Löwenköpfen auf IVd läßt sich der Nachweis führen, daß sie hellenistische Motive für diese Stelle am Sarkophag umgestalten und neu verbinden. Auf den abgerundeten Nss. sind Typen des hellenistischen Thiasos einfach gereiht.

Die beiden Sarkophage IVc und d erlauben also, in der Zeit nach dem Stilwandel, die als eine Periode der Romanisierung des Stils gilt, eine Werkstatt zu beobachten, die der neuen Form nur bedingt Genüge leistet, um so entschiedener aber aus der griechischen Tradition schöpft, die in weitem Maße schon für ihre Vorstufen in der Zeit des Commodus (IVa. b) maßgebend gewesen war.

[51] Lehmann-Olsen a. O. Vgl. Verf., Gnomon 21, 1949, 19.

[52] Verf., Gesch. d. Kunstgewerbes 4, 1930, 254ff. WaG. 4, 1938, 191ff., namentlich 219f.

[53] Ein frühseverisches Zwischenglied zwischen IVa und b einerseits und IVc und d andererseits dürfte der Sarkophag des Lateran mit dem Indischen Triumph auf dem Elefantenwagen sein: Verf., AbhMainz 1952, 10, 3/719 Nr. 6 Taf. 3.

[54] Verf. AA. 1943, 107f.

Zwei dionysische Sarkophage aus der Zeit Caracallas gehören zwar anderen Werkstätten an, bilden in diesem Sinne aber eine Fortsetzung. Der Sarkophag des Thermenmuseums von der Via Casilina[55] (Taf. 34a), der die Komposition von IVa wiederholt, ist schon wegen seines Formats jünger. Durch die verhärtete und versteinerte Form der Figuren und durch Einzelheiten wie die Haarbildung der Frauen und die Gestalt der Gewänder ist er dem Hochzeitssarkophag in S. Lorenzo verwandt. Die klassizistische Verfestigung bedient sich also eines Stiles, der aus der römisch-repräsentativen Kunst stammt.

Auf der großen Sarkophagplatte in Woburn Abbey mit dem Indischen Triumph[56] (Taf. 35a) hat Herakles einen Porträtkopf, den schon seine Bartform in die Caracallazeit datiert. Dieses Werk ist merkwürdig, weil es mit einer ernüchterten und fest gewordenen plastischen Form, die sich überdies bemüht großfigurig zu sein, die Staffelung verbindet. Die Plastizität findet, selbst wenn man den stark geputzten gegenwärtigen Zustand berücksichtigt, ihre nächsten Parallelen in der durch die Hippolytossarkophage (oben S. 153. 159) und den bacchischen Sarkophag der Sammlung Gardner in Boston (oben S. 139 A. 99) vertretenen attischen Gruppe. So brechen sich auch hier die beiden Strömungen aneinander.

Versuchen wir, die Folgerungen aus dem verschlungenen Neben-, Nach- und Ineinander der Werkstätten zwischen rund 190 und 220 n. Chr. zu ziehen, in das diese ihrer Vorläufigkeit sich bewußte Skizze hineinzuleuchten versucht hat.

Daß mit der Abklärung des Stilwandels um 190 die Romanisierung der Form das Feld beherrschte, ist klar. Daß sie in den Werkstätten I und III reiner, wenn auch in verschiedener Form, erscheint und in II durch häufigere griechische Motive abgetönt, ändert daran nichts. Es ist bezeichnend, daß der zu II gehörige Schlachtsarkophag (II c) der hellenistischen Kompositionsweise folgt und die neue »Massenkampfdarstellung«[57] noch nicht kennt. Einen klassizistischen Neben- und Unterstrom lernten wir in den vier dionysischen Sarkophagen der Werkstatt IV und ihren Vorstufen kennen. Die frühere Zeitstellung des ersten Paares erwies auch dafür die Verbindung mit der vorangehenden Entwicklung.

Von den ins Auge gefaßten vier Gruppen der 20er Jahre (A bis D) setzt nur C die Hauptströmungen der vorangegangenen Zeit (I bis III) fort. An welche Werkstattüberlieferung diese Sarkophage anknüpfen, wird sich erst klären lassen, wenn für die Stilgeschichte der mythologischen Sarkophage dieser Zeit ein ausreichendes fotografisches Material vorliegt. A, B und D gehen in ihrer Großfigurigkeit und in ihrer plastischen Klärung und Verfestigung an klassizistischer Folgerichtigkeit weit hinaus über das Vergleichbare des vorangegangenen Abschnitts. Sie treten mit einem neuen monumentalen Anspruch auf den Plan. In der Art der Durchführung sind sie verschieden. In diesem Sinne knüpft B am meisten an die von III vertretene römische

[55] 124682, gef. 1936. Aurigemma, Itinerari, 2. ed. 1950, 30 Nr. 58 Taf. 16a. Foto DAInst. 55/554 (Hier Taf. 34a).

[56] M. 724f. Nr. 61. RR. 2, 538, 2. Fotos Züchner beim Material des Sarkophagcorpus, danach hier Taf. 35a.

[57] Andreae 85f.

Strömung an. Daß für A und D als eine wesentliche Quelle IV in Betracht kommt, kann nun nicht mehr fraglich sein. Nur daß A in höherem Grade die römisch-flimmernde Komponente von IV abgestoßen hat und sich entschiedener auf die plastisch griechische orientiert, während umgekehrt D, im Interesse eines sublimierten Flimmerns, der organischen Form gegenüber sich gleichgültiger verhält. Daß dies mit einer Rezeption gleichzeitiger Formen des griechischen Ostens zusammengeht, wurde schon zum Ausdruck gebracht (S. 132 ff.). Bei B ließ sie sich in der Ähnlichkeit mit Jagdbildern auf attischen Sarkophagen feststellen. Unmittelbar erschienen in A die Einwirkungen der kleinasiatischen Säulensarkophage. Es verdient Beachtung, daß zwar deren Figurenstil schwerer und in der Masse kompakter erscheint, daß aber die Werkstätten Kleinasiens für Statuen einen plastisch mindestens ebenso raffinierten, asianisch-barocken Stil entwickelt hatten. Die kolossale Tyche aus Prusias ad Hypium in Istanbul[58] ist einer seiner Exponenten. Die Werkstatt D ließ in ihren Jahreszeiten den Einfluß kleinasiatischer Typen aus dem gleichen thematischen Kreis erkennen (S. 134 f.), hat ihn aber charakteristischer Weise stilistisch unabhängiger verarbeitet.

So scheint es, daß die Werkstätten A und D Aufspaltungen von IV sind. Der Unterschied dürfte, mindestens zum Teil, darin begründet sein, daß schon damals aus Kleinasien zugewanderte Handwerker sich mit Trägern der Überlieferung aus IV in A verbanden.

Die Absicht dieser stilgeschichtlichen Skizze war es, die formalen Komponenten zu ermitteln, die als Voraussetzungen des SBNY zu gelten haben. Es sind diese: Der Flimmerstil in seiner durch den spätantoninischen Stilwandel begründeten Sublimierung, der die Kunst der Kaiserzeit von Anfang an durchziehende klassizistische Strom und seine erneute Verstärkung durch Einflüsse aus dem Osten. Ihr spezifisches Mischungsverhältnis läßt sich beschreibend freilich nicht registrieren, sondern höchstens auf dem Wege der durchgeführten Vergleiche beleuchten. Es ist also Griechisches und Römisches, Altes und Neues, Überliefertes und Zeitbedingtes, was sich in einer neuen nun nicht mehr zu verkennenden schöpferischen Art verbindet. Ähnlich war es bei der Sammlung der ikonographischen Komponenten. Die aus der Klassik stammende Epiphaniebedeutung des zentralen Motivs und die hellenistischen Darbringer der ὡραῖα am Grabe verbanden sich zu dem zeitgemäßen Ausdruck dessen, das wir als »Privatapotheose« bezeichneten.

Auch die Kenntnis der stilistischen Elemente hat natürlich den Sinn, auf den von ihr nicht erfaßten Rest hinzuweisen. Erst damit wird der Blick frei für das Schöpferische der Leistung.

Hier haben wir anzuknüpfen an die aus der Beschreibung des Sarkophags selber abgeleitete Analyse, von der wir ausgingen (S. 13 f.). Festgestellt wurde eine besondere Art des Ineinanderwirkens von Bild und Monument. In der Darstellung war zu beobachten eine Verschmelzung von dekorativem Schema und bildhaft bewegter Erscheinung auf der Fläche einerseits, mit körperlich-räumlichem Zusammenschluß der

[58] A. Aziz AA. 1932, 261 ff.

Figuren und ihrer auch in diesem Sinne geordneten Fülle andererseits. Es ist indessen nicht zu übersehen, daß dies alles sich in den Kategorien der klassischen Kunst bewegt, die in dieser selber eine ungebrochene, reine Erfüllung fanden. Den spezifischen Reiz hatte schon die Beschreibung zu ermitteln versucht in dem schwebenden Wesen, das in diesem Bilde sich ausdrückt. Als eine Funktion des Zusammenwirkens von Bild und Bildträger hatte er sich erkennen lassen. Denn der eigentümlich transparente, unwirkliche Charakter, den das Monument als Ganzes durch seine Überspinnung mit diesem Netz figürlicher Formen annimmt, wirkt natürlich auf den Ausdruck der Figuren zurück. Damit aber ist, wie sich vielleicht durch einen Hinweis auf die Meisterleistungen des Kunsthandwerks der Kaiserzeit mit ihrer Vorliebe für durchbrochene netzhafte Verzierung am besten deutlich machen läßt, an einen zeitbedingten, römischen Zug gerührt[59]. Auch eine positive Seite der Formzersetzung rückt so in den Blick. Auf die Dekomposition überhaupt und auf ihre verschiedenen Spielarten war bei der Durchmusterung der Werkstätten ständig Bezug zu nehmen. Trotz des Klassizismus ist sie natürlich auch an unserem Werk nicht zu übersehen, und zwar bereits in einem weit fortgeschrittenen Zustand. Man braucht nur zurückzublicken auf severische Sarkophage aus der Werkstatt II, wo ein ähnliches Verhältnis zwischen Figur und Gerätform schon angestrebt wird, besonders deutlich in IIa, um die Zunahme an Entschiedenheit und Konsequenz auch in diesem unklassischen Sinne an den Erzeugnissen der Werkstatt A wahrzunehmen.

Ist es aber so, daß sich das Verständnis dieser Form über die Einsicht in das Verhältnis zwischen ihrem Klassizismus und ihren unklassischen Zügen nicht hinausführen läßt, seien sie zeitbedingte oder seien sie überhaupt römische, dann ist jetzt ein zweiseitiges kunstgeschichtliches Ergebnis festzustellen.

Weil die Qualität und Souveränität der Arbeit die Existenz eines Musters ausschließt, können wir jetzt in dem führenden Meister dieser Werkstatt eine bedeutende Künstlerpersönlichkeit sehen, deren Leistung sich nicht auf diese neue und monumentale Verschmelzung von klassischer Tradition und römischer Form beschränkt, sondern tonangebend sich auf den neuen klassizistischen Ansatz der Sarkophagproduktion in den 20er Jahren und damit auf die eigentliche Blüte dieser Klasse von Denkmälern auswirkt.

Man sieht wieder, wie bedingt der Wert und der Sinn des Ausdrucks Klassizismus in diesem Zusammenhang sind. Denn wenn dieses Werk im Stil seiner Figuren, zumal gemessen an seiner kunstgeschichtlichen Umgebung, auch gewiß klassizistisch ist, so ist es ebenso sicher als Ganzes besser mit dem Prädikat des Barocken erfaßt. Das rührt an das zweite kunstgeschichtlichliche Ergebnis, das über dieses Werk, seinen Meister und seine Werkstatt hinausführt.

Dieser Sarkophag ist eines der ersten Beispiele für die letzte und entscheidende Monumentalisierung der Sarkophage vor der Spätantike. Von Rodenwaldt ist ihre

[59] Verf., Gesch. d. Kunstgewerbes 4, 1930, 295ff. Zu den Netzgläsern: Albizzati und Zahn JdI. 41, 1926, 24. Lenel und Zahn AA. 1928, 563. Fremersdorf, Schumacherfestschr. 1930, 295. Fremersdorf AA. 1931, 116ff. Fremersdorf, Kölner Jahrbuch für Vor- und Frühgeschichte 2, 1056, 27ff. (freundlicher Hinweis des Verf.).

Entwicklung als das Auslaufen eines klassizistischen Ansatzes in eine neue barocke Romanisierung geschildert. Welchen Bedenken diese Formulierung schon im Hinblick auf den Anfang der Bewegung begegnet, wurde bereits gesagt (S. 154). Zu dem zweiseitigen Ergebnis der Analyse des Werkes kommt die Beobachtung über das gleichzeitige Weiterleben der seit dem Stilwandel des späten zweiten Jahrhunderts abgeklärten römischen Richtung. Selbstverständlich ist das variable Verhältnis von Unter- und Oberstrom zu berücksichtigen. Wenn die griechische Richtung bis in die Jahre Caracallas hinein eine Unterströmung war, so ist dann zunächst das Umgekehrte der Fall, aber mit wirklicher Eindeutigkeit nur vorübergehend.

Schon der Ansatz der neuen Monumentalisierung um 220 ist durch seine Zweiseitigkeit gekennzeichnet. Es wäre wirklich gegenstandslos, zu fragen, welche der beiden Komponenten in dem SBNY das Übergewicht hat. Unter den drei ungefähr gleichzeitig mit der neuen Tendenz einsetzenden Werkstätten zeigt sich freilich D als nur äußerlich von dem Klassizismus berührt. Aber die entsprechende Ambivalenz wie A vertritt auch B. Der Unterschied zwischen A und B ist weithin ein motivischer.

Auf den Jagdsarkophagen Mattei I und Praetextat (B a, b) drückt sich neben der klassizistischen Großfigurigkeit und plastischen Verfestigung die römische Komponente weniger in dem Verhältnis der Bilder zur Form des Sarkophags aus als in der Komposition. Es ist die zentrale und nischenförmige. Derselben großartigen Verschmelzung begegnet man wieder auf den Prunksarkophagen der 30er und 40er Jahre mit den Mythen von Endymion, Penthesileia und Rhea Silvia[60]. Durch die Verbindung der monumentalen griechischen Großfigurigkeit im Sinne des Plastischen mit der zentralen und nischenförmigen römischen Komposition kommt eine neue Bildform von ebenso ausdrucksvoller wie ausdrucksstarker Art zustande. Die Ähnlichkeit mit dem SBNY liegt vor allem in dem Ausgleich zwischen den Komponenten. Diese Verschmelzung war den Werkstätten des vorangegangenen severischen Menschenalters fremd. Die Regel war damals: Römische Komposition mit griechischen Ingredienzien, oder — seltener — griechische Komposition mit römischen Einschlägen. Auf den beiden Sarkophagen der Gruppe A, die der älteren Kompositionsweise am nächsten zu stehen scheinen (A, b. c), fehlt die Nischenbildung. Die dekorative Aufteilung mit mehr bildparalleler Anordnung der isokephalen Figuren ist hier ein klassizistischer Zug. Aber das Figurennetz über der Wand des Kastens ist von derselben unklassischen Art wie auf A, a.

Figurennischen von zentraler Anlage mit monumentalem Anspruch kennt auch die Sarkophagplastik der gallienischen Zeit noch. Das große Mittelstück eines Philo-

[60] Endymion: Palazzo Doria, Woburn Abbey (hier Taf. 35b), Clieveden-Borghese, Robert ASR. 3 Nr. 77. 79. 80 Taf. 20. 22. 23. Zur Datierung von Nr. 77: Rodenwaldt JdI. 51, 1936, 96 A. 1. Zu diesem Endymionsarkophag überhaupt: Gerke 331 III. — Penthesileia: Louvre, Vatikan I und II, Benevent, Rospigliosi, Robert ASR. 2 Nr. 90. 92. 94. 95. 96, Redlich, Die Amazonensarkophage, 1942, 77ff. Taf. 6ff. Zu der noch nicht ausreichend geklärten Datierung: Rodenwaldt a. O. 90. 96. Gerke 6 A. 8. Verf. ‚Gnomon 21, 1949, 249. — Rhea Silvia: Palazzo Mattei, Robert ASR. 3, 2 Nr. 188 Taf. 60. Gerke 7.

sophensarkophags im Lateran ist ein bedeutendes Beispiel[61]. Aber zugunsten der Vergeistigung des Ausdrucks ist in diesen Figuren der Schwund an organischer Funktionalität und Körperlichkeit so groß, daß der räumliche Ausdruck der Nische nicht mehr zum Zuge kommt. Ebenso ist es mit anderen Nischenkompositionen auf Sarkophagen der Zeit von 260 bis zu den Tetrarchen. Was uns auf dem großen Ludovisischen Schlachtsarkophag als ein Drängen nach vorn, als ein Flachwerden der Körperformen und als das der großen Ausdruckskraft zum Trotz doch Schemenhaft-Unwirkliche des Bildes erscheint, ist nichts anderes als eine Folge des gleichen Zerfalls der vorher ausgeglichenen Verbindung zugunsten ihrer unklassischen Komponente. Auf dem Prometheussarkophag in Neapel[62] gibt die Nische der im Halbkreis um den sinnenden Prometheus versammelten göttlichen Gestalten der Komposition das Rückgrat. Aber von der erscheinenden räumlichen Wirklichkeit ist nur noch ein körperloser Rest geblieben. Der Schwarz-Weiß-Effekt eines flächigen Spitzenmusters ist an seine Stelle getreten.

Die drei angeführten späten Beispiele zeigen, wie im vollen Sinne antik die große neue Bildform bei ihrem Einsetzen mit den Sarkophagen der Werkstatt B noch ist. Das legt nahe, die Grenze gegen die Spätantike da zu ziehen, wo auch diese Form auseinanderbricht, d. h. an der unteren Grenze der gallienischen Renaissance, die danach den Beginn der Spätantike einleiten würde. Für das Ende der antiken Kunst bedeutet das, daß sie sich in den beiden Menschenaltern vom Regierungsantritt Caracallas an noch einmal zu einer großen schöpferischen Leistung in der geschilderten Weise sammelt. Ihre Gestalt ist die neue Bildform, die damals in den Sarkophagwerkstätten ausgearbeitet wurde. Die Spätantike hat sich dann also nicht in der Weise gebildet, daß verschiedene, zeitlich voneinander getrennte klassizistische Wellen durch rückläufige, antiklassisch-römische Bewegungen abgelöst wurden und daß in dieser Bewegung die griechischen Formkräfte immer weiter ausgehöhlt wurden, bis schließlich nach ihrer mehr oder weniger völligen Eliminierung eine neue und nicht mehr antike Form übrig blieb, eben die spätantike. Vielmehr haben ständig die beiden Ströme aufeinander gewirkt, so daß sich kunstgeschichtlich meist eine verflochtene und mannigfach in sich gebrochene Form ergibt. Ein Ausgleich, der dann noch reichlich die Zeit einer Generation in Kraft blieb, ist erst den führenden Meistern der Werkstätten des SBNY (A) und des Löwenjagdsarkophags Mattei I (B) gelungen.

In dieser Perspektive findet das Auseinanderklaffen der klassizistischen Grundhaltung des Porträts in dem gleichen Zeitraum von der scheinbar barocken der Sarkophage seine Erklärung. Denn auch in den beiden stilistischen Gruppen, in die sich die Porträtplastik teilen läßt[63], ist die Verschmelzung beider Komponenten von

[61] BS. Nr. 16. Rodenwaldt ZBK. NF. 33, 1923, 118ff., 6. BJb. 133, 234 Taf. 21, 2. JdI. 51, 1936, 103 Taf. 6. KdA. 666f. RR. 3, 287, 4.

[62] Robert ASR. 3 Nr. 356 Taf. 118. RR. 3, 81, 2ff. Gerke 21ff. Rodenwaldt JdI. 55, 1940, 52 A. 6.

[63] Schweitzer, Kunsthist. Jaarboek, 1954, 173ff. Bianchi Bandinellis Skizze der kunstgeschichtlichen Entwicklung im 3. Jh., Acme 5, 1952, 615ff., lerne ich erst nachträglich kennen. Ich stelle mit Freude die weitgehende Übereinstimmung fest und schlage nur vor, die Akzente etwas anders zu setzen.

solcher Art, daß sie die Parallelisierung mit der einen oder der anderen Strömung der Sarkophagwerkstätten unmöglich macht. Durch membranhafte Finesse der Oberflächenbildung und illusionistische Gestaltung des Haares zeichnen sich gerade die besten Werke der klassizistischen Richtung aus wie der vatikanische Kopf des Alexander Severus (S. 150). Und daß auch den römisch orientierten Porträts die klassizistische Komponente nicht fehlte, besagt schon ihr doch wohl bewußtes Wiederanknüpfen an Formen der späten Republik und der frühen Kaiserzeit. Die Leistung auch dieses Porträtstils ist also, wie die der gleichzeitigen monumental gewordenen Sarkophage, eine letzte, noch wirklich antike Formenprägung.

So scheint es, daß der schöne Sarkophag, dem diese Untersuchung gewidmet ist, auch helfen kann, die Kunstgeschichte seiner Zeit in einem wesentlichen Zuge aufzuklären. Auf die Zweiseitigkeit des sog. Klassizismus dieser Jahre läßt er ein helles Licht fallen.

Nach Werkstätten geordnete Zusammenstellung von Sarkophagen der Zeit zwischen etwa 190 und etwa 235 n. Chr.

(Angabe des Ortes nur bei Stücken, die nicht in Rom sind).

I bis IV frühere Gruppe, etwa 190 bis etwa 220

I. a) Thermenmuseum 112327, von Via delle Cave di Pietralata bei Portonaccio. Schlacht. B. Andreae, Untersuchungen zu den römischen Schlachtsarkophagen, 1956, 15 Nr. 13, wo den Literaturangaben hinzuzufügen ist: Rodenwaldt JdI. 51, 1936, 90. Hier Taf. 38.

b) Casino Rospigliosi, MD. 2276. Indischer Triumph, Tigerwagen, unpubliziert. Graef, De Bacchi Expeditione Indica, 1886, 28 Nr. 13. Graeven JdI. 15, 1900, 217 Nr. 20.

c) Villa Doria, MD. 3319. Schlacht. Rodenwaldt, AbhBerl. 1935, 3 Taf. 8. Technau, Kunst der Römer 235, 191. Andreae Nr. 12.

d) Palermo, Museo Nazionale, Deckel. Schlacht. Abg. z. B. Bienkowski, Gallier Taf. 2, a. Hamberg, Studies in Roman Imp. Art, 1945 Taf. 39. — Andreae Nr. 9.

e) Vatikan, Belvedere, Gab. di Laocoonte, Amelung 2, 206 Nr. 75 Taf. 7. Indischer Triumph, Kentaurenwagen. RR. 3, 363, 1. Anderson 23880.

f) Villa Doria, MD. 2343. Vindemia. Verf. MWPr. 1949, 19, 3 Taf. 5, 1.

II. a) New York, Metr. Mus. 47. 100. 4. Endymion. Robert ASR. 3 Nr. 83 Taf. 26. Verf., BMetrMus. 15, 1957, 123ff. Hier Taf. 33.

b) Villa Medici, Cagiano de Azevedo, Le Antichità di Villa Medici 68 Nr. 54 Taf. 28, 43. Parisurteil. Robert ASR. 2 Nr. 11 Taf. 5. Gerke Taf. 11. Technau 236, 192. RR. 3, 312, 1.

c) Thermenmuseum, Slg. Ludovisi 8569. Schlacht, sog. Kleiner Ludovisischer Schlachtsarkophag. Andreae Nr. 5 Taf. 4. RR. 3, 330, 3.

d) Thermenmuseum, Slg. Ludovisi 8566. Indischer Triumph, Elefantenwagen. Verf., AbhMainz 1952, 10, 3/719 Nr. 3 Taf. 2.

e) Salerno, Kathedrale. Vindemia. Verf., MWPr. 1949, 19, 4 Taf. 3, 2.

f) Thermenmuseum, ehem. Slg. Kircher. Lebenslauf eines Kindes. Marrou RA. S. 6, 1, 1933, 1, 163 ff. Cumont, Symb. 338 Taf. 38.

III. a) Vatikan, Mus. Chiaramonti, Amelung 1 Nr. 180 Taf. 45. Vindemia. Gerke Taf. 13. Verf., MWPr. 1949, 19 Nr. 2 Taf. 6, 2. Anderson 1441.

b) S. Paolo f. l. m. Endymion. Robert ASR. 3 Nr. 81 Taf. 23. RR. 3, 322, 1.

c) Villa Borghese. Schlacht. Abg. z. B. Rodenwaldt, AbhBerl. 1935 Taf. 10. Hamberg a. O. Taf. 41. RR. 3, 170, 4. Vgl. Andreae Nr. 16, wo den Literaturangaben hinzuzufügen ist: Rodenwaldt JdI. 51, 1936, 90.

IV. α) Frühe Untergruppe

a) Kopenhagen, Glyptotek NyCarlsberg 778, ehem. Casali. Dionysos und Ariadne beim Agon von Pan und Eros. La Glyptothèque N.C. Taf. 152. BrBr. 410. Rodenwaldt KdA. 655, »um 190 n. Chr.«. Lehmann-Olsen 73 ff. Fig. 80. RR. 2, 180, 2.

b) Villa Medici, Cagiano de Azevedo a. O. 71 Nr. 58 Taf. 30, 47. Mysterienweihe, Heimsuchung Ariadnes. Cagiano de Azevedo, Opere d'Arte 13, 1942. RR. 3, 309, 1.

β) Späte Untergruppe

c) Baltimore, Walters Art Gallery. Heimsuchung Ariadnes. Lehmann-Olsen 74 ff. Fig. 9 f. RR. 2, 197, 2. Verf., Gnomon 21, 1949, 19. Hier Taf. 34b. 25a.

d) Moskau, Puschkin-Museum, ehem. Uwaroff. Heimsuchung Ariadnes, trunkener Herakles. BrBr. 490. Lehmann-Olsen Fig. 42.

A bis D spätere Gruppe, etwa 220 bis etwa 235 n. Chr.

A. a) SBNY.

b) Louvre, Fr. 240, aus St. Médard d'Eyran bei Bordeaux. Heimsuchung Ariadnes. Bruhl, Liber Pater, 1953 Taf. 22. R. Etienne REA. 54, 1953, 361 ff. RS. 1, 51, 26 f. Aufnahmen Foto Marburg. Hier Taf. 17b; 24a.

c) Louvre, Fr. 426, von demselben Fundort wie b). Endymion. Robert ASR. 3 Nr. 72 Taf. 18. Etienne a. O. RS. 1, 60 f. Aufnahmen Foto Marburg. Hier Taf. 23.

d) St. Peter. J. Toynbee und J. W. Perkins, The Shrine of St. Peter and the Vatican Excavations, 1956, 89 f. Taf. 24 ff. Dionysischer Riefelsarkophag. Die Aufnahmen werden der Rev. Fabbrica di S. Pietro verdankt. Hier Taf. 25b; 26a, b.

B. a) Palazzo Mattei, MD. 2950. Löwenjagd. Rodenwaldt JdI. 51, 1936, 82 ff. Taf. 2. RR. 3, 306, 1. Hier Taf. 28a.

b) Museum der Praetextatkatakombe. Löwenjagd. Gütschow, MemPontAcc. 4, 1938, 66/38 Taf. 6 ff. AA. 1930, 372. 1937, 483, 2.

c) Algier, Museum. Bellerophon. Aymard Mél. 52, 1935, 143 ff. Taf. 1 ff.

C. a) Lateran, Robert ASR. 3, Nr. 21 Taf. 5. Adonis. Helbig-Amelung 3. Aufl. 2, 38, 1202. RR. 3, 272, 1. Anderson 24201 Foto Faraglia DAInst. Hier Taf. 29a; 30a.

b) Lateran, Robert ASR. 3 Nr. 167 Taf. 54f. Hippolytos. Helbig-Amelung 3. Aufl. 2, 39, 1203. RR. 3, 275, 5ff. Anderson 24202. Foto Faraglia DAInst. Hier Taf. 29b; 30b.

D. a) Jerusalem, aus Tourmous'aya. Jahreszeiten. Michon RB. 10, 1913, 111ff. Rodenwaldt JdI. 45, 1930, 183, 4. Hanfmann Nr. 463 Fig. 36. Hier Taf. 21b.

b) Domitillakatakombe, Fragmente. Jahreszeiten. Hanfmann Nr. 497 mit irrtümlicher Beschreibung, Fig. 25, »ca. 270 bis 280 AD.« Fotos DAInst. 1937/1943ff. Hier Taf. 20a. b.

c) Museum der Praetextatkatakombe. Weibliche Porträtbüste mit fliegenden Eroten und Velum. Gütschow 123/93 Taf. 19, 1. 33, 1. 37, 1, mit der Datierung 260/65. Wilpert 3 Taf. 275, 1. Hanfmann Nr. 452. Zusammengesetzt mit MD. 2459f. (Vgl. zu D, k).

d) Kopenhagen, Glyptotek N.C. 789, b. Thema wie c. Tillaeg Taf. 15. Hanfmann Nr. 453 Fig. 53 mit der Datierung 265/80. Lameere BCH. 63, 1939, 56ff. Taf. 12, 1.

e) Tarragona. Riefelsarkophag mit weiblicher Porträtbüste in der Mitte und je einem Löwen, der einen Widder reißt, an den runden Enden. Poulsen, Sculpt. ant. des Musées Esp. 1933, 64 Nr. 26 Fig. 107. Bovini, Sarc. Paleocr. 99, 68.

f) Conservatorenpalast, Trionfi 4. Jahreszeiten mit Grabtür. Hanfmann Nr. 336 Fig. 14. 33 »ca. 240 AD.«. Von Rumpf ASR. 5, 1 mit Nr. 81 Taf. 24 verglichen und ins 3. Viertel des 3. Jahrhunderts datiert. Hier Taf. 4a. b; 31c.

g) Louvre, Fr. 248. Jahreszeiten. Hanfmann Nr. 468 Fig. 44. 15 »Louvre II«, »ca. 240 bis 250 AD.«. Über die falsche Ergänzung: H. Jucker AA. 1955, 30.

h) Porto, Fragment. Jahreszeiten (Sommer und Teil des Herbstes). Hanfmann Nr. 476 Fig. 62 »close to 300 AD.«.

i) Museum der Praetextatkatakombe, Fragment. Kopf des Sommers. Gütschow 178/150, 2 Taf. 35, 2.

k) Ebendort, Fragment. Kopf eines trauernden Eros. Gütschow a. O. 3 Taf. 35, 4, vielleicht von dem rechten Ende von D, c, sonst von einem ähnlichen Stück.

Anhang I.

Zu den Erotenfriesen des Vettierhauses[1] (S. 64. 74).

Wegen der unübertroffenen Frische und Meisterschaft ihrer malerischen Eigenschaften fällt es schwer, in den Erotenfriesen des großen Tricliniums im Vettierhaus zu Pompei nicht überhaupt originale Erfindungen zu sehen. Aber schon die kleinen mythologischen Bilder dieses Raumes, die von denselben Händen gemalt sind — Agamemnon beim Artemisopfer, Orest vor Thoas, Apollon als Pythonsieger — arbeiten mit übernommenen Typen. Flavisch ist also offenbar nur das Malerische im engeren Wortsinn. So hat schon L. Curtius die Bilder verstanden, ohne auf die Frage nach ihren Mustern einzugehen[2]. Für die Erotenfriese läßt sich die Existenz hellenistischer Vorbilder erweisen. Hier seien einige von den Gründen dafür zusammengestellt.

1. Der Fries mit dem Bockswagen und dem bacchischen Zuge[3] ist eine Nachbildung der Bilder mit Umzügen, die als Darstellungen der Hochzeit des Gottes gemeint sind[4]. Die Figur, die auf einem Panther voranreitet, ist nicht Psyche, sondern ein Eros in der Rolle des Parochos[5]. Die Braut fehlt freilich. Der Bräutigam ist also auf dem Wege zu ihrer Heimholung. Auch die Fackeln passen dazu. Schon die attischen Kinder der klassischen Zeit haben bei ihren Spielen, mit denen sie diesen Teil der Anthesterienfeier nachahmten, Ziegenböcke vor ihre kleinen Wagen gespannt[6]. Der Bildtypus mit dem vierrädrigen Wagen, auf dem der trunkene Gott lässig gelagert ist, und auf dem vorn ein kleiner Kutscher sitzt[7], geht auf dieselben hellenistischen Muster zurück wie die Mehrzahl der erhaltenen Beispiele. In der schriftlichen Überlieferung werden solche Umzüge für die hellenistischen Städte Kleinasiens bezeugt[8].

Immerhin könnte mangels sicherer hellenistischer Beispiele behauptet werden, die Übertragung des Bildtypus in ein Erotenspiel sei erst in der frühen Kaiserzeit vorgenommen. Auf das Fehlen hellenistischer Erotenthiasoi würde sich diese Auffassung freilich nicht berufen können. Es braucht nur an die Canoleiosschalen er-

[1] S. HBr. Taf. 22 ff. 35,1.

[2] Die Wandmalerei Pompeis, 1929, 402 ff. Anders Rumpf, Hdb. d. Arch. 6, 1953, 181.

[3] MA. 8, 1898, 357 f., 55. HBr. 25. RP. 88, 5.

[4] Verf. AbhMainz 1952, Nr. 5.

[5] Verf. AA. 1953, 101.

[6] Van Hoorn, Choes and Anthesteria, 1951, Nr. 1 Fig. 303. Nr. 580 Fig. 256. Nr. 835 Fig. 451. L. Deubner, Att. Feste, 1932, 241.

[7] AbhMainz 1952, 5, Nr. 2, 5 und 6 haben diese Figur des Eros als Kutscher.

[8] AbhMainz 1952, 5, 402/16.

innert zu werden[9]. Aber angesichts des dargelegten Sachverhaltes dürfte die Last des Beweises dafür der anderen Seite zufallen. Hinzu kommen einige Beobachtungen an diesen Friesen, die nicht nur die Verwendung hellenistischer Kompositionsformen durch ihre Maler erweisen, sondern auch den unorganischen Charakter eines römischen Einschubs in diesen Zusammenhang.

2. Das kleine Bild auf schwarzem Grund mit dem Kriegspiel von Eroten, deren zwei auf Ziegenböcken reiten, darf hier angeschlossen werden, obwohl es sich nicht in demselben Raum befindet, sondern im Atrium[10]. Seine malerische Durchführung ist dieselbe .Die Komposition ist im Sinne des diagonalen Raumaufschlusses gebaut. Der Reiter der linken Hälfte sprengt von links hinten nach rechts vorne, der andere von links vorn nach rechts hinten. Der Sekundant dieses zweiten Reiters bewegt sich parallel zu dem ersten Reiter. Nur dessen Sekundant am l. Rande hat bildparallele Haltung. Für die drei anderen Figuren ergibt sich so ein Grundrißschema von der Gestalt eines Zickzacks, und darüber ein nach vorn stoßender Keil von Figuren mit einem luftgefüllten Keil rechts daneben. Gerade das ist das Kompositionsschema der hellenistischen Schlachtbilder, wie die Analyse der Reliefs am Iuliermonument in St. Rémy und der frühen römischen Schlachtsarkophage ergibt[11].

3. Der Fries, der die Herstellung von Parfums schildert[12] (Taf. 36a), wird am rechten Ende abgeschlossen von einer Gruppe, die darstellt, wie zwei Eroten die Keile einer Ölpresse mit großen Hämmern hineintreiben. In ihrer Haltung sind beide fast gleich. Aber der vordere in der Ecke ist vom Rücken gesehen, der hintere von vorn. Weil sie beide nach ihrer rechten Seite ausholen, und weil sie zusammen mit der Ölpresse über einer nach links hinten verlaufenden Tiefendiagonale angeordnet sind, ist das Ergebnis ein Bewegungseindruck und eine räumliche Wirkung von großer Energie. Die korrespondierende Divergenz der Leiber und das gemeinsame Ziel der Bewegung erhöhen die räumliche Illusion. Diese ihrerseits verleiht der Aktion ihre Prägnanz und Überzeugungskraft.

Auch dieses Schema ist durch hellenistische Kampfbilder bekannt.

An der Nordseite des Großen Altars von Pergamon ist die Gruppe im Rücken der Nyx so gebaut[13]. Auch da verläuft die Raumdiagonale nach hinten links. Sie wird gekreuzt durch den Gefallenen zwischen den beiden Kämpfern. Die übernächste Gruppe in östlicher Richtung, die stärker zerstört ist, war im Grunde ebenso angelegt[14]. In der Hieragruppe des Telephosfrieses[15] erscheint das Schema in bereicherter Form. Das Mittelmotiv steigert die Gegenbewegung, indem es sich an ihr

[9] Pagenstecher 76f., 35. NSc. 1951, 132, 10.
[10] MA. 8, 1898, 241f. 3. HBr. 35 oben.
[11] Verf. AbhMainz 1952 Nr. 8, 645/23. AA. 1943, 89ff. Andreae 74ff.
[12] MA. 8, 1898, 345f., 49. HBr. 22 unten. RP. 91, 3.
[13] AvP. 3, 2, 17. RR. 1, 210, 13. Kähler, Der Große Fries von Pergamon, 1948 Taf. 14.
[14] AvP. 3, 2 ,16. RR. 1, 210, 13. Kähler a. O. Taf. 13.
[15] AvP. 3, 2, 35, 1. RR. 1, 218, 24.

beteiligt. Die Amazone sprengt nach rechts, holt aber aus zum Schlag nach links. Die Tragweite dieser Erfindung für die Beurteilung des hellenistischen Bildraums hat bereits G. Krahmer erkannt[16]. Ohne mittleres Motiv begegnet man der Kampfgruppe wieder auf dem augusteischen Fries des ausgemalten Columbariums vom Esquilin, auf dessen hellenistischen Stil bereits hinzuweisen war[17] und auf dem Friese der Casa del Criptoportico in Pompei, von dem dasselbe gilt[18]. Auch der vom Rücken gesehene Gallier auf zwei frühantoninischen Schlachtsarkophagen, der einem pergamenischen Gemälde entstammt und auf den Sarkophagen seines ursprünglichen Gegenübers beraubt ist, geht auf eine solche Gruppe zurück, oder war mindestens von einer solchen inspiriert[19]. In ihrem Bau schließen sich an die dreifigurige Gruppe von zwei Satyrn und einer Mainade auf dem Krater Borghese l. von dem vierfigurigen Hauptmotiv (S. 92) und die Gruppe der beiden auseinanderfahrenden Satyrn zur L. des Gottes auf dem bacchischen Fries in Kos[20].

Ihrem Bau nach ist die Gruppe der beiden hammerschwingenden Eroten also eine Erfindung des 2. Jahrhunderts v. Chr. Sie ist in jeder Beziehung ein organisches Glied des Frieses, zu dem sie gehört. Dieser Fries ist triadisch gegliedert. Den beiden Eroten mit der Ölpresse entspricht an seinem anderen Ende die dreifigurige Gruppe der sitzenden Psyche in der Rolle der Käuferin, des stehenden kleinen Verkäufers und der kleinen Dienerin mit dem Fächer. Auch diese Gruppe ist auf einer Tiefendiagonale aufgebaut, die von der Ecke vorn nach hinten streicht. Zwischen diesen beiden räumlich korrespondierenden Rahmengruppen setzt sich der innere Teil des Frieses aus drei Gruppen zusammen. Das ungefähr symmetrische Motiv in ihrer Mitte bilden die beiden Eroten mit dem Mörser. Der sitzende Eros hinter einem Tischchen und die sitzende Psyche, die in einem Kessel rührt, bilden die beiden äußeren Glieder dieses Abschnitts. In sich korrespondieren sie locker. Ähnlich gebaut, wenn auch im Mittelteil freier, ist der Fries mit den Eroten als Walkern[21]. Der bacchische Zug (oben S. 169) und die Wettfahrt[22] stehen ihrer Motive wegen unter besonderen Vorbedingungen; sie verlangten die Reihung. Die Weinlese scheint in freier Weise dargestellt gewesen zu sein. Die Kelter nimmt die Mitte ein. Leider ist das r. Ende dieses Frieses so zerstört, daß sich über das Verhältnis seiner Figuren zu denen am anderen Ende nichts Sicheres sagen läßt[23]. Von dem Fries mit dem Weinverkauf ist nur das linke Ende erhalten. Dadurch, daß es nach l. geschlossen und

[16] GGN. 1927, 1, 25.

[17] MI. 10, 60. RP. 176, 7, oben S. 66f. Nr. 8.

[18] Spinazzola, Pompei 2, 1953, 920f., 919f. Vgl. 984f., 1006ff.

[19] Andreae 54ff. — S. Nachtrag unten S. 191.

[20] Benndorf-Niemann, Reisen im sw. Kleinasien 1, 14 Taf. 3. L. Ross AZ. 4, 1846, 283 Taf. 42. Goethert, Z. Kunst d. röm. Republik, 1931, 30. Horn, Stehende weibl. Gewandstatuen, 1931, 82. Karo AA. 1934, 193. Laurenzi Bd'A. 30, 1936, 138. Hahland ÖJh. 38, 1950, 66. Lippold Hdb. 5, 375. Morricone Bd'A. 35, 1950, 58. Garcia y Bellido, Arch. Esp. de Arqueol. 83/84, 1951, 153, 28. — KiB. 356, 6. RR. 1, 114, 2.

[21] MA. 8, 1898, 351f., 52. HBr. 24 unten. RP. 92, 3.

[22] MA. 8, 1898, 347f., 50. HBr. 23. RP. 80, 3.

[23] MA. 8, 1898, 355f., 54. RP. 85, 5. Mau RM. 11, 1896, 81f.

nach r. geöffnet ist, hat es rahmenden Charakter[24]. Das Bild mit den Goldschmieden setzt sich aus vier Gruppenkomplexen zusammen, von denen die beiden mittleren sich ungefähr symmetrisch entsprechen, während die äußeren nur eine locker rahmende Funktion ausüben[25]. Wesentlich und in allen Fällen übereinstimmend ist die Bedeutung des diagonalen Raumaufschlusses. Als schematischer Grundriß ergibt sich überall ein Zickzack wie bei dem kleinen Bild mit den auf Ziegenböcken reitenden Eroten im Atrium des Vettierhauses (oben S. 170, 2). Von den Friesen des Farnesinahauses, die als Illustrationen eines hellenistischen Romans verstanden werden, gilt dasselbe[26].

Dies sind nur wenige Beispiele. Der hoch- und späthellenistische Charakter dieser Raumform[27] dürfte deshalb nicht weniger sicher sein, weil er auch in der Forschung immer wieder übersehen oder nicht verstanden wird. Hier soll nur deshalb auf diesen Sachverhalt hingewiesen werden, weil es darauf ankommt, zu sehen, wie das Motiv der beiden mit Hämmern bewaffneten Eroten, die sich um die Ölpresse bemühen, und diese Kompositionsform sich gegenseitig bedingen. Die hellenistische Natur der Komposition in Frage zu stellen, wäre also nur möglich, wenn der hellenistische Ursprung des Motivs nicht sicher wäre. Es sei hinzugefügt, daß auch auf den Friesen des Farnesinahauses dieses Gruppenmotiv nicht fehlt. Es findet sich, zwischen einem nach rechts sprengenden ledigen Pferd und einer Gerichtsszene, in Gestalt der Gruppe zweier Männer, von denen der eine mit einem Dreizack auf den anderen losgeht[28].

Zur Bestätigung sei auf den einzigen der Erotenfriese des Tricliniums im Vettierhaus hingewiesen, der sich zentral zu komponieren bemüht. Es ist der an beiden Enden sehr zerstörte mit der Vestafeier[29]. Eine Gruppe von fünf zechenden Eroten und Psychen nimmt die Mitte ein. Sie wird symmetrisch eingefaßt von den beiden Eseln, deren Körper der Mitte zugewandt sind. Beiderseits an den etwa gleichlangen Enden ist nur für wenige Figuren Raum gelassen. Die davon allein erhaltene links neben der Mittelgruppe, eine kleine Dienerin, ist zwar schräg vom Rücken gesehen. Aber in der Mitte setzt sich dies nicht fort. Denn die Zecher sind, mit Ausnahme der sitzenden Figur links, ebenso profilmäßig gebildet wie der Esel am rechten Ende. Nur durch ihre Staffelung wird wenigstens ein Anklang an die Diagonalität gewonnen. Für das gelagerte Paar, das die rechte Hälfte der Mittelgruppe bildet, ist ein längst ausgebildetes Gruppenschema verwandt, das aus Frieskompositionen stammt. Beide sind Rücken an Rücken angeordnet. Die eine Figur, die im Ganzen von vorn zu sehen ist, legt den einen Arm über ihr Haupt. Die andere bietet sich in Rückenansicht dar. Sie scheint dem Esel aus einem Becher zu trinken zu geben. Am ähnlichsten sind Gruppen auf Calener Schalen[30], auf einer ihnen gleichzeitigen Silber-

[24] MA. 8, 1898, 359f., 56. HBr. 25 unten. RP. 86, 7.
[25] MA. 8, 1898, 349f., 51. HBr. 24 oben. RP. 86, 10.
[26] MI. 11, 45ff. RP. 322f. Rumpf, Hdb. d. Arch. 6, 1953, 174f.
[27] Verf. AA. 1932, 277ff., 1943, 89ff. Abh. Mainz 1952 Nr. 8. MdI. 5, 1952, 117ff.
[28] MI. 11, 47. RP. 323, 2.
[29] MA. 8, 1898, 353f., 53. RM. 11, 1896, 80. Mau, Pompei in Leben und Kunst, 1900, 328, 170.
[30] Pagenstecher Nr. 119 Taf. 13.

schale[31] und auf hadrianischen oder frühantoninischen Sarkophagdeckeln[32]. In allen diesen Fällen handelt es sich um Darstellungen von Gelagen. Auf jüngeren Sarkophagen wird der Typus dieser Gruppe in anderen Zusammenhängen verwandt[33]. Der Unterschied von dem Erotenbild des Vettierhauses liegt bei allen anderen Beispielen namentlich darin, daß die vom Rücken gesehene Figur sich zu ihrem Partner umwendet, während sie dort nach außen gewandt ist. Die Rückwärtswendung pflegt diese Figur auch bei den entsprechenden Gruppen gegeben zu sein, in denen die von vorn gesehene nicht den Arm über den Kopf legt[34]. Ein Gruppenmotiv, das für die friesmäßige Darstellung von Gelagen erfunden war, ist also in dem Bilde des Vettierhauses mit der Vestafeier dem neuen Thema zuliebe umgebogen. Eine genau übereinstimmende Gruppe findet sich nur auf dem zweiten pompeianischen Fresko mit derselben Darstellung. Es befand sich im Macellum, ist jetzt aber zerstört[35].

Die abgeleitete, nicht einheitliche Art dieses Bildes aus dem Vettierhaus machen auch die beiden Esel deutlich. Der Vergleich mit denen auf dem anderen Fresko dieses Themas (H. 777) zeigt, daß die Esel gemeint sind, die den Mühlstein treiben. Sie sind zur Feier des Tages ausgespannt und sollen es auch gut haben. Die starke Verkürzung und der Platz des Esels r. von dem Mühlstein auf diesem zweiten Bilde klären uns auch über seine Herkunft auf. Er stammt aus den in der römischen Volkskunst entwickelten Bildern, die diese Tiere bei ihrer Arbeit vorführen und ihnen dabei gelegentlich eine kräftige Verkürzung geben, um ihre kreisende Bewegung deutlich zu machen[36]. Die Umstellung des Eselpaares auf dem Fries im Vettierhaus gegenüber dem anderen, der Erfindung offenbar näheren Bild hat in dem Unterschied der Bildform ihren Grund. Diese verbot ihrer gestreckten Art wegen die nach l. verkürzte Form als r. Abschluß der Mittelgruppe, verlangte aber für die Rahmung ungefähr symmetrische Korresponsion. Das führte zugleich zur Milderung der Verkürzung des jetzt am l. Rande der mittleren Gruppe angeordneten Tieres. Dem anderen brauchte an seinem neuen Orte nur die umgekehrte Richtung gegeben zu werden. Auch das Bild H. 777 ist nicht gerade einheitlich komponiert. Aber die Nischenbildung der Figuren in der Mitte kommt leidlich zum Ausdruck und damit ein römisches Motiv. Als römisch muß auch auf diesem Fries des Vettierhauses die Zentralisierung verstanden werden, die von der triadischen Komposition des Frieses mit der Parfumherstellung sehr verschieden ist. Aber sie wird in sich gebrochen, einerseits durch die friesmäßigen, z. T. auch aus Friesen stammenden Motive, auf die aufmerk-

[31] G. M. A. Richter, AJA. 45, 1941, 362 ff., 6.

[32] Louvre, Musensarkophag Fr. 378. Cumont, Symb. Taf. 32. RS. 1, 35, 4 = RR. 3, 196, 1. Istanbul, Meleagersarkophag M. 4.

[33] Endymionsarkophag Rospigliosi ASR. 2, 55 Taf. 15. RR. 3, 317, 2. — Mars-Rhea Silvia Sarkophag Mattei ASR. 219 Taf. 60f. RR. 3, 291, 3.

[34] Sarkophagdeckel in Cambridge, Villa Doria und Turin RR. 2, 443. 3, 242, 2, 423, 5. Pompeianisches Bild H. 376. Rizzo PER. 107 l. Herbig, Pan Taf. 28, 1. — RP. 43, 11. 93, 3 f. RR. 2, 113, 5.

[35] H. 777. Blümner, Technologie 1, 1912, 46 f., 23. RP. 88, 3.

[36] Blümner, Technologie 1, 1912, 40 ff. Dazu Calza, La Necropoli del Porto di Roma, 1940, 255, 154. Espérandieu 9, 1925, 191 Nr. 6903 = RR. 2, 232, 1.

sam zu machen war, sowie durch die Staffelung, andererseits durch die diagonale Bildung bei der vom Rücken gesehenen Psyche l. im Vordergrund und bei dem verkürzten einen Esel.

Daß von den Erotenfriesen des Vettierhauses gerade der mit einem römischen Thema nicht konsequent komponiert ist und römische Formmerkmale erkennen läßt, dürfte kein Zufall sein. Die Zurückführung der anderen auf hellenistische Muster wird dadurch bekräftigt.

Von der anderen Seite her findet diese Beurteilung ihre Bestätigung durch zwei andere pompeianische Fassungen der Gruppe, die auf dem Fries des Vettierhauses mit der Kranzflechterei das l. Drittel einnimmt[37] (Taf. 36b). Auf dem Fries des Vettierhauses steht hier ein Tisch in diagonaler Richtung von vorn l. nach hinten r., über und hinter dem das Gestell mit den vorbereiteten Blumengewinden sichtbar ist Von den drei kleinen Figuren, die an ihm sitzend arbeiten, ist die eine schräg vom Rücken gesehen. Die hintere der beiden, die ihr gegenübersitzen, ist sehr zerstört. Die andere wendet sich schräg nach l. und findet in dieser Richtung ihre Fortsetzung in der von hinten gesehenen stehenden Psyche, der sie offenbar etwas sagt. Der diagonale Bau des Ganzen läßt an Deutlichkeit nichts zu wünschen.

Im Vettierhaus ist dies nur die eine von drei zeitlich aufeinander folgenden Episoden, die das Kranzflechten schildern. Zu einem Bild für sich ist sie auf dem nicht mehr vorhandenen Fresko H. 800 aus dem Macellum verwandt[38]. Nur die Elemente sind vorhanden: Der Tisch, das Gestell mit den Blumengewinden, die Bänke und die Eroten, die darauf bei ihrer Arbeit sitzen. Aber durch eine andere Verkürzung des Tisches, durch eine Verschiebung in die Mitte des Bildes und durch die Staffelung der vier sitzenden Eroten, ist eine zentrale Nischenkomposition daraus geworden. Von den gleichgroßen Flügeln des Bildes neben dem mittleren Motiv wird der l. von einer Gruppe von Eros und Psyche eingenommen, der r. von einer Psyche, die mit einem auf einem Tisch stehenden Korb beschäftigt ist. Die abgeleitete Natur dieser Komposition wird nicht nur durch ihren Schematismus und ihre auch im Einzelnen ausdrucksloseren Motive erwiesen, sondern auch durch die Existenz eines Zwischengliedes.

Es ist dies das verlorene Fresko S. 364 aus dem Triptolemoshause[39]. Mit dem Fries des Vettierhauses hat es die diagonale Stellung des Tisches, den vom Rücken gesehenen Eros r. und das Paar ihm gegenüber gemeinsam. Aber von diesem Paar hat der vorn sitzende Eros statt der interessanten Drehung aus dem Bilde heraus eine allgemeine und belanglose Profilansicht bekommen. Die ihm entsprechende Gestalt auf dem zentral komponierten Bilde H. 800 stimmt in der Haltung genau mit ihm überein. Daß die originale Erfindung nicht dies ist, sondern die auch in ihrer Diagonalität mit der Anlage der ganzen Gruppe zusammengehende Fassung auf dem Fries des Vettierhauses, ist klar. Wichtig ist aber nicht die Feststellung, daß es Umbildungen und Abschwächungen dieser Bilder des Vettierhauses schon in Pompei gab,

[37] MA. 8, 1898, 343f., 48. HBr. 22 oben. RP. 92, 3.

[38] Gerhard AB. 62. MB. 4, 47. HBr. 1 Text S. 34, 8. RP. 92, 1.

[39] AZ. 31, 1873 Taf. 3, 2a. HBr. Text 1 S. 34, 8. RP. 92, 2.

sondern daß diese Umbildungen aus einem anderen stilistischen Empfinden heraus vorgenommen wurden. Daß dieses Empfinden das damals zeitgemäße römische ist, habe ich im Anschluß an die grundlegenden Beobachtungen E. Strongs und G. Rodenwaldts an anderer Stelle begründet[40]. Auch das kleine Bild, das hier als Zwischenglied angeführt wurde, S. 364, läßt diese Bestrebung schon erkennen. Die beiden gebückten Eroten statten die Hauptgruppe mit einer symmetrischen Rahmung aus, so daß dieses Bild zwar noch keine Nischenkomposition ist, wohl aber die Tendenz zur Zentralisierung erkennen läßt. In Verbindung mit diesen beiden Rahmenfiguren haben die senkrecht hängenden Blumengewinde die Funktion einer Mittelachse bekommen. Auch die gebückten Eroten stellen wie der sitzende an der vorderen l. Ecke des Tisches, eine Umbildung und Abschwächung von Motiven aus den Friesen des Vettierhauses dar. Man vergleiche etwa den Eros, der auf dem Fries mit der Weinlese (oben S. 171) Trauben in ein Gefäß schüttet, die Gestalt am r. Ende des Frieses mit den Walkern (oben S. 171) oder die vor den Ziegenböcken des bacchischen Zuges (oben S. 169). Dies braucht natürlich nicht als eine unmittelbare Abhängigkeit der anderen Bilder von denen des Vettierhauses verstanden zu werden. Die Umformungen können auch von deren Quelle abhängen.

Hingewiesen sei nur noch darauf, daß es auch von der Darstellung der Parfumbereitung in Pompei eine zweite Fassung gibt. Sie wurde auch im Triptolemoshause gefunden und ist auch verschollen[41]. An ihrem l. Ende ist sie eine Kontamination aus zwei Friesen des Vettierhauses, dem mit demselben Thema und dem mit den Kranzflechtern. Aus dem letzteren stammt der schräge Tisch mit der vom Rücken gesehenen sitzenden Figur daran. Die sitzende Psyche l. ist aus dem Motiv am l. Rand des anderen Bildes abgeleitet. Sie ist aber ebenso unorganisch an die Tischecke herangeschoben wie der Eros an der entsprechenden Stelle des in dem gleichen Hause gefundenen Bildes mit den Kranzflechtern, in dem ein Zwischenglied zwischen der Fassung des Vettierhauses und der in Nischenform komponierten erkannt wurde. Die Figur, die der nun an den Tisch gerückten sitzenden Psyche etwas reicht, ist eine Mischung aus dem Eros hinter dem Tischchen auf dem Fries des Vettierhauses mit der Parfumherstellung und der Gestalt an der entsprechenden Ecke des Tisches mit den Kranzflechtern dort. Auch an dieser Stelle zeigt sich also der Zyklus des Vettierhauses nicht nur als der bessere, sondern auch als der dem Original treuere. Daß er selber nicht das Original war, hat sich vor allem ergeben aus der Existenz eines in thematischer wie in kompositioneller Beziehung römischen Einschubs. Dies ist das Bild mit den Vestalia. Die Erfindungen, die auf den anderen Friesen des Vettierhauses so meisterhaft vorgetragen werden, sind also das Verdienst der hellenistischen Vorbilder. Man wird diese über die Zeit des Telephosfrieses nicht hinaufdatieren wollen.

[40] AbhMainz 1952 Nr. 8. Festschr. f. B. Schweitzer, 1955, 319ff.

[41] S. 366. AZ. 31, 1873 Taf. 3, 2b. HBr. 1, Text S. 35, 9. RP. 91, 2.

Anhang II

Zum Theseusbilde aus der Basilica von Herculanum (S. 73)

Die Beurteilung des Wandbildes aus der Basilica von Herculanum mit dem über den Minotauros triumphierenden Theseus (Taf. 37a), die im Text gegeben ist, bedarf einer Begründung. Von den Gelehrten, die sich mit ihm beschäftigt haben, hält nur Diepolder es auch für die Wiedergabe eines hellenistischen Originals. Alle anderen führen mindestens die Hauptfigur auf ein spätklassisches Vorbild zurück. Unter den »freien Umgestaltungen geprägter Typen« wird es von Rumpf aufgeführt.

Die einzige erhaltene Wiederholung des Themas ist eine Malerei 4. Stils aus dem Hause des Gavius Rufus in Pompei[41a]. Sie pflegt zusammen mit dem Bilde aus Herculanum behandelt zu werden. Ich stelle die Literatur über die beiden Bilder voran, wobei ich von den Erscheinungen absehe, die sich auf die Abbildung beschränken.

Amelung RA. 1904, 2, 342.
Herrmann Text zu HBr. 1, 1904/31, 107. 195.
Rodenwaldt, Die Komposition der pompeianischen Wandbilder, 1909, 141.
Klein OeJh. 13, 1910, 148.
v. Salis, Die Kunst der Griechen, 1919, 219; 4. Aufl. 1953, 240.
Pfuhl MuZ. 1923, 789f.
Diepolder RM. 41, 1926, 45.
Wirth RM. 42, 1927, 49ff.
Bulle, Untersuchungen zum griech. Theater, 1928, 308.
Curtius, Die Wandmalerei Pompeis, 1929, 213. 319.
Matz AA. 1932, 283.
Schefold UKV. 1934, 127.
Neutsch, Der Maler Nikias, 1940, 71.
Sieveking JdI. 56, 1941, 88.
Matz AA. 1944/5, 107 (mit zu spätem Zeitansatz).
Lippold, Gemäldekopien, 1951, 115.
Schefold, Pompeianische Malerei, 1952, 141.
Rumpf, Malerei und Zeichnung, Hdb. d. Arch. 4, 1, 1953, 179.
Schweitzer, Platon und die Bildende Kunst, 1953, 76.

Unter den angeführten Äußerungen beziehen sich die von Rodenwaldt, Wirth und Sieveking so gut wie nur auf das Bild aus dem Hause des Gavius Rufus. Die Zeichnung in einer Handschrift des 15. Jahrhunderts, die M. Mayer veranlaßt hat, ein einst in Rom vorhandenes Bild anzunehmen, das mit dem herculanensischen übereinstimmte[42], ist durch Degering als Fälschung erwiesen[43]. Als Pfuhl sich der Meinung M. Mayers anschloß, kannte er die Ausführungen Degerings noch nicht.

[41a] S. 527. HBr. Taf. 143. RP. 214, 6. — Ein verlorenes Bild: S. 528. — Das mit diesem Thema aus der Villa Imperiale ist noch unveröffentlicht.

[42] AA. 1919, 118ff., 1923/24, 22ff.

[43] AA. 1923/24, 13ff.

Die beiden Bilder unterscheiden sich durch die Proportionierung der Figuren, durch die verschiedene Weite des Raumes und durch die Höhenlage ihres Horizontes. Wichtiger ist, daß die Komposition auf dem Bilde aus Herculanum diagonal, auf dem anderen zentral organisiert ist. Dieser Sachverhalt scheint bei der Frage nach dem Vorbild noch nicht genügend berücksichtigt zu sein.

Das Bild aus Herculanum ist höher gewesen als im jetzigen Zustand. Schwerlich ist oben aber mehr verloren gegangen, als ein Stück von der Breite, die für das Haupt der links sitzenden Ortsgöttin nötig war. Zerstört ist auch der rechte Rand. Hier fehlt höchstens ein schmaler Streifen[44]. Die Gestalt des Theseus nimmt jedenfalls die Mitte der Fläche zwischen rechts und links ein. Zugleich befindet sie sich in der Mitte zwischen vorn und hinten. Der dargestellte Raum hat die Gestalt einer flachen Bühne. Der Platz des rechten Fußes unmittelbar hinter dem vorderen Bildrande stimmt zwar nicht zu dem räumlichen Zurückschieben der Figur durch ihre Verbindung mit dem Minotauros und dem Knaben über ihm. Die Inkonsequenzen dieser Art auf den kampanischen Wandbildern haben aber ihren Grund in der nur gefühlsmäßig gewonnenen antiken Konstruktion des Raumes überhaupt, die sich ohne die Kenntnis des Augenpunktes behelfen muß. Was gemeint ist, läßt sich nicht bezweifeln.

Hinten r. wird der Raum begrenzt durch das vom Bildrand überschnittene Portal des Labyrinths. Der tote Minotauros, am Boden ausgestreckt, mit dem Kopf in der Ecke l. unten, stellt diagonal die Verbindung mit dem vorderen Bildrand her. Neben seinem r. Ellenbogen berührt der r. Fuß des Theseus mit ganzer Sohle den Boden. Der zurückgesetzte l. streift ihn nur mit den Zehenspitzen. Bereits in der schrägen Ansicht des l. Unterschenkels von außen in Verbindung mit dem liegenden Körper daneben macht sich die schräge Richtung auch der Bewegung bemerkbar. Die räumliche Funktion des r. Unterarms wird durch seine Verbindung mit dem Knaben, der ihn küßt, geklärt. Wie die Stellung seiner Beine und die Verkürzung seines Körpers erkennen lassen, bewegt er sich in derselben Richtung, in der die Leiche liegt, auf einer etwas höheren Stufe des Geländes. Gerade die Figur dieses Knaben, die den Anstoß zu dieser Abschweifung gegeben hat wegen ihrer Verwandtschaft mit dem einen der traianisch-hadrianischen Eroten auf dem Reliefzyklus mit den Götterthronen, zeigt den integralen Zusammenhang der Komposition. Der Typus findet sich mit geringfügigen Änderungen auch auf anderen pompeianischen Bildern. Dann ist er aber entweder eine wenig organische Vermittlung zwischen zwei Figuren, die verschiedenen Zusammenhängen entnommen sind[45] oder, indem nur sein oberer Teil sichtbar wird, ein bloßes Attribut[46].

Der Diagonalität, die der Knabe zusammen mit dem Minotauros herstellt, folgt auch der r. Unterarm des Theseus. Die Verkürzung des anderen Unterarms zusammen mit der zurückgenommenen Schulter darüber, läßt diesen parallel und also ebenfalls diagonal wirken, während die Schultern sich im allgemeinen bildparallel darbieten. Dieser Arm zeigt sich noch mehr als das Bein unter ihm von seiner Außen-

[44] Lippold a. O. 118 A. 3 überschätzt seine Breite.

[45] S. 132. HBr. 191. RP. 60, 3. — H. 324. RP. 66, 4.

[46] Beispielsweise H. 276. RP. 62, 8. — H. 773. RP. 94, 2. — H. 113. HBr. 186. RP. 9, 7.

seite. So entsteht r. im Bilde ein offener Winkel. Gefüllt ist er mit den drei attischen Kindern. Das vordere erscheint im wesentlichen bildparallel. Das mittlere ist ähnlich diagonal gestaltet wie die Hauptfigur. Das hintere, von dem nur ein Stück des Kopfes sichtbar ist, schließt sich ihm offenbar an.

Den geschlossenen Winkel hinten auf der anderen Seite füllt ein Felsen mit einer darauf sitzenden Ortsgöttin. Dieser Komplex scheint allerdings etwas weiter zurückzuliegen als die Architektur mit dem Tor auf der anderen Seite. Die beiden Profilfiguren in den Ecken l. oben und r. unten sind auch in ihrer räumlichen Funktion aufeinander bezogen. Sie markieren die Bildebene vorn und hinten. In der Mitte zwischen ihnen schließen sich die Schulterachse und der Rumpf des Theseus ihnen an. Im Verhältnis zu den diagonalen Elementen üben diese bildparallelen Schichtungen im Aufbau des Bildes eine sekundäre Funktion aus. Sie klären durch ihren Kontrast die diagonalen Motive. Bestimmt wird die Komposition als Ganzes durch die Diagonale, die es in seiner Mitte durchzieht, seine Öffnung schräg nach l. zustande bringt und der Hauptfigur ihre Energie und ihr triumphales Pathos mitteilt. Ein wirkungsvoller Faktor dieses Systems, in dem sich diagonaler Raumaufschluß und diagonale Bewegung kunstvoll verbinden, ist das Haupt des Theseus, dessen Wendung und dessen feuriger Blick sich mit der Hauptachse kreuzen. Reflektierend werden sie vom Haupte des den Arm küssenden Knaben aufgenommen. Solcher Kontrast intensiviert die herrschende Richtung, die der bildparallele Kontrast klärt.

Aber ist wirklich ein Schreiten gemeint? Der Knabe, der den l. Unterschenkel umfaßt und die Wade küßt, scheint dem zu widersprechen. Setzt nicht seine Haltung einen stehenden Theseus voraus?[47] Offenbar liegt für die übliche Zurückführung der Hauptfigur auf ein mit Statuen vergleichbares und ihnen verwandtes Standmotiv der ausschlaggebende Grund in diesem Knaben. In der Tat ist Theseus in seinem Kontrapost dem seit Polyklets Speerträger immer wieder benutzten System nahe verwandt. Als Beispiele des 4. Jahrhunderts seien der lysippische Agias[48] und der Hermes Farnese-Andros[49] genannt. Ist es also nicht einfach die leicht über Eck gestellte Ansicht einer solchen Figur? Auch bei ihnen entsteht nämlich der Eindruck der Bewegung, wenn im Bilde eine ihrer Schrägansichten festgehalten wird[50], obwohl der Konzeption nach entweder ein allgemeiner, zeitloser Schwebezustand zwischen Ruhe und Bewegung gemeint ist, wie namentlich in der Hochklassik, oder ein ruhiges Stehen. Diese Verschiebung der Wirkung ist eine Folge davon, daß bei der Schrägansicht die tiefenmäßige Funktion der Horizontalachsen nicht mehr zur Geltung kommt. Denn für die eigentliche Ansicht wird der Kontrapost nicht nur durch die Konvergenz dieser Achsen nach der Seite des Standbeins und durch die Führung der Vertikalachse getragen. Der Chiasmus der Horizontalachsen in ihrer Beziehung auf vorne und hinten gehört integrierend dazu. Bei einer Rückübersetzung des Theseus

[47] Lippold 117 spricht von »dem festen Stehen« dieses Theseus.

[48] KiB. 331, 3.

[49] Lippold, Hdb. d. Arch. 4, 275 Taf. 96, 4.

[50] Man kann sich davon z. B. durch einen Blick auf Taf. 1, C 16 bei Alscher, Griech. Plastik 3, 1956, überzeugen.

in die Vorderansicht ebenso wie bei einem Vergleich zwischen ihm und den entsprechenden Schrägansichten der genannten Statuen ergibt sich aber, daß er anders gebaut ist[51]. Anstatt des Eindrucks einer chiastischen Überschneidung der Schulter-, Hüft- und Knieachsen stellt sich heraus, daß sie sich wesentlich parallel zueinander verhalten. Durch ihre verborgene Übereinstimmung mit der Bildebene erhält diese Parallelität ein besonderes Gewicht. In Verbindung hiermit ist durch die Ansicht des r. Armes und des r. Fußes von ihrer Innenseite und durch die Art, wie sich nicht nur der l. Arm, sondern auch der Rumpf und das l. Bein weithin von ihrer Außenseite präsentieren[52], der Zug nach der r. Körperseite zum Hauptmotiv geworden und das funktionelle Gleichgewicht zwischen den Hälften des Körpers gestört. Der Gewinn besteht in der entschiedenen Öffnung der Figur nach dieser Seite, die sich in der schrägen Richtung des l. Unterschenkels nach hinten fortsetzt. Damit ist gesagt, daß diese Figur im Unterschied von den mit ihr verglichenen Statuen und in Übereinstimmung mit der Komposition des Bildes die Diagonalität bereits in sich selber trägt. Sie hat sie nicht erst durch ihre Stellung im Bilde erhalten. Statisch setzt dies aber ein Schwingen des Körpers um die Seite des Standbeins voraus, das transitorisch ist. Es läßt sich nur im Zusammenhang der Bewegung der ganzen Figur verstehen. Die Hemmung, die demgegenüber die Figur des Knaben neben dem l. Unterschenkel bedeutet, setzt sich jedenfalls für den Ausdruck nicht durch. Auch dieses Motiv muß als transitorisch verstanden werden. Man wird ihm eher gerecht, wenn man es als eine kompositionelle Kühnheit versteht, nicht als eine Schwäche.

Das offene Standmotiv mit dem weit abgestellten Spielbein, das Lysipp eingeführt hat, wird in der hellenistischen Plastik auch für stehende Figuren verwandt. So ist es beim Alexander aus Gabii[53], dem bronzenen Herakles aus Byblos[54] und dem jungen Achill des Chironbildes aus derselben Basilica in Herculanum[55]. Die Bewegung schwingt auch um die Standbeinseite. Die Schulter und der Arm auf dieser Seite sind aber zurückgenommen und nicht nach vorne geschoben. Dadurch bleibt die Bewegung auf die Figur beschränkt. Sie setzt sich nicht nach außen fort. Die innere Erregung drückt sich in ihr aus. Sie überträgt sich nicht in Handlung. Näher in dieser Beziehung steht die delische Statue des Ofellius dem gemalten Theseus[56]. Aber der auf ein Szepter gestützte Arm der Standbeinseite wirkt der Diagonalität entgegen. Im übrigen hat der keineswegs fehlende Ausdruck der Bewegung in dem

[51] Aufschlußreich ist auch der Vergleich mit den Schrägansichten stehender Figuren, die so gebaut sind wie die genannten Statuen, auf klassischen Reliefs: 1. Orpheus auf dem Dreifigurenrelief Neapel-V. Albani-Louvre. 2. Frau auf dem Grabrelief Conze 322 Taf. 80. Diepolder Taf. 42, 1. 3. Prokleides auf dem Grabrelief Conze 718 Taf. 141. Diepolder Taf. 46.

[52] Namentlich weil der Oberschenkel von vorne zu sehen ist und weil der entlastete Fuß neben, nicht hinter dem anderen erscheint, ist der dem Theseus motivisch so ähnliche Hermes des Ixionbildes im Vettierhaus, HBr. 39. RP. 194, 1, ein Stehender.

[53] KiB. 335, 2.

[54] Ebda. 339, 8.

[55] H. 1291. HBr. Taf. 82. RP. 166, 1.

[56] BCH. 5, 1889 Taf. 12. Expl. Délos 13, 1932, 21f., 13.

angestrebten Eindruck heroischer Epiphanie seine Begründung. Bei einer anderen, auch auf Delos gefundenen Porträtstatue eines Römers führt der Klassizismus das Motiv wieder auf seinen Anfang zurück[57].

Stimmt so dieser Theseus in seiner Struktur mit der Struktur des ganzen Bildes überein, so ist damit schon gesagt, daß dieses ein einheitliches, in sich geschlossenes Werk ist. Es bleibt zu prüfen, ob diese Einheit eine Leistung erst des römischen Malers ist, oder ob er sie von seinem griechischen Muster übernommen hat. In diesem Falle wäre noch festzustellen, ob sie spätklassisch oder hellenistisch ist. Weil die Überlieferung der römischen Bestandteile der campanischen Wandbilder erst nach Ablösung der griechischen zu ermitteln ist, beginnen wir mit der Frage nach diesen letzteren.

Nur hingewiesen sei auf die Unwahrscheinlichkeit der Annahme, daß schon die spätklassische Malerei so raumhaltige, diagonal organisierte Kompositionen kannte. Weil die Unterschätzung der Struktur als der inneren Form gerade auf diesem Gebiet noch immer an der Tagesordnung zu sein scheint, soll die Unmöglichkeit der Datierung dieser Komposition in das 4. Jahrhundert zunächst nicht auf diesem Wege, sondern an ein paar Einzelheiten deutlich gemacht werden.

Es hat sich herausgestellt, daß die üblichen Vergleiche mit Statuen des 4. Jahrhunderts sich nicht durchführen lassen, weil diese Statuen Stehende darstellen, während Theseus auf dem Bilde aus Herculanum im Schreiten begriffen ist. Wie steht es aber mit seinem Verhältnis zu einer wirklich schreitenden spätklassischen Figur? Sollte nicht der Vergleich, den Amelung schon vor über 50 Jahren mit dem Apoll vom Belvedere vornahm, jetzt wieder aktuell geworden sein?

Das Motiv der Beine ist in der Tat bei beiden in manchem Sinne ähnlich, wenn man die vatikanische Figur von ihrer l. Seite her ins Auge faßt, wie es noch immer viele Aufnahmen tun. Aber während der Theseus in seinem Bau der Diagonalität der Komposition entspricht, kann von einer solchen Gestaltungsweise bei der Statue nicht die Rede sein. Ihr Kontrapost ist in sich ausgewogen, der des Theseus ist auf den Raum bezogen, bzw. aus ihm abgeleitet. Er bewegt sich schräg zur Front seines Rumpfes, Apollon geradeaus. Brust, Schultern und l. Arm des Gottes bilden eine Front, die im r. Winkel zur Richtung seines Schreitens steht. Schon dies verbietet die üblichen Aufnahmen des Apoll schräg von seiner l. Seite als mit seiner eigentlichen Ansicht übereinstimmend aufzufassen. Auch unabhängig davon ist eine so rhythmisierte Figur in dem diagonalen System unseres Gemäldes nicht unterzubringen. Trotz seines Bewegungsmotivs ist der Belvederische Apoll eine klassische Statue, die sich ihren Raum selber schafft und unberührt bleibt von der Gesetzlichkeit eines als Medium wirkenden Bildraums.

Mindestens ebenso inkommensurabel ist eine gemalte spätklassische Figur, deren scheinbare Ähnlichkeit mit dem Theseus des Gemäldes zu dessen Zurückführung auf dieselbe Phase hat dienen müssen. Es ist der Herakles auf der Eleusinischen Pelike aus Kertsch in der Ermitage[58]. Daß er steht und nicht schreitet, ließe sich freilich aus

[57] Michalowski, Expl. Délos 13, 1932, 17ff. Taf. 14ff.

[58] Schefold UKV. Nr. 368 Taf. 35. FR. 70. Der Hinweis bei Schefold a. O. 127.

der Verschiedenheit des Themas begründen. Daß die Form überhaupt auf dem Gemälde offener ist, auf der Vase geschlossener, kann zur Not auch mit dem anderen Motiv hier und dort erklärt werden. Grundverschieden ist der bildparallele und geschichtete Aufbau der Form, wie ihn der Vasenmaler vornimmt. Schon dem Fuß des Standbeins fehlt die diagonale Richtung. Dieses Bein liegt mit dem Arm daneben und mit der kleinen Keule, die er hält, in einer vertikalen Schicht. Auf der anderen Seite schließt sich dieser Schicht die geschulterte Fackel mit ihrer zurückhaltenden Schräge an. Brust und Bauch sind auf der r. Körperseite freilich verkürzt. Aber im Rahmen der übrigen festen Schichtung wird der überfangende Raum dadurch nicht aufgeschlossen. Räumlich angesehen ist diese Figur auf den Ausdruck ihrer eigenen Körperlichkeit angewiesen und damit von dem gleichzeitig in den umgebenden Raum ausgreifenden und von diesem formal determinierten Theseus so verschieden, daß der allgemeinen motivischen Ähnlichkeit für die Datierung des Theseus als Erfindung jede beweisende Kraft fehlt.

Wie eine schräggestellte gemalte Figur dieser Stilstufe aussieht, zeigt der Herakles einer anderen Kertscher Vase, der zwischen Athena und einem Mädchen (Hebe?) steht, das ihn mit einer Tainie schmücken will (Kelchkrater in Athen, Schefold UKV. Nr. 213 Taf. 48 l.). Keule, Haupt, beide Arme und r. Bein sind in silhouettenhafter Weise bildparallel gestaltet. Die Verkürzung des Rumpfes ist vorn und hinten durch die Schichtungsmotive der Arme eingefaßt. Die diagonale Stellung des Oberkörpers bleibt also ohne jede Beziehung zum umgebenden Raum und zu den anderen Figuren in ihm. Im Gegenteil, sie findet in den auf die Bildfläche, also gerade nicht auf den Raum hin orientierten Schichtungsmotiven der Figur selber ihre Begrenzung. Hier verbietet der dargestellte Vorgang von einem Schreiten zu reden. Die schon oben herangezogenen spätklassischen Reliefs stimmen in dieser Beziehung völlig mit dem Vasenbild überein[59].

Der Vergleich mit den beiden Vasenbildern und mit den Reliefs ergibt, wie verschieden motivisch übereinstimmende Figuren sein können und wie sehr es auf die Struktur ankommt, wenn man nach dem Vorbild einer Figur der campanischen Wandmalerei fragt. Nachdem für das Theseusbild aus Herculanum die klassischen Parallelen sich nicht als tragfähig erwiesen haben, kommen gerade in struktureller Beziehung hellenistische zu Hilfe.

Die eine von ihnen ist das stattliche Heroenrelief aus Pergamon in Istanbul[60]. Die etwas mageren, übermäßig hochbeinigen Gestalten und der Gewandstil machen einen Ansatz nach dem Telephosfries ratsam. Wesentlich unter die Königszeit wird man aber wegen der Komposition und wegen des frischen, unreflektierten Formenvortrags nicht hinabgehen wollen. Der spendende Tote ist schon durch seine Ponderation und schreitende Bewegung sowie durch die Diagonalität seines Baues vergleichbar, die sich in der schrägen Richtung von Armen, Beinen und Kopf gegenüber der Haltung des Rumpfes äußert. Daß der Kopf hier nach l., dort nach r. gewandt ist, hat in der Andersartigkeit der Komposition seinen Grund. Auf dem Relief findet die Wendung

[59] S. 179 A. 51.

[60] M. 90/362. AvP. 7, 2 Nr. 302 Beibl. 33 KiB. 366, 2. RR. 2, 176, 1.

der beiden Köpfe in der l. Hälfte gegeneinander ein formales Gegengewicht in dem entsprechenden Verhältnis, das auf der anderen Seite zwischen den Köpfen des Dieners und des Pferdes zum Ausdruck kommt.

Über die Ähnlichkeit der Hauptfigur hinaus werden die beiden Werke durch das gleiche Verhältnis zwischen Figur und Raum zusammengehalten. Die bühnenhafte Tiefenwirkung des Raumes überhaupt kommt auch auf dem Relief durch die Überschneidung körperlicher Motive zum Ausdruck. In dem Komplex der l. Hälfte von Hund, Altar und Baum drängt eines das andere für die Vorstellung zurück. Alle drei zusammen helfen dazu, die Figuren vom Grund zu lösen und diesen nach hinten zu schieben. Auf der anderen Seite hat der Pferdekörper in seinem Verhältnis zu dem haltenden Knappen dieselbe Wirkung.

Noch enger wird die Verbindung, wenn man sieht, wie dieser die Figuren als Medium zusammenhaltende, lufterfüllte, flache Bühnenraum von energischen diagonalen Motiven ebenso aufgeschlossen wird wie es auf dem Gemälde der Fall ist. Vor allem die Verkürzung und die Richtung des Hundekörpers schräg nach vorne l. unterstreicht dieselbe Richtung in der Bewegung der Hauptperson. Ihrerseits wird diese von hinten sehr wirkungsvoll nach vorne geschoben durch das Pferd, dessen Körper diese Diagonale, etwas nach r. versetzt, aufnimmt. Mehr im Sinne des Entwurfs wäre es wohl zu sagen: ein r. hinten anhebender diagonaler Zug trägt räumlich die Komposition.

Die beiden Gestalten an den Flügeln, die Verschleierte und der Pferdehalter, folgen allerdings nicht diesem Zuge. Zunächst wirken sie als rahmende, der Konzentrierung dienende Motive. Darüber hinaus üben sie auch eine räumliche Funktion aus. Sie verbinden die Richtung ihrer Blicke nach der von dieser Diagonalen getragenen Mitte mit einer Drehung ihrer Körper nach außen. Im Interesse des Kontrastes ist ihre Wirkung also eine ähnliche wie die der Nebenfiguren auf dem Theseusbild. Indem sie auf die bildparallele Schichtung verzichten, sind sie aber noch um einiges hellenistischer als jene.

Das darf für die Datierung des hinter dem Gemälde stehenden Originals ausgewertet werden. Es widerrät dessen Zeitansatz in das 3. Viertel des 2. Jahrhunderts v. Chr. Andererseits verbieten die betonte Diagonalität und die mannigfache Ähnlichkeit mit dem Heroenrelief in Istanbul über das Ende des 3. Jahrhunderts hinaufzugehen. Das Theseusbild gibt also offenbar eine hochhellenistische Erfindung der 1. Hälfte des 2. Jahrhunderts v. Chr. wieder.

Nützlich wirkt sich dieser Vergleich aus auch auf das Verständnis des Motivs der gemalten Hauptfigur. Daß der Heros des Reliefs nicht als Stehender verstanden werden soll, sondern daß er an den Altar herantretend spendet, folgt aus dem Vergleich mit der Haltung seines Knappen, der im Motiv der Beine mit ihm übereinstimmt. Diese Figur steht natürlich nicht. Sie ist im Begriff, das Pferd in einer Wendung nach r. zu führen.

Das kleine Heroenrelief aus Smyrna in Berlin[61] ist seiner Qualität nach schwächer als das größere in Istanbul. Wenn das letzte Drittel des 2. Jahrhunderts als Zeit-

[61] 809 C. Schröder, Führer Taf. 51. RR. 2, 50, 1.

ansatz vorgeschlagen wird, so kann sich das daher nicht so sehr auf die weniger unwillkürliche Bewegung und auf die unorganische Gebrochenheit des Gewandes gründen als auf die weitere Zurückdrängung der anderen Motive durch die Diagonale. Von dem Baum und dem Knaben in Vorderansicht an seinem Fuß in der Ecke hinten r. geht ein Zug durch den Pferdeleib und die Figur des kleinen Dieners mit dem Helm bis zum vorderen Bildrand l. Der offene Winkel ist mit der Figur des Heros gefüllt, der in derselben Richtung schreitet. Dies ist also das Verhältnis von Hauptfigur und Folie, und zwar nicht nur im Sinne der Komposition, sondern auch im Sinne der Bewegung. Die Bewegung der Hauptfigur wird motiviert und geklärt durch den diagonalen Zug, der sich, vom Beschauer aus gesehen, hinter ihr abspielt. Kreuzungen dieser Diagonale sind der Kopf des behelmten Dieners, der Pferdekopf und die beiden Hunde in der r. Ecke unten, von denen der eine an dem Knaben emporspringt, der andere am Boden schnuppert. Die Stelle, an der die Bewegung ansetzt, erhält durch die Zusammendrängung körperlicher Motive am r. Bildrand das ihr angemessene Gewicht. Im Unterschied von dem raumfüllenden Baum des anderen Reliefs wirkt dieser Baum also raumerweiternd. Es erscheint bedeutsam für die vorgeschlagene Datierung, daß die Kontrastmotive an Gewicht verloren haben und daß sie in noch höherem Grade die Parallelität zur Bildfläche zugunsten eines chiastischen Verhältnisses zur betonten Diagonale preisgegeben haben. Nur der Rumpf der Hauptfigur und der kleine Diener zu ihrer L. fügen sich noch der Bildfläche. Profilansichten fehlen auch hier.

Der Vergleich mit den Reliefs erweist also das Theseusbild aus Herculanum seiner Struktur nach als hellenistisch. Die Ähnlichkeit mit den beiden Heroenreliefs geht aber noch weiter. In ihrer Hauptfigur wiederholt sich die Gestalt des Theseus. Verlockend wäre es, in den handwerklichen Schöpfungen dies als Zitat aus einem berühmten Werk der großen Malerei zu verstehen, das dann nur das Original des Theseusbildes gewesen sein könnte. Aber es fehlt die Möglichkeit zur Kontrolle. Denkbar wäre auch, daß der Maler sich durch einen überlieferten Typus hat inspirieren lassen. Sicher ist, daß der dargelegte Sachverhalt die Annahme eines spätklassischen Vorbildes für das Gemälde gegenstandslos macht.

Nun stößt aber auch seine Erklärung als »freier Umformung eines geprägten Typus« (oben S. 176) auf Schwierigkeiten. Sieht man von den malerischen Eigenschaften im engeren Sinne ab, die nach dem jetzigen Stand unseres Wissens allerdings als wesentlich flavisch gelten dürfen, so wird es angesichts der Ähnlichkeit mit den Heroenreliefs schwer, zu sagen, wo die Veränderungen liegen sollen, wenn man ein hellenistisches Original voraussetzt. Projiziert man das Vorbild aber in die klassische Kunst, so müßte man sich vorstellen können, daß der umgestaltende Maler der Kaiserzeit der längst historisch gewordenen, mehr als 200 Jahre alten hellenistischen Raumform sich bediente, weil sein Zeitalter keine eigene mehr kannte oder weil er die römische bei einem griechischen Thema nicht für angemessen hielt.

Beides trifft nicht zu. Es fehlt auch in der campanischen Wandmalerei nicht an Bildern, die im römischen Sinne komponiert sind, und die griechischen Gegenstände sind unter ihnen häufig[62]. Das Vorwiegen griechisch komponierter Beispiele hat seinen natürlichen Grund in der griechischen Orientierung der Bildung überhaupt, die dahinter steht und die den Hellenismus nicht ausschließt. Die Umformungen der auf solche Weise gestaltenden Bilder unterscheiden sich von den richtigen Kopien vor allem durch Abweichungen von der Konsequenz der räumlichen Struktur in der Veränderung oder Hinzufügung von Figuren. Die drei Möglichkeiten sind also: Kopie, veränderte Kopie und Umformung. Das Theseusbild aus der Basilica in Herculanum gehört wie sein Gegenstück, das Bild mit Herakles und Telephos, zu den höchstens leicht modifizierten Kopien[63].

Gerade von diesem Theseusbilde hat sich eine römische Umformung erhalten. Es ist eines der Bilder des im 4. Stil ausgemalten Hauses des Gavius Rufus in Pompei[64]. Mit Recht hat man meistens angenommen, daß dieses Bild die Kenntnis des anderen oder seines Vorbildes voraussetzt. Dieselben Bestandteile erscheinen wieder, aber in aufgelockerter Verbindung. Es ist aber nicht eine willkürliche Auflösung des Zusammenhangs, die mit dem schwächeren Können dieses Malers zu erklären wäre, sondern die Komposition folgt einer anderen, in sich folgerechten und auch sonst wohlbekannten Raumauffassung.

Die Stellung der Hauptfigur in der Mitte des Bildes ist gewahrt. Aber sie ist nicht nur in ihrem Wuchs zierlicher, sondern auch relativ verkleinert. Gewiß ist sie auch gerade aus dem finsteren Tor im Hintergrund hervorgeschritten. Aber das Transitorische der Haltung ist zugunsten einer mehr stehend wirkenden Pose gewichen, in der sie sich zur Schau stellt. Der Knabe, der ihren r. Unterarm küßt, macht nicht die Bewegung mit, sondern steht, und der andere hemmt durch seine Proskynese den Fuß der anderen Seite viel mehr als sein Gegenstück auf dem herculanensischem Bilde. Man hat auch den Eindruck, daß der Fuß des entlasteten Beines mit seiner Sohle den Boden berührt. Der Grund für die Inversion, die mit der Haltung der Beine vorgenommen ist, liegt natürlich in der Verlegung des Portals auf die l. Seite des Bildes. Aber was veranlaßte sie? Offenbar kam es darauf an, den einseitig betonten diagonalen Zug zugunsten einer Ordnung von der Mitte aus zu verändern. Unter dieser Voraussetzung war aber für den im Eingang zum Labyrinth liegenden Leichnam des Minotauros auf der r. Seite kein Platz. Er war besetzt mit der Gruppe der athenischen Kinder. Der Handkuß ließ sich nicht auf die andere Seite verlegen, weil die geschulterte Keule in der L. bleiben mußte.

In dem diesen Forderungen entsprechend umgestalteten Theseus hat das Bild eine Mitte bekommen, die sich nach beiden Seiten öffnet. An die Stelle der parallelen Diagonalität der Arme, die so sinnvoll und so wirksam aus der räumlichen Konzeption des Ganzen entwickelt war, wurde ihre nach oben konvergierende Haltung ge-

[62] AA. 1944/5, 108 ff.

[63] AM. 39, 1914, 65 ff. Von den Gründen, die seitdem gegen meine Beurteilung dieses Bildes geltend gemacht sind, hat mich keiner überzeugen können. Alle Versuche, die Einheitlichkeit seiner Komposition zu erschüttern, gehen von der Voraussetzung aus, daß unsere Raumvorstellung auch für die antiken Maler maßgebend sein müßte. Am ausführlichsten: R. Hamann, BerlAk Abh. 1952, 9, ersch. 1953.

[64] S. 527. HBr. 143. RP. 214, 6.

setzt. Ihre Verlängerungen treffen sich im Haupt, so daß sich in ihnen mehr eine dekorative als eine räumliche Ordnung auswirkt. Auch der Hintergrund muß zu dieser Zentralisierung helfen. Zwar zieht sich die Außenmauer des Labyrinths mit einem aus ihr vorspringenden Turm schräg von l. vorn nach r. hinten. Aber durch die Schattierung bilden das Stück mit dem Portal und die Stirnseite des Turms je einen dunklen senkrechten Streifen an beiden Seiten des Bildes, während die hell beleuchtete Seitenwand des Turms als etwas schmalerer Streifen dazwischen eine Folie für die Hauptfigur abgibt. Allein auch das diagonale Motiv des Hintergrundes ist der Zentralisierung unterworfen. L. wird es in entgegengesetztem Sinne durch die Leiche des Ungetüms durchstoßen, die schräg aus dem Bilde in die Tiefe weist, und auf der anderen Seite gibt es Raum für einen ebenfalls schräg die Tiefe aufschließenden Strom von Figuren. Die Zentralisierung verbindet sich also mit der Öffnung des Raumes auf seinen Flügeln. Die seitlichen Motive drängen förmlich von r. und l. die Hauptfigur in die Mitte. Über den römischen Charakter dieser Ordnung des Raumes dürfte es aber keinen Zweifel geben[65]. Eine entsprechende Umformung eines hellenistischen Musters bietet das Bild des Vettierhauses mit dem Agon von Pan und Eros vor Dionysos und Ariadne[66]. Der Gruppe liegt zugrunde eine hellenistische Fassung der klassischen »Pyramidengruppe«[67]. Deren einer Bestandteil ist in ähnlicher Weise von dem anderen gelöst und nach vorn geschoben, wie es sich auf Bildern 4. Stils mit Ares und Aphrodite und mit Adonis und Aphrodite beobachten läßt[68]. Die Öffnung der Flügel, ihre Füllung mit von beiden Seiten aus der Tiefe hervorkommenden Figuren und das Drängen des Hauptmotivs nach vorn stimmen in erstaunlichem Maße überein mit dem Theseusbild aus dem Hause des Gavius Rufus. Ein nach vorn weisender Arm und eine gedrängte Menge von Gestalten werden auch hier diesem Zweck dienstbar gemacht. Beachtung verdient es, daß in diesem Hause das Kentaurenbild in derselben Weise komponiert ist[69]. Einige andere Bilder 4. Stils, die durch dieselbe Kompositionsweise sich als römische Umformungen erweisen, habe ich an anderer Stelle zusammengestellt[70].

Hinzu kommt schließlich, daß auf dem Theseusbilde aus dem Hause des Gavius Rufus der stehende Knabe, der die R. des Helden küßt, genaue Entspechungen findet in anderen Bildern 4. Stiles, die weder mit ihm, noch unter sich irgend etwas zu tun haben. In dem einen Falle erscheint er als spiegelhaltender Eros zwischen Aphrodite und einem Hermaphroditen[71], sonst in Zyklen von Erotenspielen aus Herculanum[72]. Er ist also eine Figur aus einem Musterbuch, die sich beliebig ver-

[65] AA. 1944/45, 108ff.

[66] HBr. 44. RP. 114, 4.

[67] MWPr. 1949, 19f.

[68] Z. B. H. 320. HBr. 4. RP. 65, 6. H. 310. HBr. 52. RP. 64, 2.

[69] S. 539. HBr. 144. RP. 346, 5.

[70] AA. 1944/45, 110f.

[71] H. 967, b. Atl. Taf. 11. HBr. Text 2, 43, 12. RP. 67, 1.

[72] H. 755. Rizzo PER. 140, 6. Anderson 23447. RP. 76, 5. Hier Taf. 17a, rechts. — Casa dei Cervi, Maiuri, Ercolano, Itinerari Taf. 33, 59.

wenden ließ[73]. Das bestätigt die hier mit neuen Gründen vertretene Auffassung von dem Theseusbilde aus dem Hause des Gavius Rufus als einer römischen Umformung. Läßt sich daneben das Gemälde aus Herculanum auch noch als eine solche Umformung verstehen? Für die Entscheidung kommt es darauf an, ob man sich entschließen kann, zu glauben, daß noch in der flavischen Zeit die Maler imstande waren, ihre Bilder in einem solchen Maße hellenistisch zu komponieren[74]. Könnte man nicht sagen: Gerade angesichts einer so schwachen Leistung, wie es das andere Bild ist, sieht man, daß die fähigen Maler dieser Zeit wohl wußten, weshalb sie sich bei der Verwendung griechischer Themen und Motive weiter in den griechischen Bahnen bewegten, auch wenn sie nicht kopierten, sondern umgestalteten.

Aber die Einsicht in die hellenistische Struktur des Bildes aus Herculanum macht für seine Komposition die Frage nach den Veränderungen irrelevant, wenn man aus dem anderen Bilde gelernt hat, in welcher Richtung sie liegen würden. Eine im hellenistischen Sinne zu schöpferischen Leistungen fähige Verlängerung der griechischen Kunst wäre die der frühen Kaiserzeit höchstens dann, wenn sie nicht eigene Strukturformen entwickelt hätte. Damit sind die Gründe dargelegt für die Meinung, daß in dem Theseusbilde aus der Basilica von Herculanum sich die Kopie eines hellenistischen Originals aus der 1. Hälfte des 2. Jahrhunderts v. Chr. erhalten hat.

Anhang III

Zum Omphalebild aus dem Hause des M. Lucretius in Pompei (S. 73).

Charakteristisch für den Typus Omphales (Taf. 37b) ist das Ruhen auf zwei Stützen. Das Gewicht verteilt sich auf das Standbein und den Ellenbogen oder Unterarm der anderen Seite. Das ermöglicht das Vorsetzen des Spielbeins, dessen Fuß oft auf eine Erhöhung des Bodens gestellt wird. Das Motiv überhaupt ist eine Erfindung der nachparthenonischen Zeit. Frühe Beispiele sind die Originalfigur aus Venedig in Berlin und die großgriechische Statuette aus Corneto ebendort[75]. Im 4. Jahrhundert finden sich Figuren dieser Art auf Grab- und Weihreliefs[76], namentlich auch auf Kertscher und Tarentiner Vasen[77]. Von den statuarischen Beispielen ist eines nach

[73] Mit geringen Änderungen auch als Halter eines Sonnenschirms über Ares und Aphrodite, Pompei I 7, 12. NSc. 1927, 49f. 23. Vgl. auch den Eros, der auf dem Altar aus Ostia im Thermenmuseum, oben S. 66, 12, die Pferde vor dem Wagen des Mars halten muß.

[74] Schweitzer, Gnomon 24, 1952, 154.

[75] Blümel K. 5 und 6.

[76] Grabrelief: Conze 803 Taf. 150. Diepolder Taf. 35, 1. RR. 2, 383, 1. — Weihrelief: Lateran BS. 482 Taf. 13, 2. Helbig-Amelung 3. Aufl. 2, 46, 1219.

[77] Kertscher Vasen: Deckelschale, Ermitage 1791. Schefold KV. Taf. 13f. UKV. Nr. 10. FR. 68, zweimal. — Eleusinische Pelike, Ermitage 1792. Schefold UKV. Nr. 368 Taf. 35. FR. 70. — Kelchkrater, Brüssel. Schefold UKV. Nr. 234 Taf. 44. — Tarentiner Vasen: Kelchkrater, Ermitage 880. CR. 1862, 5, Apollon; Volutenkrater, Jatta 1097. Bull. Nap. NS. 5, 13, Hesperiden. — Verschollen, MI. 4, 15, Dienerin. — Vgl. Spinazzola, Pompei 2, 1953, 703ff., 669ff. Dazu Campanarelief, v. Rohden Taf. 17. RR. 2, 247, 2.

Amelung ein, allerdings mäßiges, Original des 4. Jahrhunderts v. Chr.[78], andere sind hellenistisch[79] oder römische Kopien[80]. In der campanischen Wandmalerei ist das Vorkommen des Motivs auf Bilder 4. Stils beschränkt. Es erscheint in verschiedenen Bedeutungen, außer als Omphale noch als »Africa« neben der verlassenen Dido[81], als Aphrodite im Parisurteil[82], als Geliebte Apollons[83], als Danae[84] und als Bestandteil eines Bildes mit »Lichtgottheiten«[85]. Die Haltung des Armes auf der dem Beschauer ferneren Körperseite ist bei der »Africa« dieselbe wie bei Omphale. Er ist in die Hüfte gestützt. Die gleiche Figur, nur nach vorn gedreht, erscheint als Aphrodite neben Ares auf einem anderen Bilde[86]. Auf dem Bilde des Parisurteils, auf den beiden mit Apollon und auf zweien der drei mit den »Lichtgotttheiten« ist der hintere Arm erhoben, um ein Stück Gewand nach vorn zu ziehen. Auf dem anderen Bilde der letzteren Gruppe und auf dem mit Danae entfernt er das Gewand vom Schoße. Mehr noch als diese Wiederholungen beleuchtet ihre thematische Unverbindlichkeit den klischeeartigen Charakter des ganzen Motivs. Die Gemeinsamkeit der Überlieferung wird überdies bestätigt durch das von Anfang an immer wieder verwandte Motiv des Gewandbogens, der von Hüfte zu Hüfte zu verlaufen pflegt. — Diese Geschichte des wirkungsvollen, aber wenig prägnanten Motivs erweist es auf dem Omphalebilde aus dem Hause des M. Lucretius neben der gerade als Komposition meisterhaften Gruppe von Herakles und Priapos als einen Zusatz des pompeianischen Malers, und zwar um so mehr, als die beiden Teile des Bildes nur äußerlich verbunden sind. Die Übereinstimmung mit der Marmorstatuette der Venus aus dem pompeianischen Hause I 2, 17[87] bestätigt nicht nur die Beliebtheit des Motivs in diesem Milieu, sondern schließt die ursprüngliche Zugehörigkeit dieser Omphale zu der Herakles-Priaposgruppe vollends aus[88].

[78] Vatikan, Belvedere Nr. 102 Taf. 26.

[79] AvP. 7, 1, 132 Nr. 115 Taf. 10. 7, 2, 199 Nr. 211. KiB. 377, 4, Hermaphrodit. Statuette, Priene 372, 466. RS. 4, 301, 4. Dazu Terrakotten wie Winter, Typen 2, 82, 8. 83, 6. 86,2. 88, 6. 89, 4. 90, 5. 98, 2—6.

[80] RS. 1, 341, 1. 4. 5. 2, 332, 4. 334, 3—7. 335, 1.

[81] H. 1113. HBr. 214. Rizzo PER. 83. RP. 176, 3.

[82] H. 1285. HBr. 215. RP. 163, 5.

[83] H. 213, Atlas Taf. 12. RP. 26, 3. — H. 214. RP. 27, 2.

[84] S. 75. HBr. Text 1, 255, 76. RP. 10, 7.

[85] S. 164. HBr. 145. RP. 399, 1. Vgl. H. 965, b Atlas Taf. 11, RP. 67, 1. H. 965. RP. 400, 1. Zur Deutung: Herbig im Text zu HBr. 2, 43f.

[86] H. 327. RP. 66, 4.

[87] Dilthey, AZ. 39, 1881, 131ff. Taf. 7. RS. 2, 378, 2.

[88] Die Geläufigkeit des Motivs gerade in Pompei und in solchen Fassungen, die völlig unabhängig sind von der des Omphalebildes, beleuchten auch die Venus Pompeiana H. 295, RP. 62, 1 aus der Casa dei Dioscuri, die von der Front des Hauses IX 7, 7, Spinazzola, Pompei 1, 1953, 195ff. Taf. 11, Rizzo PER. 197, und die Venus eines Bildes aus der Casa di Meleagro H. 303, RP. 62, 2.

Anhang IV

Zur Komposition des Schlachtsarkophags von Portonaccio im Thermen-Museum (S. 158. 166 I. a).

Fest ist das Schlachtbild dieses Sarkophags (Taf. 38) r. und l. gerahmt von den beiden Tropaia und den Paaren gefangener Barbaren. Das sieht so aus, als solle es dazu dienen, das hemmungslose Durcheinander der Schlacht dazwischen als Bild doch erträglich zu machen. Das Schlachtgetümmel scheint, abgesehen von dem Platz des Feldherrn in der Mitte, jeder kompositionellen Ordnung zu entbehren. In Wirlichkeit ist die Komposition zwar merkwürdig genug, aber überlegt und kunstvoll, freilich in einer von griechischen Bildern sehr verschiedenen Weise.

Sobald er die bildliche Entsprechung je zweier Reiter in der r. und in der l. Hälfte und ihr Verhältnis zur Mittelfigur entdeckt hat, orientiert sich der Blick rasch auch in dieser Wirrnis. Gleich l. neben den beiden Gefangenen am r. Rande reitet ein Römer schräg nach l. in das Bild hinein. Ein barbarischer Reiter etwas weiter l. oben, der auch vom Rücken gesehen wird, hat dieselbe Richtung. An der entsprechenden Stelle hinter dem Feldherrn sprengen zwei römische Reiter schräg nach l. aus dem Bilde heraus. Beide Pferdeköpfe sind nach r. gewandt. Der obere und im Bilde weiter hinten erscheinende Reiter reckt sich, nach l. gewandt, empor und ersticht mit der Lanze einen Barbaren. Der andere ist nicht nur in der Bewegung seines Pferdes, sondern auch in seinem Motiv eine Duplik von ihm. Weil die Höhenstaffelung der Figuren als Ausdruck der Raumtiefe aufgefaßt sein will, umgeben also diese vier Reiter in einem vorn offenen Bogen den Feldherrn. Der Fluß der Bewegung, der sie verbindet, ist ein Motiv des Kontrastes, das der Intensivierung der Bewegungsdominante dienen soll. Für die räumliche Unklarheit, die sich zwischen dem oberen der beiden Reiter in der l. Hälfte und dem Pferd des Feldherrn ergibt, ist die Ausführung verantwortlich. Sie ist nicht die einzige Inkonsequenz auf den Schlachtsarkophagen dieser Gruppe. An der Tatsache, daß zwischen diesen Figuren das Verhältnis von Mitte und Rahmen angestrebt wird, ändert sie nichts. Ferner ist schon jetzt deutlich, daß diese Rahmung zweischichtig ist. Denn der Bogen, der die beiden äußeren Reiter verbindet, hat einen weiteren Radius als der andere.

Die übrigen Figuren setzen diese konzentrische Rahmung fort in der Weise, daß sie sich ihrer als eines klärenden Gerüstes bedienen. Sie verbergen sie aber so weit, daß die Bildwirkung nicht leidet. Vielmehr benutzen sie sie, um das Hin und Her der Schlacht ebenso ausdrucksvoll und bewegt, wie klar und überzeugend zu schildern. Sie statten dieses Motiv der Gegenbewegung in sich wieder mit gegenläufigen und kontrastreichen Bewegungen zweiten Grades aus. Überdies sind sie durch Querverbindungen untereinander verzahnt.

Beginnen wir mit dem inneren Ring da, wo seine r. Hälfte am Boden ansetzt. Rücken und Schultern eines hockenden Barbaren bilden hier die Fortsetzung des Pferderückens mit dem von hinten gesehenen barbarischen Reiter. Durch seine Wendung gegen den von r. oben angreifenden römischen Reiter stellt dieser Barbar die Verbindung mit dem äußeren Ring her. Ein römischer Fußsoldat in vorgebeugter Haltung und nur leicht aus dem inneren Ring nach außen versetzt, führt die Tiefenrichtung des barbarischen Reiters im Gegensinne nach vorne fort und stellt durch die zustoßende Lanze eine Querverbindung nach l. her zu einem Barbaren mit gestürztem Pferde, so daß hier der Figurenring nach vorn und zugleich nach innen umbiegt. Der vom Rücken gesehene barbarische Reiter findet in einem berittenen Aquilifer mit gefällter Lanze sein Gegenüber, das die Richtung der Bewegung in die Horizontale überleitet. Angegriffen wird er von einem römischen Reiter, der zum Hieb mit dem Schwert ausholt und seine schräge Richtung im Gegensinn aufnimmt.

Den unteren Ansatz des äußeren Ringes bildet der mit seinem Pferde von hinten gesehene römische Reiter, dessen Lanze gegen den hockenden Barbaren so gerichtet ist, daß damit eine Querverbindung zum inneren Ring hergestellt wird. Im Gegensinne weiter oben und zugleich weiter im Inneren des Bildes setzt ein Pferdekopf die Hauptrichtung dieses ersten Reiters fort. Das Pferd, zu dem er gehört, trägt einen Barbaren, dessen Oberkörper mit dem eines römischen Reiters, der etwas tiefer und etwas weiter r. sichtbar wird, eine Kampfgruppe bildet, die in Richtung und Gegenrichtung hier im Zwickel zwischen dem äußeren Figurenring und der oberen Ecke des Rahmens in verkürzter Form etwas wie einen dritten konzentrischen Ring herstellt. Beide holen zum Hieb mit dem Schwert gegeneinander aus. Das Pferd dieses Barbaren, das die Gruppe chiastisch schneidet, hat die Funktion eines Querriegels zwischen dem eben festgestellten, verkürzten äußeren Ring im Zwickel und dem benachbarten. Die eigentliche Fortsetzung des vom Rücken gesehenen römischen Reiters und des Pferdekopfes ihm gegenüber bildet der Oberkörper eines schräg nach r. gewandten römischen Fußsoldaten, der in der gebeugten R. eine schräg nach oben r. weisende Lanze hält. Den freibleibenden Raum am oberen Rande füllen drei bildparallel bewegte Reiter, zwei Römer und ein fliehender Barbar, von denen nur die oberen Teile sichtbar sind.

Der innere Ring der anderen Hälfte des Bildes setzt mit seiner Bewegung ein in der Gestalt des römischen Reiters gleich hinter dem Feldherrn. Er beugt sich nach l. und sticht mit der Lanze gegen einen Barbaren, der in der Achse seiner Schultern und offenbar auch in der Bewegung seiner Beine — Ausfallstellung des r. Beines — das oberste Glied des äußeren Ringes auf dieser Seite bildet. Die Fortsetzung des eben genannten Reiters nach vorn und nach unten ist in dem zu Fuß kämpfenden Römer zu sehen. der sich mit dem r. Beine ausfallend, über einen gefallenen Gegner vorbeugt und zum Schlage mit dem Schwert ausholt gegen den knieenden Barbaren, der das untere Ende des äußeren Ringes markiert. Dessen oberes Ende war in dem barbarischen Gegner des ersten römischen Reiters bereits festzustellen. Der dazwischen sichtbare römische Reiter dieses äußeren Ringes sticht mit der Lanze nach einem Barbaren, dessen allein vorhandener Oberkörper hier in sehr tiefer Lage sich als einen Teil des wegen seiner Bedingtheit durch den Zwickel reduzierten dritten Figurenrings zu erkennen gibt. Ein fliehend sich umblickender barbarischer Reiter darüber ist der andere Bestandteil dieses dritten Ringes. Außer einem reitenden Barbaren, dessen Oberkörper mit dem dazugehörigen Pferdekopf über dem Feldherrn sichtbar ist, werden zur Füllung des übriggebliebenen Restes unter dem oberen Rande des Bildes vier bildparallele Köpfe verwandt, zwei von Römern und zwei von Barbaren.

Auch auf dieser Seite machen die Figurenringe unten eine Biegung zugleich nach vorn und nach innen. Das kühne und irrationale Motiv des kopfüber vom Pferde stürzenden Barbaren, den ein Legionar mit dem Schwert ersticht, hat diese Funktion. Den Rest hier unten füllen die Leiber toter Barbaren und ihre zusammengebrochenen Pferde.

Es ist damit zu rechnen, daß einst Bemalung und Vergoldung auch zur Klärung der Komposition beigetragen haben. Auf jeden Fall ergibt sich aus der Prüfung des Bildaufbaus, daß der Unterschied von der griechischen Raumform und Bildgestaltung nicht in einer primitiven, bilderbogenhaften Streuung der Figuren liegt. Seine künstlerische Einheit findet dieses Bild in seiner zentralen Orientierung überhaupt und im Besonderen durch die nischenartige Rahmung der Hauptfigur.

Das ist eine konsequente und unter der Voraussetzung der Kleinfigurigkeit kaum mehr zu überbietende Weiterbildung einer Kompositionsform, die sich in der römischen Kunst weit zurückverfolgen läßt[89]. Obwohl ihre Elemente von Zweikampfgruppen gebildet werden, von denen sich die meisten typologisch auf griechische Erfindungen zurückführen lassen[90], ist der Spannung, die den Reiz der griechischen Schlachtbilder ausmacht, damit der Boden entzogen. Alles kommt an auf die triumphale Verherrlichung der Sieger überhaupt und des siegreichen Feldherrn im besonderen. Dafür ist es bezeichnend, daß in allen einzelnen Gruppen dieses Sarkophags die Römer die Sieger sind[91].

[89] Verf., AbhMainz 1952, 8, 625/3ff.

[90] Andreae 85f.

[91] Rodenwaldt, JdI. 37, 1922, 22f.

NACHTRÄGE

Zu S. 16, D. 16

Vgl. die römische Tonlampe von der Athener Agora: H. Thompson, Hesperia 2, 1933, 205 Fig. 7, 1. Das Bild kommt am nächsten der Münze 807 unten S. 26.

Zu S. 36, A. 22

Nahe steht auch der Riefelsarkophag der ehem. Slg. Heyl (Katalog 2, 1930 Nr. 33 Taf. 14) mit dem gleichen Motiv, jetzt in Münchner Privatbesitz.

Zu S. 38, A. 35

Vgl. die gleichzeitig erschienene Bemerkung Becattis, BullCom. 65, 1937, 46, 15, über die drei Grazien auf Reliefs.

Zu S. 60, A. 68

Vgl. den Deckel des Girlandensarkophags der ehem. Slg. Heyl (Katalog 2, 1930 Nr. 32 Taf. 14), wo die schwebenden Eroten den einen Arm erhoben haben wie auf dem Sarkophag des Conservatorenpalastes.

Zu S. 84, Nr. 35

Das Studium des Originals, das mir freundlicherweise H. Diepolder und R. Lullies zugänglich machten, ergab, daß der Marmor pentelisch ist und daß er beträchtliche Spuren von Verwitterung aufweist. Es ist kein Meisterwerk, aber sicher echt.

Zu S. 171, A. 20

Hierher gehört auch die Kampfgruppe von Achill und Penthesilea auf drei homerischen Bechern (Berlin, Kopenhagen, Oxford): Robert, 50. BWPr. 1890, 26 D. Courby VGR. 284f., 7. CVA. Kopenhagen II/III 180, 1 = Dänemark 183.

VERZEICHNIS DER TAFELN

REGISTER

Sarkophag Badminton — New York: a. Schrägansicht, b. Rückseite

a. Salerno b. Dresden

a. Rom, Villa Savoia b. Kassel c. Pisa

a. b. Rom, Conservatorenpalast

a. b. c. Genua, Kathedrale

Verschollen, aus den Sallustischen Gärten in Rom

a. Verschollen. Sommer und Herbst, von Tafel 6

b. Rom, vom Tempel der Venus Genetrix

c. Venedig

a. Clieveden   b. Athen   c. Pola, Sergierbogen

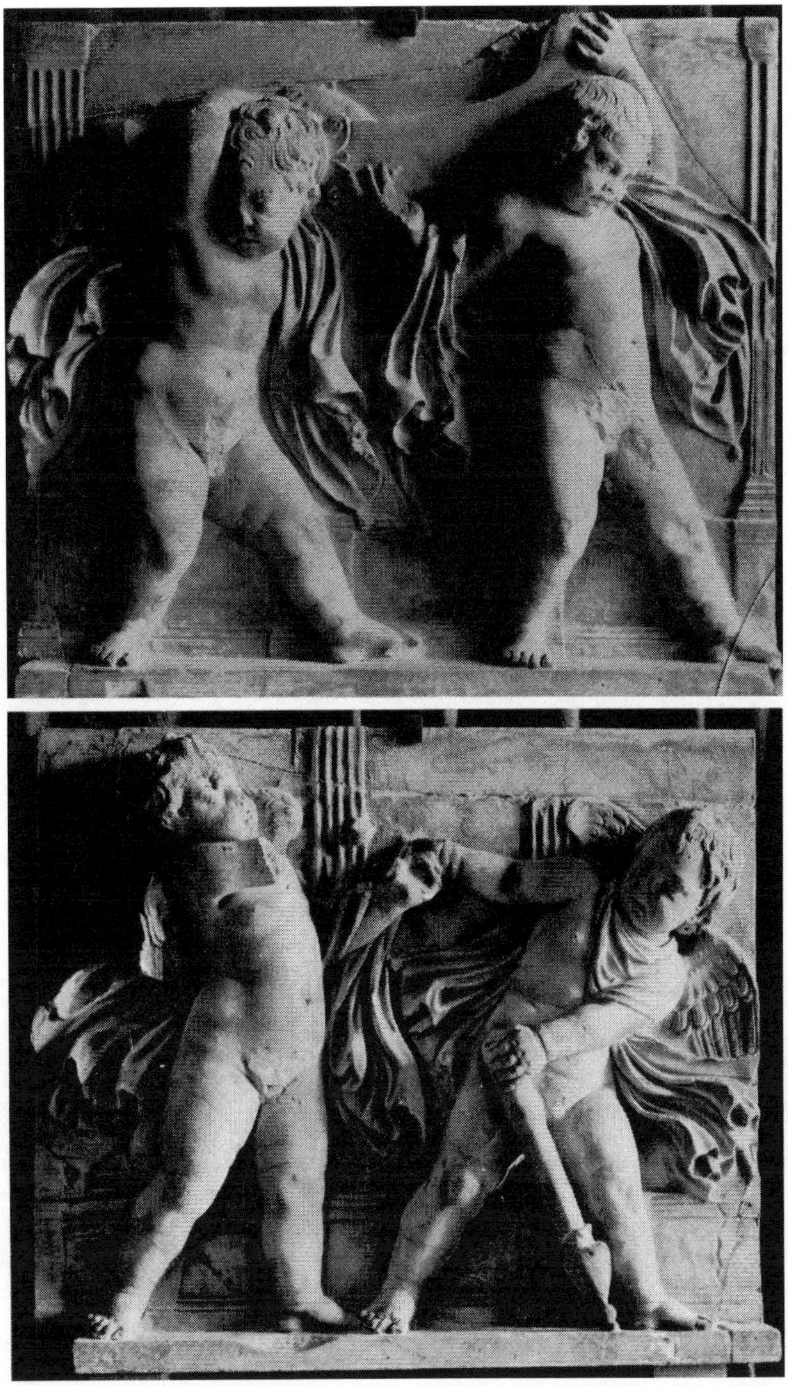

a. b. Venedig

a. Rom, ehem. Slg. Ludovisi b. British Museum

a. Athen b. Istanbul

a. Ravenna b. Oxford c. d. Athen

a. Villa Albani

b. Lateran

a. Anaphe b. München

a. b. c. Beyrouth

Athen

a. Neapel, aus Herculanum b. Louvre, aus Bordeaux

a. b. Athen

a. Berlin b. Vatikan c. Mistra

a. b. Rom, S. Domitilla

a. Louvre b. Jerusalem

a. Bolsena b. British Museum c. Istanbul

Louvre, aus Bordeaux

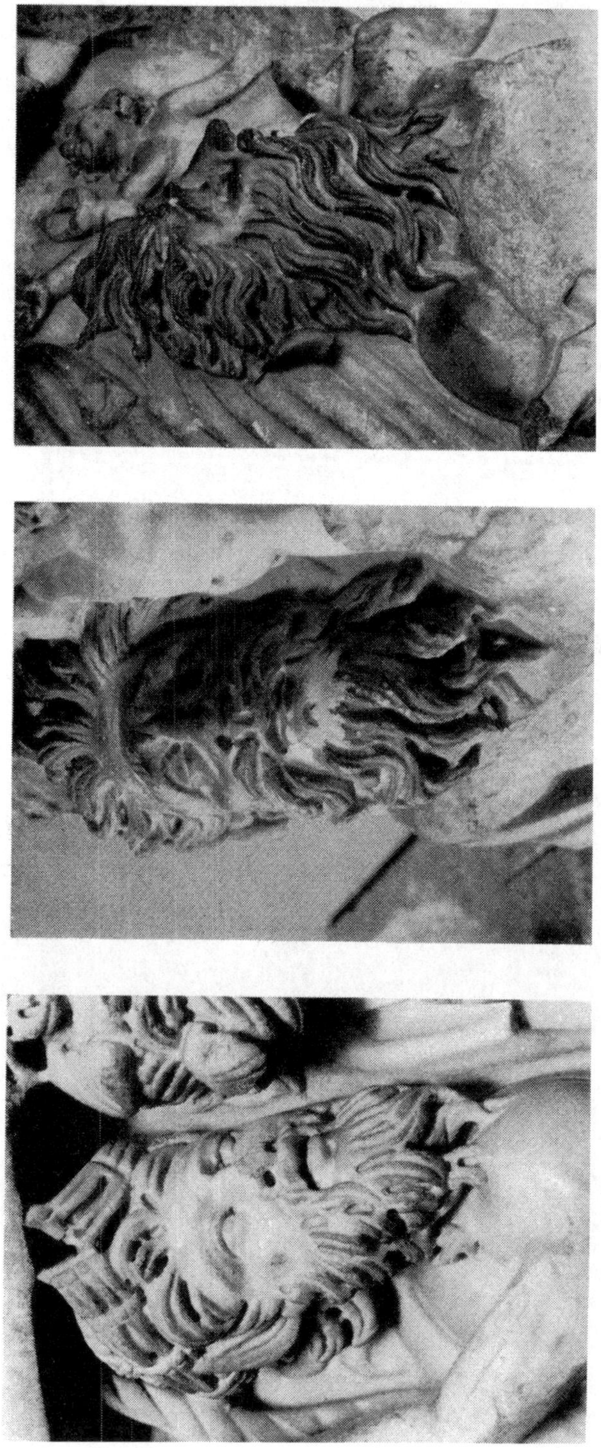

a. Louvre, von Tafel 17b b. c. Rom, Thermenmuseum

a. Baltimore, s. Tafel 34 b

b. Rom, St. Peter

a. b. Rom, St. Peter

a. b. c. Louvre

a. Rom, Palazzo Mattei   b. Rom, S. Lorenzo f. l. m.

a. Lateran b. Lateran

a. Lateran, von Tafel 29 a b. Lateran, von Tafel 29 b

a. Rom, S. Lorenzo f. l. m., von Tafel 28 b b. Rom, Palazzo Sacchetti
c. Rom, Conservatorenpalast, von Tafel 4

a. b. c. Pisa

New York

a. Rom, Thermenmuseum b. Baltimore, s. Tafel 25 a

a. Woburn Abbey b. Woburn Abbey

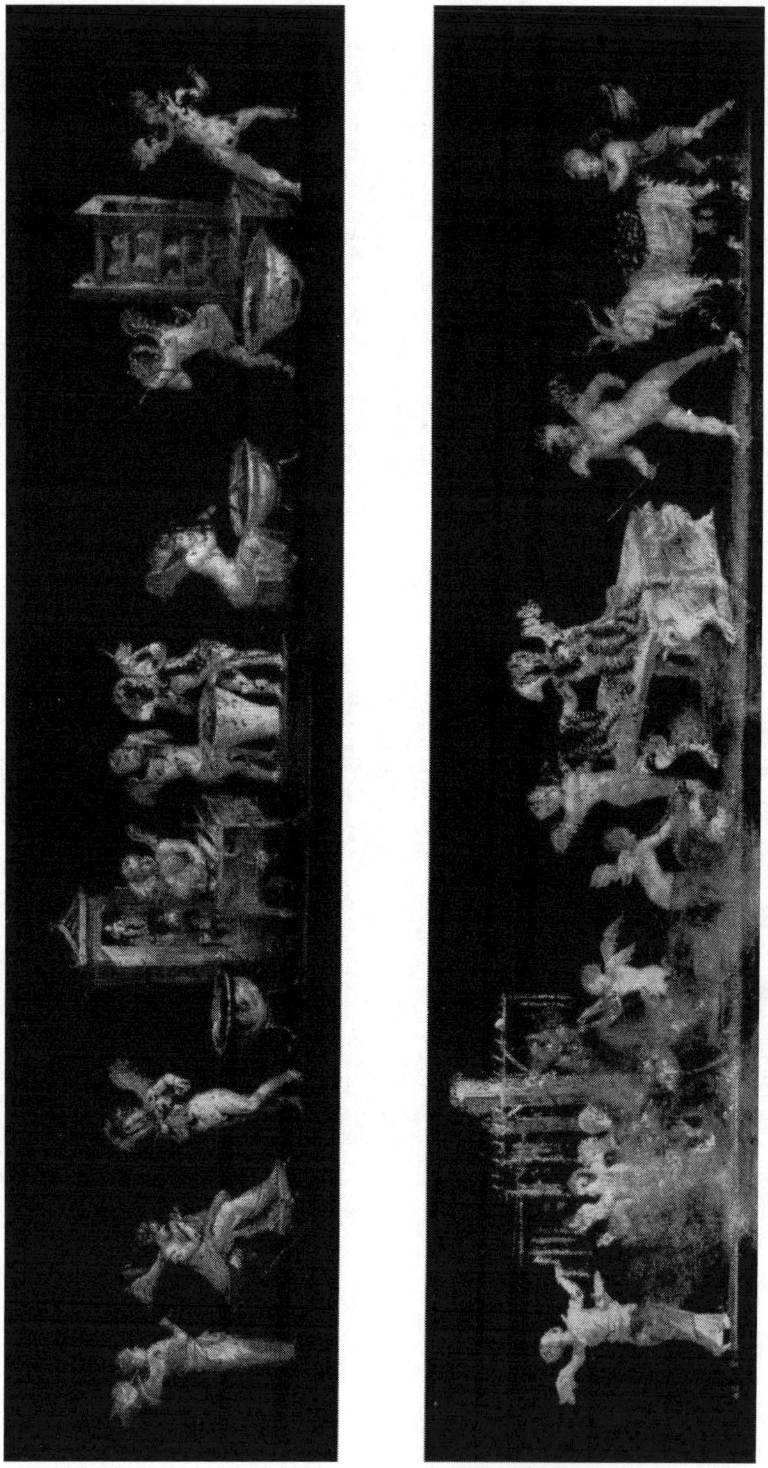

a. b. Pompei, Haus der Vettier

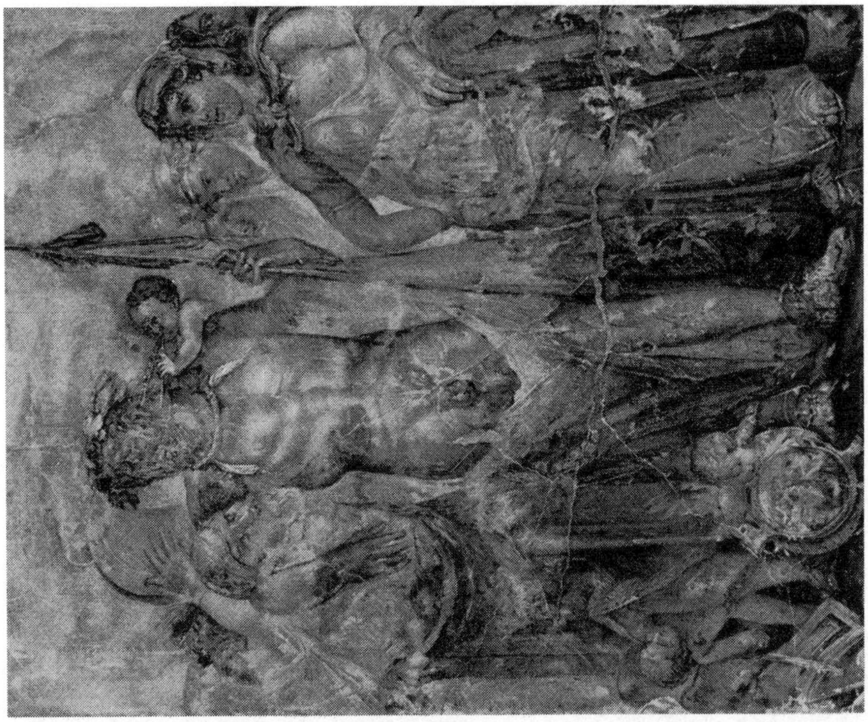

b. Neapel, aus Pompei

a. Neapel, aus Herculanum

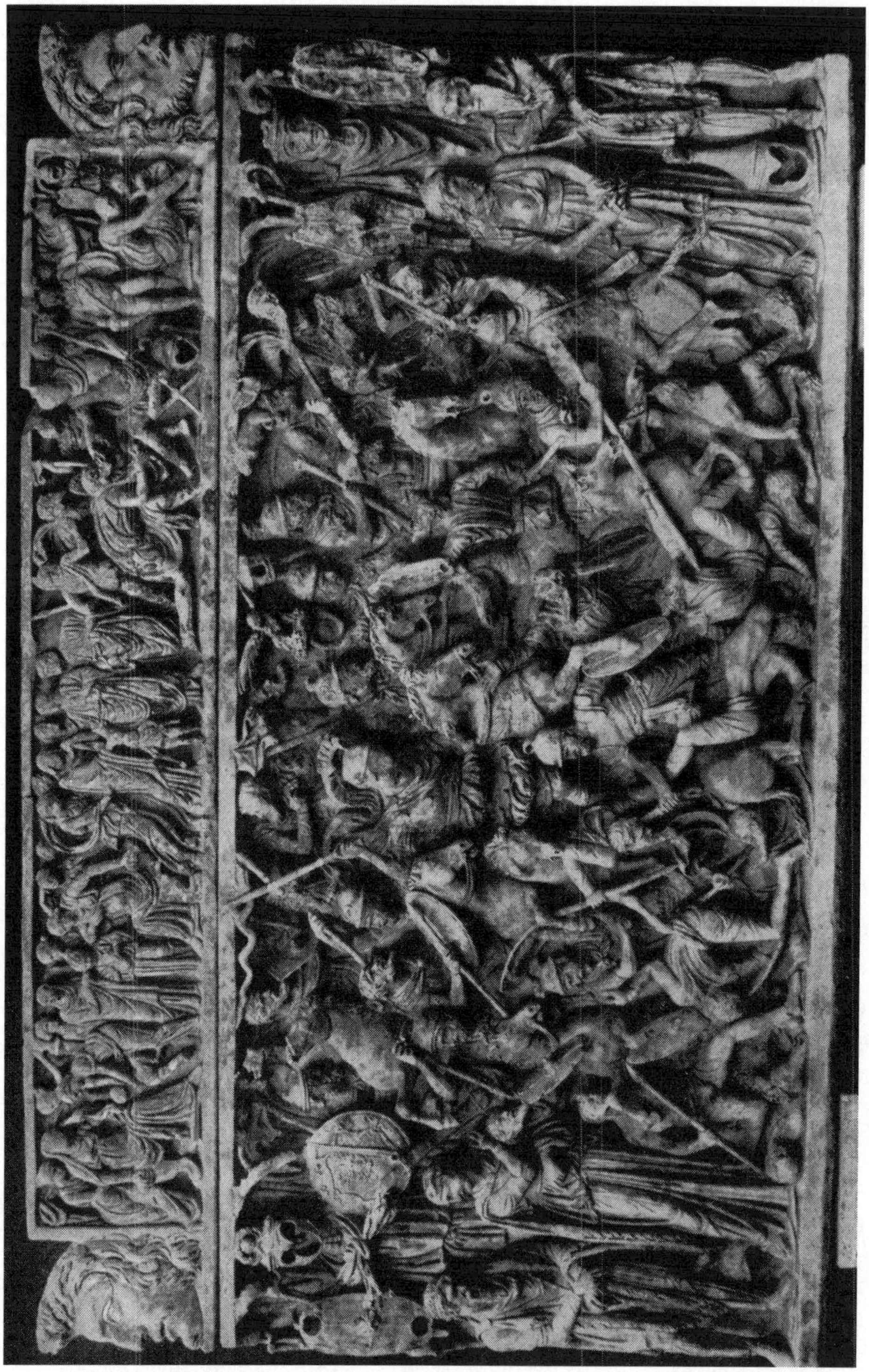

Rom, Thermenmuseum

FSC
www.fsc.org
MIX
Papier | Fördert
gute Waldnutzung
FSC® C083411

Kolibri 360 GmbH
Ferdinand-Jühlke-Straße 7
99095 Erfurt, Deutschland
produktsicherheit@kolibri360.de